Photoshop 2021 中文版
入门、精通与实战

姜玉声 任群 编著

电子工业出版社
Publishing House of Electronics Industry
北京·BEIJING

内容简介

本书主要讲解了Photoshop CC 2021的基础知识和综合案例，包括图像的基本操作，选区的应用，色彩和图像的调整，图层的应用，图像的修饰和美化，图像与图形的绘制，图像文字制作，滤镜的使用，通道和蒙版的应用，使用3D功能及视频、动画制作功能，自动化与批处理，切片、打印与输出等内容。

最后通过大型实用综合商业案例的制作，使读者在掌握软件基本操作的同时，了解软件在实际工作中的应用。并通过提供色彩分析和设计分析，讲解相关的设计理念，使读者在掌握基础应用的同时在设计水平上有所提高。

本书配套资源包中包含了书中案例的素材文件和最终效果文件。

未经许可，不得以任何方式复制或抄袭本书之部分或全部内容。

版权所有，侵权必究。

图书在版编目（CIP）数据

Photoshop 2021中文版入门、精通与实战 / 姜玉声,任群编著. -- 北京：电子工业出版社, 2022.4
ISBN 978-7-121-43176-0

Ⅰ.①P… Ⅱ.①姜… ②任… Ⅲ.①图像处理软件 Ⅳ.①TP391.413

中国版本图书馆CIP数据核字(2022)第045625号

责任编辑：陈晓婕
印　　刷：北京缤索印刷有限公司
装　　订：北京缤索印刷有限公司
出版发行：电子工业出版社
　　　　　北京市海淀区万寿路173信箱　　邮编：100036
开　　本：787×1092　1/16　　印张：23.25　　字数：595.2千字
版　　次：2022年4月第1版
印　　次：2022年4月第1次印刷
定　　价：108.00元

凡所购买电子工业出版社图书有缺损问题，请向购买书店调换。若书店售缺，请与本社发行部联系，联系及邮购电话：（010）88254888，88258888。
质量投诉请发邮件至 zlts@phei.com.cn，盗版侵权举报请发邮件至 dbqq@phei.com.cn。
本书咨询联系方式：（010）88254161~88254167转1897。

PREFACE 前言

Photoshop CC 2021 是Adobe公司发行的一款图形图像处理软件，本书是一本针对Photoshop CC 2021初学者的完全自学教程。全书从实用的角度出发，由简入繁、循序渐进地讲解了Photoshop CC 2021的功能。对该软件的工具、菜单和面板功能都进行了有针对性的案例讲解，有利于读者学习。本书一共提供了113个技术操作的应用案例、40个商业综合应用案例，并且配有讲解视频，详细地讲解案例的制作过程，方便读者学习。

本书章节及内容安排

全书共13章，包括图像的基本操作，选区的应用，色彩和图像调整，图层的应用，图像的修饰和美化，图像与图形的绘制，图像文字制作，滤镜的使用，通道和蒙版的应用，使用3D功能及动画、视频制作功能，自动化与批处理，切片、打印与输出，综合应用。使读者在了解软件基本操作的同时，掌握软件在实际工作中的应用。

本书特点

本书结构清晰，以案例带动知识点，再对知识点分步骤进行详解。书中案例与知识点紧密结合，各个案例的操作步骤详尽且通俗易懂，具有很强的实用性和较高的技术含量，适合零基础入门的读者阅读，有效地提高设计水平。

本书附赠资源包，收录了书中所有案例的素材文件、最终效果文件和操作演示视频。读者可以通过这些素材进行实例操作，巩固对Photoshop CC 2021各项功能的理解。

由于时间仓促，书中错误在所难免，欢迎广大读者朋友批评指正。

CONTENTS 目录

第 1 章 图像的基本操作

1.1 图像的基本概念 2	1.4.4 置入文件 13
1.1.1 位图与矢量图 2	技术看板：置入文件 13
1.1.2 像素和分辨率 3	1.4.5 存储文件 14
1.1.3 图像格式 4	技术看板：存储文件 14
1.2 Photoshop CC 2021的操作界面 4	1.4.6 关闭文件 15
1.2.1 关于Adobe 4	技术看板：关闭文件 15
1.2.2 操作界面 5	1.5 设置画布和图像大小 16
技术看板：设置操作界面颜色 7	1.5.1 画布大小 17
技术看板：更改工具箱的排列方式 7	1.5.2 图像大小 17
1.3 系统设置和优化调整 7	技术看板：修改图像的大小 18
技术看板：设置参考线颜色 8	1.6 编辑图像 18
1.3.1 预设工作区 8	1.6.1 移动图像 19
技术看板：自定义工作区 9	1.6.2 旋转图像和画布 20
1.3.2 自定义键盘快捷键 10	技术看板：旋转画布 20
技术看板：自定义键盘快捷键 10	1.6.3 变换图像 21
1.4 文件的基本操作 11	技术看板：变形图像 23
1.4.1 主页 11	1.6.4 裁剪图像 24
1.4.2 新建文件 11	技术看板：透视裁剪图像 25
技术看板：新建文件 12	1.7 撤销与重做 25
1.4.3 打开文件 12	1.7.1 还原与恢复操作 25
技术看板：打开文件 13	1.7.2 恢复命令 26

1.7.3　历史记录 27
1.8　辅助工作 27
　　1.8.1　标尺 27
　　1.8.2　参考线 28
　　技术看板：智能参考线的使用 29
　　1.8.3　网格 30
　　1.8.4　标尺工具 30
　　1.8.5　注释工具 31
　　1.8.6　计数工具 32

1.9　查看图像 33
　　1.9.1　更改屏幕模式 33
　　1.9.2　缩放工具 34
　　技术看板：放大或缩小图像 34
　　1.9.3　抓手工具 35
　　1.9.4　导航器面板 35
　　1.9.5　多窗口查看图像 36
　　技术看板：多窗口查看图像 37

第 2 章　选区的应用

2.1　制作广告轮播图背景 40
　　2.1.1　矩形选框工具 40
　　技术看板：创建矩形选区 41
　　2.1.2　椭圆选框工具 42
　　技术看板：使用"椭圆选框工具" 42
　　2.1.3　单行/单列选框工具 42
　　技术看板：创建固定大小的选区 44
2.2　为广告轮播图抠取图像 44
　　2.2.1　套索工具 44
　　2.2.2　多边形套索工具 45
　　2.2.3　磁性套索工具 46
　　技术看板：使用"磁性套索工具"
　　　　　　抠像 47
　　技术看板：选区运算按钮 48
　　2.2.4　对象选择工具 48
　　2.2.5　魔棒工具 49
　　技术看板：使用"魔棒工具"完成
　　　　　　抠像 49
　　2.2.6　快速选择工具 50
　　2.2.7　使用"文字蒙版工具"创建选区 51

　　2.2.8　使用"钢笔工具"创建选区 51
　　2.2.9　使用"通道"创建选区 52
2.3　编辑选区 52
　　2.3.1　移动选区 52
　　2.3.2　变换选区 52
　　2.3.3　显示和隐藏选区 53
　　2.3.4　存储和载入选区 53
　　技术看板：使用"存储选区""载入
　　　　　　选区"抠像 53
　　2.3.5　为选区描边 54
　　技术看板：为图像添加边框 55
2.4　选择命令 55
　　2.4.1　全选与反选 55
　　2.4.2　取消选择和重新选择 56
　　2.4.3　天空和天空替换 56
　　技术看板：替换天空风景 56
　　2.4.4　主体 57
　　2.4.5　扩大选取和选取相似 57
　　2.4.6　在快速蒙版模式下编辑 58

2.5	制作简约名片	59	2.6	制作商品广告	63
	2.5.1 扩展和收缩选区	59		2.6.1 色彩范围	63
	2.5.2 边界和羽化选区	60		2.6.2 焦点区域	64
	2.5.3 平滑选区	61		2.6.3 选择并遮住	65
	技术看板：为人物打造简易妆容	62		技术看板：抠出人物发丝	66

第 3 章　色彩和图像的调整

3.1 打造靓丽的艺术照片	70	3.3.3 使用"曝光度"命令	84
技术看板：利用色彩属性修改图片氛围	70	技术看板：调整"亮度/对比度"	85
3.1.1 使用"渐变工具"	71	3.4 为人物打造玫红色皮肤	86
3.1.2 色彩模式的转换	73	3.4.1 使用"曲线"命令	86
技术看板：灰度模式和位图模式之间的转换	74	技术看板：使用"渐变映射"命令	88
3.2 为食品海报添加背景装饰	74	3.4.2 使用"可选颜色"命令	89
3.2.1 吸管工具	75	3.4.3 使用"色阶"命令	90
技术看板："颜色取样器工具"与"信息"面板	76	技术看板：使用"去色"命令调整图像色调	91
3.2.2 使用"油漆桶工具"	76	3.4.4 使用"自动色调"命令	92
技术看板：为图像打造暖光氛围	77	技术看板：使用"自动对比度"命令	92
3.2.3 使用"图案"填充	77	技术看板：使用"自动颜色"命令	93
技术看板：使用"内容识别"填充	79	3.5 打造梦幻的阿宝色	93
3.3 调出枯黄的秋草	80	3.5.1 色彩平衡	93
3.3.1 使用"色相/饱和度"命令	81	技术看板：使用"色调分离"命令	95
技术看板：使用"通道混合器"命令	82	技术看板：使用"反相""阈值"命令	96
3.3.2 使用"自然饱和度"命令	83	3.5.2 照片滤镜	97
		技术看板：使用"黑白"命令	98
		技术看板：使用"匹配颜色"命令	99

第 4 章　图层的应用

4.1　制作简单可爱的儿童相册 101
  4.1.1　背景图层 101
  4.1.2　新建图层 102
  4.1.3　调整图层 104
  技术看板：使用"填充图层"制作
      底纹效果 105
  4.1.4　编辑图层 106
  技术看板：使用"自动对齐图层"命令
      拼合图像 109
  4.1.5　"图层"面板 111
  技术看板：使用"混合模式"为人物
      制作文身 112
  4.1.6　形状图层 113
  4.1.7　合并图层 114
  技术看板：锁定图层 115
  4.1.8　文字图层 115
4.2　制作简单唯美的相册 117
  4.2.1　添加图层样式 117
  4.2.2　斜面和浮雕 118

  技术看板：显示和隐藏图层效果 118
  4.2.3　渐变叠加 119
  4.2.4　投影 119
  技术看板：使用"光泽"图层样式..... 120
  4.2.5　颜色叠加 121
  技术看板：使用"图案叠加"图层
      样式 122
  4.2.6　内发光 122
  技术看板：使用"外发光"图层样式... 123
  4.2.7　复制和粘贴图层样式 124
  4.2.8　创建图层组 125
  4.2.9　描边 126
  4.2.10　内阴影 127
  技术看板：使用"样式"面板制作
      文字效果 127
4.3　制作简单的合成照片 128
  4.3.1　智能对象 129
  4.3.2　"图层复合"面板 130
  4.3.3　盖印图层 132

第 5 章　图像的修饰和美化

5.1　修复破损图像 134
  5.1.1　污点修复画笔工具 134
  技术看板："红眼工具"的使用方法..... 135

  5.1.2　仿制图章工具 136
  技术看板："魔术橡皮擦工具"的
      使用方法 137

技术看板："图案图章工具"的
　　　　　　使用方法 138
　5.1.3　修补工具 139
　　技术看板："内容感知移动工具"的
　　　　　　使用方法 141
5.2　调整图像的进深感 142
　5.2.1　模糊工具 142
　　技术看板："修复画笔工具"的
　　　　　　使用方法 143
　5.2.2　锐化工具 143
　　技术看板：使用"背景橡皮擦工具"
　　　　　　擦除图像的背景 144
　5.2.3　涂抹工具 145
5.3　对图像进行润色 146

　5.3.1　减淡工具 146
　　技术看板：使用"历史记录画笔工具"
　　　　　　实现面部磨皮 147
　5.3.2　加深工具 148
　　技术看板：使用"渐隐"命令为人物
　　　　　　面部磨皮 148
　　技术看板：使用"内容识别填充"命令
　　　　　　去除图像中的人物 150
　5.3.3　海绵工具 151
　　技术看板："历史记录艺术画笔工具"
　　　　　　的使用方法 152
　　技术看板：调整图像的构图 153
　　技术看板：使用"操控变形"命令
　　　　　　改变蟹腿轨迹 154

第 6 章　图像与图形的绘制

6.1　绘制购物车图标 157
　6.1.1　认识和绘制路径 157
　　技术看板：使用"钢笔工具"绘制
　　　　　　直线路径 159
　　技术看板：使用"钢笔工具"绘制
　　　　　　曲线路径 159
　6.1.2　选择与编辑路径 160
　　技术看板：路径的变换操作 163
　　技术看板：输出路径 163
　6.1.3　"路径"面板 164
　　技术看板：创建新路径的方法 165
　　技术看板：填充路径 165
　　技术看板：描边路径 166
　6.1.4　路径与选区之间的相互转换 ... 167
　6.1.5　使用形状工具 168

6.2　制作儿童摄影图像 168
　6.2.1　使用"椭圆工具" 169
　　技术看板：使用"矩形工具"
　　　　　　绘制云朵 170
　6.2.2　使用"钢笔工具"绘制形状 172
　　技术看板：使用"添加锚点工具"
　　　　　　绘制心形形状 173
　6.2.3　编辑形状图层 173
　6.2.4　"画笔设置"面板 174
　6.2.5　使用"画笔工具" 176
　　技术看板："颜色替换工具"
　　　　　　的使用方法 178
　　技术看板：使用"混合器画笔工具" ... 179
6.3　制作精美书签 180
　6.3.1　直线工具 181

6.3.2 自定形状工具..................182	技术看板：使用"三角形工具"
技术看板：编辑形状图层..............184	绘制图标..................186
6.3.3 多边形工具..................185	

第 7 章　图像文字制作

7.1 制作图书封面..................189	技术看板：查找和替换文本..........201
7.1.1 认识文字工具..................189	7.2.4 设置字体大小..................202
7.1.2 "字符"面板..................191	技术看板：拼写检查..................202
7.1.3 输入段落文字..................192	7.2.5 消除锯齿..................204
7.1.4 输入直排文字..................193	7.2.6 文本对齐方式..................204
技术看板：点文本与段落文本的 　　　　　相互转换..................194	**7.3 制作精美音乐节海报**..................205
	7.3.1 创建变形文字..................205
7.1.5 输入横排文字..................194	7.3.2 创建沿路径排列的文字..........207
7.1.6 选择全部文本..................195	技术看板：移动与翻转路径文字......209
技术看板：选择部分文本..............196	技术看板：编辑文字路径............209
7.2 调整杂志封面的字体..................197	7.3.3 "字符样式"面板..................210
7.2.1 使用文本工具选项栏..........197	7.3.4 "段落"面板..................211
技术看板：栅格化文字图层..........199	技术看板：载入文字选区............213
7.2.2 设置字体系列..................199	7.3.5 "段落样式"面板..................213
技术看板：字体预览大小..............200	技术看板：将文字转换为路径........214
7.2.3 设置字体样式..................200	技术看板：将文字转换为形状........215

第 8 章　滤镜的使用

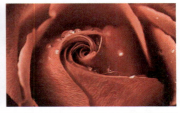

8.1 制作水墨荷花效果..................218	技术看板：使用"高反差保留"滤镜 .219
8.1.1 使用"最小值"滤镜..........218	8.1.2 使用"喷溅"滤镜..................220

技术看板：使用"镜头校正"滤镜.....222
8.1.3 使用"油画"滤镜.....223
技术看板：使用"自适应广角"滤镜..224
技术看板：使用"消失点"滤镜.....225

8.2 精修数码影像人物照片.....226
8.2.1 使用"神经网络"滤镜.....226
8.2.2 使用"液化"滤镜.....228
技术看板：使用"Camera Raw"滤镜..229
8.2.3 使用"USM锐化"滤镜.....229
8.2.4 使用"高斯模糊"滤镜.....231
技术看板：使用"表面模糊"滤镜.....231
技术看板：使用"场景模糊"滤镜.....232

8.3 制作贴图广告.....233
8.3.1 使用"云彩"滤镜.....233
8.3.2 使用"分层云彩"滤镜.....234
8.3.3 使用"晶格化"滤镜.....235
技术看板：使用"点状化"滤镜.....236
8.3.4 使用"中间值"滤镜.....237
8.3.5 使用"置换"滤镜.....239
技术看板：使用"水波"滤镜制作
水波纹理.....240
技术看板：外挂滤镜.....243

第 9 章　通道和蒙版的应用

9.1 制作光盘行动公益海报.....246
9.1.1 认识蒙版.....246
9.1.2 矢量蒙版.....247
9.1.3 剪贴蒙版.....249
9.1.4 图层蒙版.....250
技术看板：使用快速蒙版.....252
技术看板：创建调整图层蒙版.....254
技术看板：添加滤镜蒙版.....255

9.2 打造图像的梦幻氛围.....256
9.2.1 "通道"面板.....257
9.2.2 通道分类.....258

9.2.3 创建"通道".....259
9.2.4 复制、删除与重命名.....260
技术看板：将通道中的图像
粘贴到图层.....262
技术看板：将图层中的图像
粘贴到通道.....263

9.3 制作日历页面内容.....264
9.3.1 "应用图像"对话框.....264
9.3.2 "计算"命令.....265
9.3.3 "选区""蒙版""通道"
三者之间的关系.....266

第 10 章　使用3D功能及视频、动画制作功能

10.1　3D功能简介 270
　　技术看板：创建3D图层 271
10.2　制作3D冰激凌模型 271
　　10.2.1　从所选路径创建3D模型 271
　　技术看板：创建3D文字并拆分凸出 272
　　10.2.2　编辑3D模型 273
　　10.2.3　"3D"面板 274
　　10.2.4　3D模型和视图的操作 275
　　技术看板：创建3D明信片 275
10.3　制作周年庆海报 277
　　10.3.1　"属性"面板 277
　　技术看板：为立方体添加纹理映射 278
　　10.3.2　编辑纹理 278
　　10.3.3　渲染 280

　　10.3.4　导出3D图层 281
10.4　制作唯美雪景动画 281
　　10.4.1　"时间轴"面板 281
　　10.4.2　更改动画中图层的属性 283
　　10.4.3　过渡动画和反向帧 284
　　技术看板：制作文字淡入淡出效果 ...285
10.5　制作完整的视频 286
　　10.5.1　将视频帧导入图层 287
　　技术看板：新建空白视频图层 288
　　10.5.2　视频图层 288
　　技术看板：导入图像序列制作光影效果 ...291
　　10.5.3　编辑视频图层 293
　　技术看板：添加音频 295

第 11 章　自动化与批处理

11.1　调整图像色调 298
　　11.1.1　认识"动作"面板 298
　　技术看板：制作水中倒影文字 298
　　11.1.2　创建与播放动作 299
　　11.1.3　编辑动作 301
　　11.1.4　存储和载入动作 301
11.2　制作暴风雪图片 302

　　11.2.1　插入菜单项目 303
　　11.2.2　插入停止语句 304
　　11.2.3　设置播放动作的方式 305
　　技术看板：再次记录动作 305
　　11.2.4　在动作中排除 307
11.3　批处理图像 307
　　11.3.1　"批处理"命令 308

11.3.2 快捷批处理	308
11.3.3 使用"批处理"命令	309
技术看板：限制图像的尺寸	310
技术看板：制作PDF演示文稿	311
技术看板：制作联系表	312
技术看板：自动拼接全景照片	313

第 12 章　切片、打印与输出

12.1 切片	316
12.1.1 切片的类型	316
12.1.2 创建切片	316
技术看板：基于参考线创建切片	317
技术看板：基于图层创建参考线	318
12.1.3 编辑切片	319
技术看板：划分切片	321
12.1.4 优化Web图像	322
12.1.5 导出命令	324
12.2 打印图像	325
12.2.1 设置页面	325
12.2.2 设置打印选项	326
12.3 输出	326
12.3.1 印刷输出	326
12.3.2 网络输出	327
12.3.3 多媒体输出	328
12.4 陷印	328

第 13 章　综合应用

13.1 网页设计	330
13.1.1 设计制作休闲网页	330
案例分析	330
色彩分析	331
制作步骤	331
13.1.2 设计制作汽车网页	337
案例分析	337
色彩分析	338
制作步骤	338
13.2 纹理质感的应用	341
13.2.1 设计制作质感围棋图标	341
案例分析	342
色彩分析	342
制作步骤	342
13.2.2 设计制作质感文字	345

案例分析......................................346
　　色彩分析......................................346
　　制作步骤......................................346
13.3　UI设计 **349**
　　13.3.1　制作移动端图标组......................349
　　　案例分析......................................350
　　　色彩分析......................................350
　　　制作步骤......................................350
　　13.3.2　制作App启动界面......................353
　　　案例分析......................................353
　　　色彩分析......................................354
　　　制作步骤......................................354

读 者 服 务

读者在阅读本书的过程中如果遇到问题，可以关注"有艺"公众号，通过公众号与我们取得联系。此外，通过关注"有艺"公众号，您还可以获取更多的新书资讯、书单推荐、优惠活动等相关信息。

资源下载方法：关注"有艺"公众号，在"有艺学堂"的"资源下载"中获取下载链接，如果遇到无法下载的情况，可以通过以下三种方式与我们取得联系。

扫一扫关注"有艺"

扫码观看全书视频

1. 关注"有艺"公众号，通过"读者反馈"功能提交相关信息；
2. 请发邮件至 art@phei.com.cn，邮件标题命名方式：资源下载+书名；
3. 读者服务热线：（010）88254161~88254167 转 1897。

投稿、团购合作：请发邮件至 art@phei.com.cn。

第 1 章　图像的基本操作

作为一款强大的图像处理软件，Photoshop CC 2021 不仅可以修饰图像，还可以进行网页设计、平面设计等。本章通过学习图像的基本概念、Photoshop CC 2021 的操作界面、系统设置和优化调整等内容，帮助用户了解图像的基本操作，并为之后的学习打下基础。

1.1 图像的基本概念

图像的基本概念包括图像的类型、像素和分辨率等。计算机中的图像被称为"数字化图像",数字化图像一般分为两种类型:位图和矢量图。这两种类型的图像各有优缺点,应用的领域也各不相同。

1.1.1 位图与矢量图

位图和矢量图各有优缺点,其优点又恰好可以弥补对方的缺点。所以在绘图与图像处理过程中,常常要将这两种类型的图像配合使用,使作品趋于完美。

位图

位图也称"点阵图",它是由许多点组成的,这些点被称为"像素"。使用位图图像可以表现丰富的色彩变化并产生逼真的效果,如图1-1所示。

在不同软件之间位图很容易交换使用。但它在保存时需要记录每一个像素的色彩信息,所以占用的存储空间较大,在进行旋转或缩放时会产生锯齿效果,如图1-2所示。

原图　　　　　　　　　　　　　　放大500%

图 1-1 位图的逼真效果　　　　　图 1-2 在进行旋转或缩放时会产生锯齿效果

矢量图

矢量图通过数学的向量方式进行计算,使用这种方式记录的文件所占用的存储空间较小。由于它与分辨率无关,所以在进行旋转、缩放等操作时,可以保持对象光滑无锯齿。图1-3所示为矢量图及其局部放大后的效果。

原图　　　　　　　　　　　　　　放大300%

图 1-3 矢量图及其局部放大后的效果

> **疑难解答：矢量图的缺点和应用范围**
>
> 矢量图的缺点是图像色彩变化较少，颜色过渡不自然，并且绘制出来的图像也不是很逼真。但其具有体积小、可任意缩放的特点，因此被广泛应用于动画制作和广告设计领域。

1.1.2 像素和分辨率

像素是组成位图图像的基本单位，每一张位图图像是由无数个像素点组成的。同时图像的清晰度和其本身的分辨率有直接关系。

□ 像素

像素是指基本原色素及其灰度的基本编码。像素是构成数码影像的基本单元，通常像素以PPI（Pixels Per Inch，像素密度）为单位来表示影像分辨率的大小。图1-4所示为像素点。

图 1-4 像素点

□ 分辨率

分辨率是指单位尺寸内图像像素点的多少，像素点个数越多分辨率越高，相反则越低。同理，分辨率越高的图片，图像越细致，质量越高；分辨率越低的图片，质量越低。图1-5所示为同一图像分辨率分别为72DPI和300DPI时的效果。

分辨率为72DPI　　　　　　　　　分辨率为300DPI

图 1-5 同一图像在不同分辨率下的效果

不同行业对图像分辨率的要求也不尽相同。例如，用在显示器上的图像分辨率只需达到72DPI即可；如果要将图像用打印机打印出来，分辨率最低也要达到150DPI。表1-1所示为相应行业对图像分辨率的要求。

表1-1 相应行业对图像分辨率的要求

行业	分辨率（DPI）	行业	分辨率（DPI）
喷绘	40以上	普通印刷	250以上
报纸、杂志	120~150	数码照片	150以下
网页	72	高级印刷	600以上

1.1.3 图像格式

图像格式即图像文件存放在磁盘中的格式，比较常见的有JPEG、TIFF、PNG、GIF和PSD等格式。不同格式的图像各有优点和缺点，在存储文档时，应当根据图像的具体使用方法和途径选择合适的存储格式。表1-2所示为常用的图像格式的图标效果和释义。

表1-2 常用的图像格式的图标效果和释义

图像效果	释义
	JPEG格式的文件是人们常用的一种图像存储格式，网络图片的格式基本都属于此类。其特点是图片资源丰富且压缩率极高，可以节省存储空间。只是图片精度固定，放大时图片清晰度会降低
	GIF格式的文件采用一种可变长度的压缩算法，最多支持256种色彩，经常用于网络传输。其最大的特点是可以在一个文件中存储多幅彩色图像，并把多幅图像数据逐幅读出且显示到屏幕上，可构成一种简单的动画
	PNG格式的全称为"可移植网络图形格式"，是一种位图存储格式。这种格式最大的特点是支持透明，而且可以在图像品质和文件体积之间进行均衡的选择
	TIFF格式是一种无压缩格式，主要用来存储包括照片和艺术图在内的图像，文件体积比PSD格式的小，比PNG格式的大。TIFF文件中可以保留图层、路径、Alpha通道、分色和挂网信息，非常适合印刷和打印输出
	PSD格式是Photoshop的专用格式。PSD格式的文件可以存储成RGB或CMYK模式，还能够自定义颜色数并加以存储，还可以保存Photoshop的图层、通道和路径等信息

1.2 Photoshop CC 2021 的操作界面

前面介绍了图像的基本概念，相信读者已经了解和掌握了图像的一些知识。下面对Photoshop CC 2021的操作界面进行简单的介绍和讲解，希望可以为读者之后的学习和工作打下坚实的基础。

1.2.1 关于Adobe

Adobe公司成立于1982年，公司总部位于美国的加州圣何塞市。图1-6所示为Adobe公司总部大楼，其公司产品涉及图形设计、图像制作、数码摄影、网页设计和电子文档等诸多领域，图1-7所示为Adobe公司的Logo。

图 1-6 Adobe 公司总部大楼　　　　图 1-7 Adobe 公司的 Logo

除了众所周知的Photoshop，Adobe公司产品还包括专业排版软件InDesign、电子文档软件Acrobat DC、矢量绘图软件Illustrator、交互设计软件Adobe XD和图像管理软件Adobe Bridge等。图1-8所示为Adobe系列软件的图标。

图 1-8 Adobe 系列软件的图标

在使用Photoshop CC 2021之前先要安装该软件。安装（或卸载）前应关闭系统中当前运行的Adobe相关程序，安装过程并不复杂，读者只需进入Adobe的官网并根据提示信息进行操作即可。

安装完成后，在电脑的"开始"菜单中单击Photoshop CC 2021的启动图标，即可出现如图1-9所示的启动界面。

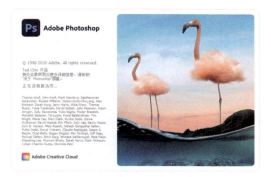

图 1-9 Photoshop CC 2021 的启动界面

Photoshop CC 2021是一款图像编辑软件，它可以完成图像格式和模式的转换，能够实现对图像的色彩调整。由于Photoshop新版本的推出，它的功能变得更加强大，涉及的领域也更广。

1.2.2　操作界面

启动Photoshop CC 2021，导入图片，其将会出现Photoshop CC 2021的工作界面，该界面包含文档窗口、菜单栏、选项栏、工具箱、状态栏、标题栏和面板等内容,如图1-10所示。下面具体介绍其中各部分的功能。

图 1-10 Photoshop CC 2021 的工作界面

- 菜单栏:Photoshop CC 2021中共包括12个主菜单,Photoshop中几乎所有的命令都按照类别排列在这些菜单中。每个菜单包含不同的功能和命令,它们是Photoshop中重要的组成部分。

> **疑难解答:如何使用菜单**
>
> 单击一个主菜单名称即可打开该菜单。在菜单中使用分割线区分不同的功能命令,带有黑色三角标记的命令表示其还包含扩展菜单。选择菜单中的一个命令选项即可执行该命令。
>
> 如果命令后面带有快捷键,按相应的快捷键即可快速执行该命令。有些命令后面只提供了字母,可先按住【Alt】键,再按主菜单中的字母键,打开该菜单,然后再按命令后面的字母。

- 选项栏:选项栏用于设置工具的选项。根据所选工具的不同,选项栏中的内容也不同。
- 标题栏:用来显示文档名称、文件格式、颜色模式和窗口缩放比例等信息,如果当前设计文档中包含多个图层,则标题栏还会显示当前工作的图层名称。
- 工具箱:Photoshop CC 2021工具箱中提供了70种工具,其中包含了用于创建和编辑图像、图稿、页面元素等工具。由于工具过多,一些工具会被隐藏起来,工具箱中只显示部分工具,并且按类区分。

> **小技巧**:工具箱中带有角标的工具图标都是一个工具组,如图1-11所示。使用鼠标右击图标,弹出如图1-12所示的全部工具。按住【Alt】键不放,单击工具组,组中工具会逐个切换。

图 1-11 工具组   图 1-12 全部工具

- 状态栏：位于文档的底部，用于显示文档的缩放比例、文档大小和当前使用的工具等信息。
- 面板：用于设置颜色、工具参数和执行编辑命令。Photoshop CC 2021中包含了32个面板，在"窗口"菜单中可以选择需要的面板并将其打开。
- 文档窗口：在Photoshop中每打开一个图像，便会创建一个文档窗口，当同时打开多个图像时，文档窗口就会以选项卡的形式显示。

> **技术看板：设置操作界面颜色**

Photoshop CC 2021的操作界面颜色默认为黑色，用户可以根据自身需要对界面颜色进行调整。

执行"编辑>首选项>界面"命令，弹出"首选项"对话框，如图1-13所示。选择第四套颜色方案，单击"确定"按钮，如图1-14所示。

图1-13 "首选项"对话框

图1-14 设置操作界面颜色

> **技术看板：更改工具箱的排列方式**

Photoshop CC 2021的工具箱默认在工作区左侧，以单排形式显示，如图1-15所示。单击工具箱左上角的三角形图标，工具箱会以双排形式展开，如图1-16所示。

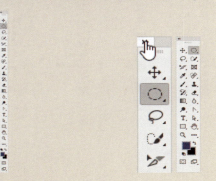
图1-15 工具箱默认以单排形式显示　　图1-16 更改工具箱的排列方式

1.3 系统设置和优化调整

为了更好地使用Photoshop，首先要了解软件本身的一些设置和优化功能。Photoshop CC 2021的所有设置优化命令都保存在"首选项"对话框中。执行"编辑>首选项"命令,弹出如图1-17所示的子菜单。

在子菜单中执行相应的命令可以在弹出的"首选项"对话框中优化Photoshop的界面,工作区,工具,历史记录,文件处理,导出,性能,暂存盘,光标,透明度与色域,单位与标尺,参考线、网格和切片,增效工具,文字,3D及技术预览选项,如图1-18所示。

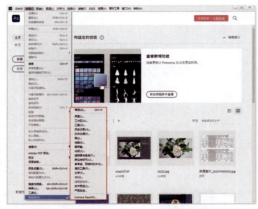

图1-17 "首选项"命令的子菜单

图1-18 "首选项"对话框

技术看板:设置参考线颜色

如果素材图像的底色和参考线的颜色非常相近,用户可以随时修改参考线的颜色,方便绘图。执行"编辑>首选项>参考线、网格和切片"命令,弹出"首选项"对话框,默认设置如图1-19所示。

单击"画布"文字后面的选项,在弹出的下拉列表中选择"浅蓝色"选项,如图1-20所示,单击"确定"按钮即可完成修改参考线颜色的操作。

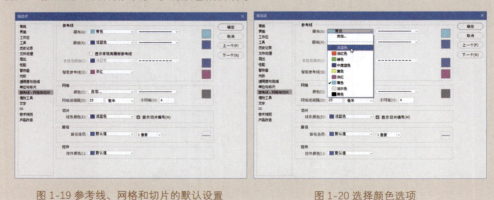

图1-19 参考线、网格和切片的默认设置　　　　图1-20 选择颜色选项

1.3.1 预设工作区

执行"窗口>工作区"命令,弹出如图1-21所示的下拉菜单。用户可以根据工作的内容选择不同的工作区。恰当的工作区能够让用户更方便地使用Photoshop的各种功能,提高工作效率。

也可以单击选项栏右侧的"选择工作区"图标,在打开的下拉菜单中快速选择需要的工作区,如图1-22所示。

图 1-21 "工作区"的下拉菜单　　图 1-22 选择工作区

技术看板：自定义工作区

不同用户的职业和操作习惯不同，为了方便操作，Photoshop CC 2021为用户提供了自定义工作区的功能。

使用"移动工具"将面板拖曳到合适位置，如图1-23所示，再将面板折叠为图标，如图1-24所示。

图 1-23 移动面板　　图 1-24 将面板折叠为图标

执行"窗口>工作区>新建工作区"命令，弹出"新建工作区"对话框，可以在该对话框中为工作区命名，如图1-25所示。单击"存储"按钮完成工作区的定义，定义好的工作区可以在窗口菜单中看到，如图1-26所示。

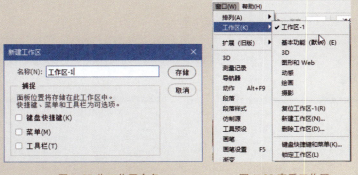

图 1-25 为工作区命名　　图 1-26 查看工作区

提示：Photoshop的应用领域非常广泛，不同的行业对Photoshop中各项功能的使用频率也不同。针对这一特点，Photoshop提供了几种常用的预设工作区，供用户选择。

1.3.2 自定义键盘快捷键

在Photoshop CC 2021中，可以使用快捷键快速地切换各种命令和工具，方便用户快捷地进行绘图。

> **技术看板：自定义键盘快捷键**

执行"窗口>工作区>键盘快捷键和菜单"命令，弹出"键盘快捷键和菜单"对话框，选择"键盘快捷键"选项卡，如图1-27所示。

在"快捷键用于"下拉列表中选择"应用程序菜单"选项，在"应用程序菜单命令"列表中执行"选择>修改>羽化"命令，如图1-28所示。

图1-27 选择"键盘快捷键"选项卡　　图1-28 执行"羽化"命令

单击"删除快捷键"按钮，如图1-29所示，可以将该快捷键删除。删除完成后再次单击"羽化"命令，出现输入框后按下【Shift+Ctrl+D】键，如果该组合键已被使用，则系统会提示冲突，如图1-30所示。

图1-29 单击"删除快捷键"按钮　　图1-30 提示冲突

单击"接受并转到冲突处"按钮，如图1-31所示，完成对"羽化"命令快捷键的设置。设置完成后对话框自动出现"重新选择"命令的快捷键输入框，如图1-32所示。读者可以对其进行新的设置，也可以不再设置。

图1-31 接受并转到冲突处　　图1-32 出现"重新选择"命令的快捷键输入框

> 小技巧：除了执行"窗口＞工作区＞键盘快捷键和菜单"命令，也可以按下组合键【Alt+shift+Ctrl+K】，达到打开"键盘快捷键和菜单"对话框的目的。

1.4 文件的基本操作

要真正掌握和使用一个图像处理软件，首先要对该软件有所了解，然后从基本的操作开始学习，这样才能深入掌握该软件。本节将介绍Photoshop CC 2021的一些基本操作，包括主页新建文件、打开文件、置入文件、存储文件、关闭文件。

1.4.1 主页

主页是Photoshop启动后首先展示给用户的界面，如图1-33所示。用户可以在主页中完成新建文件、打开文件、查看新增功能和最近使用项等操作。选择左侧的"学习"选项，将进入官方指定的教程界面，如图1-34所示。

图 1-33 主页界面

图 1-34 教程界面

用户在使用Photoshop进行操作时，可以随时通过单击选项栏最左侧的主页图标，返回主页界面，如图1-35所示。此时主页界面左上角显示一个"Ps"图标，单击该图标，即可返回当前操作界面，如图1-36所示。

图 1-35 返回主页　　图 1-36 返回当前操作界面

1.4.2 新建文件

在开始绘画之前，首先要准备好画纸。同理，在使用Photoshop CC 2021设计作品之前，也应该先新建画布。

Photoshop 2021中文版
入门、精通与实战

疑难解答：新建文件时，如何选择文件的位深数

位深数表示颜色的最大数量。位深数越大，则颜色数越多。其中，1位的模式只能用于位图模式的图像；32位的模式只能用于RGB模式的图像；8位和16位的模式可以用于除位图模式之外的任何一种色彩模式。通常情况下，使用8位模式即可。

➡ 技术看板：新建文件

执行"文件>新建"命令或按下【Ctrl+N】组合键，如图1-37所示，弹出"新建文件"对话框，在该对话框中可以设置新建文档的各项参数，如图1-38所示。

图1-37 执行命令

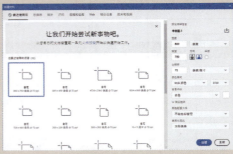

图1-38 "新建文档"对话框

单击"移动设备"选项卡下面的"Android 1080p"选项，在对话框右侧的顶部输入文档名称，如图1-39所示。单击"创建"按钮，完成移动设备文件的创建，如图1-40所示。

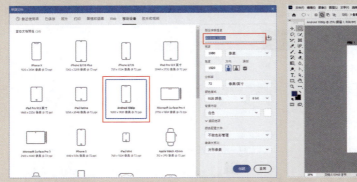

图1-39 选择模板并输入文档名称

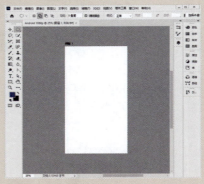

图1-40 创建移动设备文件

疑难解答：高级栏中的其他选择

单击"高级选项"按钮，显示"颜色配置文件""像素长宽比"两个下拉列表框，分别用于设定当前图像文件要使用的色彩配置文件和图像的长宽比。

1.4.3 打开文件

通过执行"打开"命令，Photoshop可以将外部多种格式的图像文件打开，进行编辑处理。也可以将未完成的Photoshop文件打开，继续进行操作处理。

技术看板：打开文件

执行"文件>打开"命令或按下【Ctrl+O】组合键，弹出"打开"对话框，如图1-41所示。选择素材图像，单击"打开"按钮，打开的文件效果如图1-42所示。

图1-41 "打开"对话框　　　　图1-42 打开的文件效果

小技巧：出现无法打开文件的情况时，可以执行"文件>打开为"命令，在弹出的"打开"对话框中选择一个被错误地保存为PNG格式的JPEG文件，在"打开为"下拉列表框中为它指定正确的格式。

小技巧：当在Photoshop中执行了保存文件或打开文件操作时，在"文件>最近打开文件"子菜单中就会显示以前编辑过的20个图像文件。

1.4.4 置入文件

在Photoshop中，可以将照片、图像或矢量格式的文件作为智能对象置入文档中，对其进行编辑。Photoshop CC 2021为用户提供了"置入嵌入对象""置入链接的智能对象"两种置入方法。

提示："智能对象"保留图像的源内容及其所有原始特性，从而让用户能够对图层执行非破坏性编辑。

技术看板：置入文件

执行"文件>新建"命令，打开"新建文档"对话框，设置如图1-43所示的各项参数后单击"创建"按钮进入新文档。执行"文件>置入嵌入对象"命令，弹出"置入嵌入的对象"对话框，选中图像，如图1-44所示。

图1-43 新建文件并设置各项参数　　　　图1-44 "置入嵌入的对象"对话框

单击"置入"按钮，将图像置入到新建文档中，文档中将会显示被置入的图像，如图1-45所示。双击图像，执行"窗口>图层"命令，打开"图层"面板，发现图像图层带有智能对象角标，如图1-46所示。

图1-45 置入的图像　　　　图1-46 智能对象图层

双击图像缩览图，图像将会被切换到新的可编辑文档中，如图1-47所示。

图1-47 切换到新的可编辑文档中

> 提示：双击"图层"面板中的智能对象缩览图，可以在新的文档中对智能对象进行编辑，编辑完成后，退出文档并保存，当前文档中的智能对象也会被修改。

1.4.5　存储文件

无论是新文件的创建，还是打开以前的文件进行编辑，在操作完成之后通常都要将其保存，以便使用或再次编辑。

技术看板：存储文件

接上一个"技术看板"案例，执行"文件>存储"命令，弹出"另存为"对话框，如图1-48所示。单击"保存类型"选项，弹出下拉列表，选择如图所示的文件格式，如图1-49所示。

图1-48 "另存为"对话框　　　　图1-49 选择文件格式

修改文件名称，如图1-50所示，单击"保存"按钮，弹出"JPEG选项"对话框，如图1-51所示，单击"确定"按钮，将文件保存。

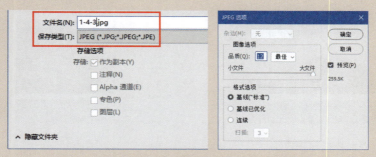

图 1-50 修改文件名称　　　　　图 1-51 JPEG 选项

存储文件后回到文档中，执行"文件>存储为"命令，弹出"另存为"对话框，设置各项参数，如图1-52所示。单击"保存"按钮，弹出"Photoshop格式选项"对话框，如图1-53所示。单击"确定"按钮，将文件保存。

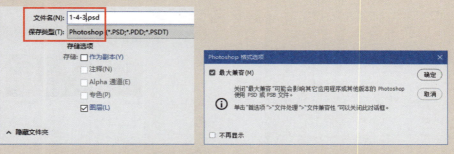

图 1-52 设置各项参数　　　　　图 1-53 Photoshop 格式选项

> **小技巧**：打开一个文件，完成编辑后，执行"文件>存储"命令或按【Ctrl+S】组合键，将图像保存，图像会保存为原来文件的格式。如果是新建一个文件，执行"存储"命令后，则会弹出"另存为"对话框。

> **小技巧**：如果想要将文件保存为其他图像格式，或者保存在其他位置，可以执行"文件>存储为"命令，弹出"另存为"对话框，输入新的文件名，选择存储格式后，单击"保存"按钮，即可完成文件的存储操作。

1.4.6　关闭文件

完成文件的编辑后，需要关闭文件以结束当前的操作。关闭文件的方法有关闭文件、关闭全部文件和退出Photoshop CC 2021程序三种。

➡ 技术看板：关闭文件

接上一个"技术看板"案例，图像效果如图1-54所示。执行"文件>关闭"命令、按组合键【Ctrl+W】或单击文档窗口右上角的"关闭"按钮，即可关闭当前文档，如图1-55所示。

图 1-54 图像效果　　　　　　　图 1-55 关闭文件

连续打开两张素材图像，执行"文件>关闭全部"命令或按【Shift】键的同时单击文档窗口右上角的"关闭"按钮，即可关闭全部文件，如图1-56所示。

执行"文件>退出"命令，按组合键【Ctrl+Q】或者单击Photoshop CC 2021窗口右上角的"关闭"按钮，即可退出软件，如图1-57所示。

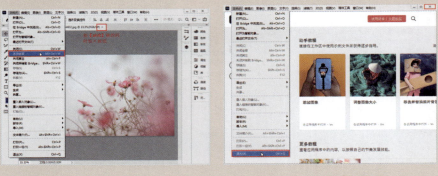

图 1-56 关闭全部文件　　　　　　图 1-57 退出软件

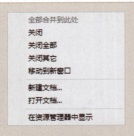

小技巧：在任一文件标题栏上单击鼠标右键，会弹出如图1-58所示的快捷菜单，在该菜单中可以完成关闭、关闭全部、关闭其他、移动到新窗口、新建文档、打开文档和在资源管理器中显示等操作。

图 1-58 快捷菜单

设置画布和图像大小

在Photoshop CC 2021中可以将画布理解为绘图时所使用的画板，那么作品就是画板上的图像。为了更好地设计作品，在绘图时需要根据设计作品的要求，对画布大小和图像大小进行合理调整。

1.5.1 画布大小

画布是指整个文档的工作区域，也就是图像的显示区域，如图1-59所示。在处理图像时，可以根据需要增加或者减少画布，还可以旋转画布。

在Photoshop中，通过执行"图像>画布大小"命令，弹出"画布大小"对话框，如图1-60所示，在其中可以修改画布的大小。当增加画布时，可在图像周围添加空白区域；当减小画布时，则裁剪图像。

图 1-59 文档中的画布区域

图 1-60 "画布大小"对话框

> **小技巧**：勾选"相对"复选框，"宽度""高度"选项中的数值将代表实际增加或减少的区域的大小，而不再代表整个文档的大小。输入正值表示增加画布大小，输入负值则表示减小画布大小。

> **提示**：单击"画布扩展颜色"按钮，弹出下拉列表，其中共有六个选项：前景、背景、白色、黑色、灰色和其他。如果前面五个都不是用户想要的颜色，单击"其他"按钮，弹出"拾色器"对话框，可选择任意颜色作为画布扩展颜色。如果图像的背景是透明的，则"画布扩展颜色"选项将不可用。

在"定位"右侧的方格中，单击不同的方格，可以指示当前图像在新画布上的位置。图1-61所示为设置了不同的两种定位方向，增加画布后的位置也会不同。

 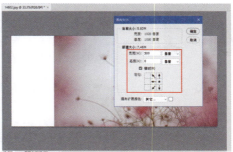
图 1-61 设置两种不同的定位方向

1.5.2 图像大小

在编辑图像的时候，当素材图像不符合设计要求或设计规范时，可以执行"图像>图像大小"

命令，弹出"图像大小"对话框，如图1-62所示。在该对话框中可以对图像的像素大小、打印尺寸和分辨率进行修改。

图1-62 "图像大小"对话框

疑难解答："图像大小"对话框

"图像大小"是指图像的当前体积，括号内显示的是修改前的大小；"尺寸"显示的是图像当前的像素尺寸；单击"调整为"右侧的下拉按钮，在打开的下拉列表框中选择设置好的预设大小；用户可以直接在"宽度""高度"两个文本框中输入相应的数值，以更改图像的尺寸；用户可以直接在"分辨率"文本框中输入相应的数值，以更改图像的分辨率；勾选"重新采样"复选框，当图像大小发生变化时，将对图像进行重新采样，Photoshop为用户提供了八种重新采样的样式。

➡ 技术看板：修改图像的大小

打开一张素材图像，执行"图像>图像大小"命令，弹出"图像大小"对话框，在对话框中设置如图1-63所示的参数。

设置完成后，单击"确定"按钮，完成图像大小的修改，修改完成的图像大小如图1-64所示。

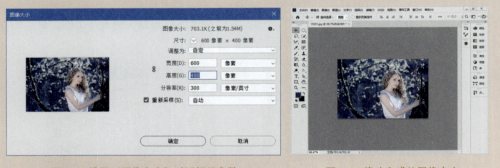

图1-63 设置"图像大小"对话框的参数　　　　图1-64 修改完成的图像大小

1.6 编辑图像

在图像的制作过程中，常常需要对素材图像进行编辑，包括移动图像、裁剪多余图像、变换图像角度和旋转图像等。

1.6.1 移动图像

使用工具箱中的"移动工具"可以轻松地移动图像图层或者选区中的对象。"移动工具"选项栏如图1-65所示。

图 1-65 "移动工具"选项栏

> 提示：当文档中包含两个或两个以上的图层时，可以使用对齐图层按钮。当文档中包含三个或三个以上的图层时，单击相应的按钮可以使所选图层中的对象按照规则分布。单击"对齐并分布"按钮，将打开"对齐与分布"面板，用户可以在该面板中完成更多对齐分布的操作。

打开两张素材图像，如图1-66所示。切换到第二个图像文档中，使用"移动工具"在画布中单击并向任意方向拖曳移动图像，光标右上侧会出现一个显示移动距离的黑色矩形，如图1-67所示。

图 1-66 素材图像　　　　　　　　　图 1-67 显示移动距离

如果移动的图层为背景图层，松开鼠标时将出现如图1-68所示的警告框。在警告框中单击"转换到正常图层"按钮，转换完成后图像移动到鼠标松开时的位置，如图1-69所示。如果移动的对象位于普通图层，则不会出现警告框，并且图层上的对象在移动时将随光标的移动而移动。

图 1-68 警告框　　　　　　　　　图 1-69 显示移动位置

使用"移动工具"在第二张图像上单击并拖曳,将光标移动到第一个文档的标题栏上,如图1-70所示。这时第一个图像文档会自动打开,移动光标到文件内部并松开鼠标左键,调整图像的大小和图层的混合模式,图像效果如图1-71所示。

图 1-70 拖曳文件　　　　　　　　图 1-71 图像效果

> **小技巧**：移动图层上的或选区中的对象时,可以通过按键盘上的方向键实现精确移动,按一次移动一个像素。按住【Shift】键的同时按方向键可以一次移动十个像素。

1.6.2 旋转图像和画布

使用Photoshop CC 2021不仅可以更改画布和图像的大小,还可以旋转画布和图像。如果用户想要旋转图像中的某一图层,可执行"编辑>自由变换"命令。

出现定界框后进行旋转,如图1-72所示。图层中的对象会随之旋转,在定界框内双击或者按下【Enter】键,即可确认旋转操作,图像效果如图1-73所示。

图 1-72 旋转定界框　　　　　　　　图 1-73 图像效果

> **小技巧**：执行"编辑>变换>旋转"命令,也可对图层上的对象进行旋转操作,其使用方法与"自由变换"命令相同。

➔ 技术看板：旋转画布

打开一张素材图像,执行"图像>图像旋转>水平翻转画布"命令,如图1-74所示,画布即可实现水平翻转,如图1-75所示。

图 1-74 执行命令　　　　　　　图 1-75 水平翻转画布

执行"图像>图像旋转>任意角度"命令,弹出"旋转画布"对话框,设置参数如图 1-76 所示。设置完成后单击"确定"按钮,图像效果如图 1-77 所示。

图 1-76 设置参数　　　　　　　图 1-77 图像效果

单击工具箱中的"旋转视图工具"按钮,当光标变为 状态时,旋转鼠标光标或在选项栏中的"旋转角度"文本框中输入具体数值,如图 1-78 所示。画布将跟随光标或旋转角度同步进行旋转,图像效果如图 1-79 所示。

图 1-78 旋转光标或输入旋转角度　　　　图 1-79 图像效果

> **提示**:使用"旋转视图工具"进行旋转操作时,如果想要恢复图像的原始角度,只需双击"旋转视图工具"即可。

1.6.3 变换图像

在图像的编辑过程中,经常要对图像进行变换操作。在 Photoshop 中,执行"编辑>变换"命令,其子菜单中包含各种变换命令,如图 1-80 所示。执行这些命令可以对图像进行缩放、旋转、斜切、翻转和自由变换等操作。

执行这些命令时，当前对象上会显示定界框、中心点和控制点，如图1-81所示。定界框四周的小方块是控制点，拖动控制点可以对图像进行变换操作。中心点位于对象的中心，用于定义对象的变换中心，拖动它就可以移动对象的位置。

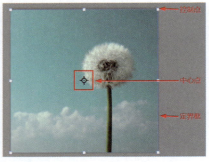

图1-80 子菜单命令　　　　　图1-81 变换元素

选中打开的素材图像，执行"编辑>自由变换"命令，调出定界框。在定界框上单击鼠标右键，弹出下拉列表，选择"水平翻转"选项，如图1-82所示。翻转完成后的图像如图1-83所示。

图1-82 选择"水平翻转"选项　　　　图1-83 图像效果

在已经调整出定界框的素材图像中，当光标变为 或 状态时，拖曳定界框可对图像进行缩放处理，如图1-84所示。执行"编辑>变换>扭曲"命令，调整定界框四个角的位置，即可扭曲图像，如图1-85所示。

图1-84 缩放图像　　　　　图1-85 扭曲图像

小技巧：在缩放图像时，当光标变为 状态时，按住【Shift】键的同时拖动定界框，图像会按比例进行缩小或放大。

执行"编辑>变换>透视"命令,将光标放在定界框的任意角点上,向任意方向移动角点,即可对图像进行透视操作,如图1-86所示。执行"编辑>变换>斜切"命令,调整角点位置,即可对图像进行斜切操作,如图1-87所示。

图1-86 透视操作　　　　　　　　　图1-87 斜切操作

提示：执行"编辑>变换>斜切"命令时,按住【Alt】键的同时移动某个角点,会变为对称斜切。

技术看板：变形图像

打开一张素材图像,使用"快速选择工具"在图像上创建选区并复制图像到新图层上,如图1-88所示。执行"编辑>变换>变形"命令,调整各个控制点,如图1-89所示。

图1-88 创建选区并复制图像　　　　图1-89 调整各个控制点

分别使用"垂直拆分变形""水平拆分变形"按钮,使定界框内的图像变形为如图1-90所示的效果。图像的变形操作完成后,按【Enter】键确认变形操作,效果如图1-91所示。

图1-90 拆分变形图像　　　　　　　图1-91 变形效果

1.6.4 裁剪图像

裁剪图像的主要目的是调整图像的大小，以便获得更好的构图，删除不需要的内容。使用"裁剪工具"、"裁剪"命令或"裁切"命令都可以裁剪图像。

单击工具箱中的"裁剪工具"按钮，其选项栏如图1-92所示。

图1-92 "裁剪工具"选项栏

> 提示：通过在图像上画一条直线来修改图像的垂直方向。勾选"删除裁剪的像素"复选框，裁剪后会将裁剪掉的像素删除；取消勾选该复选框，则会以蒙版的形式暂时将裁剪掉的像素隐藏。

打开素材图像，单击工具箱中的"裁剪工具"按钮，图像四周显示裁剪标记，如图1-93所示。向左拖曳光标到相应位置，如图1-94所示，在裁剪框内部双击完成裁剪操作。

图1-93 显示裁剪标记　　　　图1-94 拖曳裁剪框

单击选项栏中的"设置裁剪工具的叠加选项"按钮，在弹出的下拉列表中选择"金色螺线"选项，如图1-95所示。裁剪效果如图1-96所示，在裁剪框内部双击完成裁剪操作。

图1-95 选择"金色螺线"选项　　　　图1-96 完成裁剪后的效果

> 提示：单击选项栏中的"裁剪"选项，可以选择预设的裁剪长宽比。如果裁剪选项中没有用户想要的长宽比例，用户可以在输入框内自定义裁剪时的长宽比例，同时用户也可以选择"裁剪视图"中的选项，使裁剪出来的图像更加精确美观。

技术看板：透视裁剪图像

打开一张素材图像，如图1-97所示。单击工具箱中的"透视裁剪工具"按钮，在画布中单击并拖曳完成裁剪框的创建，如图1-98所示。

图 1-97 打开图像

图 1-98 完成裁剪框的创建

将光标放在裁剪框上并进行拖动，可以扩大裁剪框的范围，如图1-99所示。在裁剪框内双击，裁剪后的图像效果如图1-100所示。

图 1-99 调整裁剪框的范围

图 1-100 图像效果

1.7 撤销与重做

在编辑图像的过程中，通常会出现操作失误或对操作效果不满意的情况，这时可以执行"还原"命令，将图像还原到操作前的状态。如果已经选择了多个操作步骤，可以执行"恢复"命令直接将图像恢复到最近保存的图像状态。

1.7.1 还原与恢复操作

执行"编辑>还原"命令或按【Ctrl+Z】组合键，如图1-101所示，可以将图像还原至上一步操作的状态。连续选择该命令，将逐步撤销操作。

> 提示：每一次执行"还原"命令的名称都不相同，因为"还原"命令的名称会随着用户的上一步操作而更改，例如，用户的上一步操作为裁剪，"还原"命令的名称则为"还原裁剪"。

当执行一次"还原"命令后，"还原"命令就会变成"重做"命令，如图1-102所示。执行"重做"命令或按【Shift+Ctrl+Z】组合键，则会使图像恢复到执行"还原"命令前的状态。连续执行该命令，将逐步还原操作。

图 1-101 "还原" 命令　　　图 1-102 "重做" 命令

1.7.2 恢复命令

在编辑图像的过程中，只要没有保存图像，就可以将图像恢复至打开时的状态。执行"文件>恢复"命令或按【F12】键，如图1-103所示，即可完成文件的恢复。

图 1-103 "恢复" 命令

> **提示**：如果在编辑过程中已对图像进行了保存，则执行"恢复"命令后，将恢复图像至上一次保存时的状态，将未经保存的编辑数据丢弃。在Photoshop中，执行"恢复"命令的操作会被记录到"历史记录"面板中，所以，用户能够取消恢复操作，还原到恢复前的步骤。

执行"编辑>首选项>文件处理"命令，在弹出的对话框中选择"自动存储恢复信息的间隔"复选框，并在下方的下拉列表框中选择存储间隔时间，如图1-104所示。

设置完成后，Photoshop会按照设定的时间自动将文件保存为备份副本文件，对原始文件没有影响。

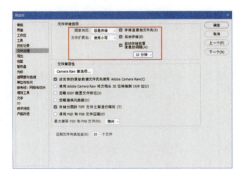

图 1-104 设置自动存储恢复信息的间隔时间

当系统出现错误中断文件编辑时,再次启动软件,Photoshop会自动恢复最后一次自动保存的文件。

1.7.3 历史记录

Photoshop提供了一个"历史记录"面板,用来记录用户的各项操作。执行"窗口>历史记录"命令,即可打开"历史记录"面板,如图1-105所示。

图1-105 "历史记录"面板

单击"打开"步骤,文档区域内的图像状态恢复到文件打开时的初始状态。"打开"步骤以下的步骤全部变暗,如图1-106所示。当选择新的操作时,变暗的步骤将全部被取代。

 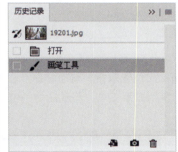

图1-106 "打开"步骤以下的步骤全部变暗

通过使用"历史记录"面板,用户可以将操作恢复到操作过程中的某一步,也可以再次返回当前操作状态,还可以通过该面板创建快照或新文件。

1.8 辅助工作

Photoshop提供了很多图像编辑的辅助功能,如标尺、参考线和网格等。这些辅助功能不能编辑图像,但能够帮助用户更好地执行选择、定位或编辑图像操作。

1.8.1 标尺

Photoshop中的标尺可以帮助用户确定图像或元素的位置,起到辅助定位的作用。执行"视图>标尺"命令或按【Ctrl+R】组合键,即可在窗口的顶部和左侧显示标尺,如图1-107所示。

根据不同的需求，常常需要选择不同的测量单位。在标尺上单击鼠标右键，弹出测量单位的快捷菜单，如图1-108所示，选择任意单位，即可完成标尺单位的转换。

图1-107 显示标尺

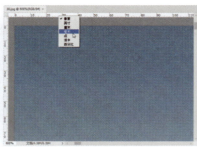
图1-108 测量单位的快捷菜单

将光标移至窗口左上角位置，按住鼠标左键并向下拖动，如图1-109所示。调整标尺的原点位置，也就是（0，0）位置，如图1-110所示，可以清楚地看到图像的高度和宽度。

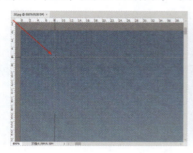
图1-109 拖动原点位置

图1-110 调整后的原点位置

在窗口左上角标尺位置双击，可以将原点位置恢复到原始位置，也就是屏幕的左上角位置。按住空格键，暂时切换到抓手工具，移动图像的位置与左上角对齐，也能清楚地读取图像的属性。

1.8.2 参考线

显示标尺后，可以将鼠标光标移至标尺上，向下或向右拖动鼠标创建参考线，实现更为精确的定位。

按【Ctrl+R】组合键显示标尺，将鼠标光标移至顶部标尺上，按住鼠标左键并向下拖动，如图1-111所示，松开光标创建水平参考线。以同样的方式，将光标移至纵向标尺上，拖出纵向辅助线，如图1-112所示。

图1-111 创建水平参考线

图1-112 拖出纵向辅助线

小技巧：可以使用"移动工具"随意移动参考线的位置。当确定好所有参考线位置时，执行"视图>锁定参考线"命令可锁定参考线，以防止错误移动。需要取消该命令时再次执行"视图>锁定参考线"命令即可。

执行"视图>清除参考线"命令，文档内所有参考线将被清除，如图1-113所示。将"移动工具"移至参考线上方，当光标变为 状态时，参考线变为被选中状态，向上或者向左移动光标至标尺上，可以清除被选中的参考线，如图1-114所示。

 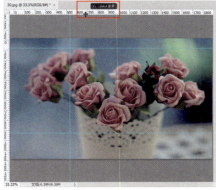

图 1-113 清除参考线　　　　　　　　　图 1-114 清除被选中的参考线

提示：执行"视图>新建参考线"命令，弹出"新建参考线"对话框。在此对话框中可以精确地设置每条参考线的位置和取向，从而创建精确的参考线。

技术看板：智能参考线的使用

打开一个PSD文件，图像效果如图1-115所示。执行"视图>显示>智能参考线"命令，如图1-116所示。

图 1-115 图像效果　　　　　　　　　图 1-116 "智能参考线"命令

使用"移动工具"将第一个粉色图标向下移动，并与蓝色图标对齐，可以看到智能参考线，如图1-117所示。根据智能参考线的位置提醒，使用"移动工具"将五个图标分为两排并上下左右对齐，图像效果如图1-118所示。

29

图 1-117 对齐图标　　　　　　　　图 1-118 图像效果

1.8.3 网格

　　网格起到一个对准线的作用,可以把画布平均分成若干块同样大小的区块,有利于制图时进行对齐。执行"视图>显示>网格"命令,可以显示网格,如图1-119所示。再次执行"视图>显示>网格"命令,可以隐藏网格,如图1-120所示。

图 1-119 显示网格

图 1-120 隐藏网格

　　提示: 网格的颜色、样式、网格线间隔和子网格的数量都可以在"首选项"对话框的"参考线""网格""切片"选项中进行设置。

1.8.4 标尺工具

　　在Photoshop中经常使用"标尺工具"绘制线条以测量直线距离和角度。单击工具箱中的"标尺工具"按钮或执行"图像>分析>标尺工具"命令,在画布中单击并拖动鼠标绘制直线。"标尺工具"选项栏如图1-121所示。

图 1-121 "标尺工具"选项栏

　　单击工具箱中的"标尺工具"按钮,鼠标光标变成 状态时,将光标放在需要测量的起点处,单击并拖动鼠标绘制直线,如图1-122所示。绘制完成后,选项栏中会显示直线的相关信息。

图 1-122 绘制直线

按住【Alt】键，将光标移至直线的两端，如图1-123所示。单击并拖动鼠标沿水平线绘制直线，选项栏中会显示测量角度，如图1-124所示。

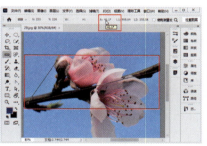

图 1-123 测量图标　　　　　　　图 1-124 测量角度

选择"使用测量比例"复选框，使用测量比例计算标尺工具数据。在倾斜的图像中使用"标尺工具"绘制一条直线，单击"拉直图层"按钮，可调整图像的水平方向。

> 提示：如果要创建水平、垂直或以45°角为增量的测量线，可按住【Shift】键并拖曳鼠标。创建测量线后，将光标放在测量线的一个端点上，拖动鼠标可以移动测量线的端点，更改测量线的方向。

1.8.5　注释工具

使用"注释工具"可以在图像的任何位置添加文本注释，标记一些制作信息或其他有用的信息。

单击工具箱中的"注释工具"按钮，在图像需要注释的位置单击，如图1-125所示。在打开的"注释"面板中输入注释内容，即可完成注释的添加，如图1-126所示。

图 1-125 在需要注释的位置单击　　　　图 1-126 添加注释

选择想要删除的注释，单击鼠标右键，在弹出的快捷菜单中选择"删除注释"选项，如图1-127所示。也可以直接按【Delete】键将选中的注释删除。

在Photoshop中执行"文件>导入>注释"命令，在弹出的"载入"对话框中可以将PDF文件中的注释内容直接导入图像中，如图1-128所示。

图1-127 删除注释　　　　　　　　　　图1-128 导入注释

1.8.6 计数工具

在Photoshop中可以使用"计数工具"对图像中的对象计数。要对对象手动计数，可以使用"计数工具"单击图像，Photoshop将跟踪单击次数。计数数目会显示在项目上和"计数工具"选项栏中。另外，计数数目会在存储文件时存储。

单击工具箱中的"计数工具"按钮或执行"图像>分析>计数工具"命令，在画布中单击，其选项栏如图1-129所示。

图1-129 "计数工具"选项栏

打开一张素材图像，单击工具箱中的"计数工具"按钮，在图像中单击以添加计数标记和标签，如图1-130所示。

图1-130 添加计数标记和标签

> **提示**：将鼠标光标移到标记或数字上方，当光标变成方向箭头时，单击并拖动鼠标可以移动计数标记。按住【Shift】键可限制为沿水平或垂直方向拖动；按住【Alt】键单击标记可将其删除，总计数会随之更新。

创建标记和标签后，标签总数还将被记录在"测量记录"面板中。执行"窗口>测量记录"命令，在打开的面板中单击"记录测量"按钮，显示记录测量数据，如图1-131所示。

单击选项栏中的"清除"按钮，图像中的标记和标签将被全部清除，但不会更改已记录在"测量记录"面板中的计数。

图 1-131 "测量记录"面板

1.9 查看图像

刚开始使用Photoshop编辑图像时，常需要执行一些如放大/缩小图像、移动图像等操作，以便更好地观察处理效果。Photoshop提供了缩放工具、抓手工具、"导航器"面板和多种操作命令来为查看图像服务。

1.9.1 更改屏幕模式

Photoshop根据不同用户的不同制作需求，提供了不同的屏幕显示模式。单击工具箱底部的"更改屏幕模式"按钮或者执行"视图>屏幕模式"命令，可以选择三种不同的显示模式，如图1-132所示。

- 标准屏幕模式：默认状态下的屏幕模式，可显示菜单栏、标题栏、滚动条和其他屏幕元素，如图1-133所示。

图 1-132 选择屏幕模式　　　　图 1-133 标准屏幕模式

- 带有菜单栏的全屏模式：显示带有菜单栏和50%灰色背景、无标题栏和滚动条的全屏窗口，如图1-134所示。
- 全屏模式：又称"专家模式"，只显示黑色背景的全屏窗口，不显示标题栏、菜单栏和滚动条，如图1-135所示。

图 1-134 带有菜单栏的全屏模式

图 1-135 全屏模式

> 小技巧：按【F】键可以在三种模式之间快速切换。在全屏模式下可以通过按【F】键或【Esc】键退出全屏模式；按【Tab】键可以隐藏/显示工具箱、面板和选项栏；按【Shift+Tab】组合键可以隐藏/显示面板。

1.9.2 缩放工具

Photoshop提供了一个"缩放工具"，用于对图像进行放大或缩小。单击工具箱中的"缩放工具"按钮，即可对图像执行放大或缩小的操作。"缩放工具"选项栏如图1-136所示。

图 1-136 "缩放工具"选项栏

> **疑难解答："缩放工具"选项栏**
>
> 单击"调整窗口大小以满屏显示"按钮，在缩放图像的同时自动调整窗口的大小。单击"适合屏幕"按钮，可在窗口中最大化地显示完整图像。单击"填充屏幕"按钮，将以当前图像填充整个屏幕。

技术看板：放大或缩小图像

打开一张素材图像，单击工具箱中的"缩放工具"按钮，在选项栏中勾选"细微缩放"复选框。向右拖动鼠标光标，图像将被无限放大，如图1-137所示。向左拖动鼠标光标，图像将被无限缩小，如图1-138所示。

图 1-137 无限放大图像　　　　　　图 1-138 无限缩小图像

取消勾选"细微缩放"复选框，在画布中单击并拖曳创建一个矩形选框，如图1-139所示。松开鼠标后，矩形选框中的图像会被放大到整个窗口，如图1-140所示。

图 1-139 拖曳矩形选框　　　　　　　图 1-140 放大图像

> **小技巧**：按住【Alt】键的同时使用"缩放工具"，可以在放大和缩小间任意切换。按【Ctrl++】或【Ctrl+-】组合键可放大或缩小窗口。

1.9.3 抓手工具

在编辑图像的过程中，如果图像较大，不能在画布中完全显示，可以使用"抓手工具"移动画布，以查看图像的不同区域。选择该工具后，在画布中单击并拖动鼠标即可移动画布，如图1-141所示。

按住【Alt】键的同时，使用"抓手工具"在窗口中单击可以缩小窗口；按住【Ctrl】键的同时，使用"抓手工具"在窗口中单击可以放大窗口，如图1-142所示。

图 1-141 移动画布　　　　　　　　　图 1-142 放大窗口

如果同时打开了多个图像文件，可以选择"抓手工具"选项栏中的"滚动所有窗口"复选框，移动画布的操作将作用于所有不能完整显示的图像。选项栏中的其他选项和"缩放工具"选项栏中的相同。

1.9.4 导航器面板

对于图像的缩放操作，除了使用以上方法，还可以使用"导航器"面板。在"导航器"面板中既可以缩放图像，也可以移动画布。在需要按照一定的缩放比例工作时，如果在画布中无法完整显示图像，可通过该面板查看图像。

执行"窗口>导航器"命令，即可打开"导航器"面板，如图1-143所示。

图1-143 "导航器"面板

疑难解答："导航器"面板的使用方法

缩放文本框中显示了窗口的显示比例，在文本框中输入数值可以改变显示比例。单击"放大"按钮可以放大窗口的显示比例，单击"缩小"按钮可以缩小窗口的显示比例。拖动滑块可放大或缩小窗口的显示比例。

当窗口中不能显示完整的图像时，将光标移至"导航器"面板的代理预览区域，光标会变为 状态，如图1-144所示。单击并拖动鼠标可以移动画布，代理预览区域内的图像会位于文档窗口的中心，如图1-145所示。

图1-144 光标状态　　　　　图1-145 移动画布

小技巧：单击"导航器"面板右上角的 按钮，在弹出的菜单中选择"面板选项"，可以在弹出的对话框中修改代理预览区域矩形框的颜色。

1.9.5　多窗口查看图像

如果在Photoshop中同时打开多张图像，为了更好地观察比较，可以执行"窗口>排列"命令，然后选择菜单命令来控制各个文档在窗口中的排列方式，如图1-146所示。

在排列菜单的下拉列表中有10种排列方式可供用户选择，选择"全部垂直拼贴"排列方式，效果如图1-147所示。

第 1 章 图像的基本操作

图 1-146 排列菜单　　　　图 1-147 "全部垂直拼贴"排列方式

疑难解答："排列"菜单

打开多个图像文件之后，执行"窗口>排列"命令，在子菜单中可选择文档的排列方式，包括全部垂直拼贴、全部水平拼贴、双联水平和双联垂直等10种排列方式，如图1-148所示。Photoshop还提供了其他几种方式来查看文档，如图1-149所示。

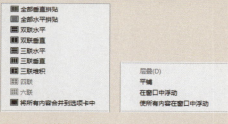

图 1-148 文档排列方式　　图 1-149 查看文档方式

技术看板：多窗口查看图像

打开三张素材图像，执行"窗口>排列>三联堆积"命令，窗口排列方式如图1-150所示。继续执行"窗口>排列>平铺"命令，窗口排列效果如图1-151所示。

图 1-150 "三联堆积"排列方式　　　　图 1-151 窗口排列效果

对三张素材图像分别执行"窗口>排列>在窗口中浮动"命令，如图1-152所示。窗口全部浮动后，可对其进行自由移动，移动完成后的窗口布局如图1-153所示。

| 图 1-152 浮动窗口 | 图 1-153 移动完成后的窗口布局 |

提示：执行"窗口>排列>使所有内容在窗口中浮动"命令或使用"移动工具"直接拖曳各个文档的标签栏即可使窗口全部浮动。

执行"窗口>排列>层叠"命令，窗口排列效果如图1-154所示。执行"窗口>排列>将所有内容合并到选项卡中"命令，效果如图1-155所示。

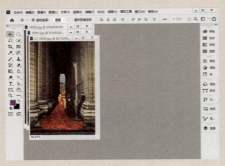 

| 图 1-154 层叠排列效果 | 图 1-155 窗口排列恢复到初始状态 |

第 2 章　选区的应用

在 Photoshop CC 2021 中，选区作为抠图的基础，具有极其重要的意义。选区可以帮助用户实现图像的局部调整，而不影响图像的其他部分。本章的重点就是选区的操作和应用，希望可以帮助读者更好地学习 Photoshop CC 2021。

Photoshop 2021中文版
入门、精通与实战

2.1 制作广告轮播图背景

选区就是在Photoshop中划定的操作范围，该范围会被虚线包围。Photoshop中有很多种创建选区的工具，其中按选区的形式分为创建规则形状选区工具和创建不规则形状选区工具。下面将使用创建规则形状选区工具来制作淘宝网页的广告轮播图。

2.1.1 矩形选框工具

淘宝网页的轮播图是网页广告中常用的一种形式，如图2-1所示。轮播图通常由核心产品图和广告语两部分组成，其中，核心产品图可以由选区工具抠图获得。精致美观的产品图搭配新颖别致的广告文字，完美地展示了产品的特性。

图 2-1 淘宝网页的轮播图

STEP 01 执行"文件>新建"命令，在弹出的"新建文档"对话框中设置各项参数如图2-2所示，完成后单击"创建"按钮。

STEP 02 执行"文件>打开"命令，打开素材文件，单击工具箱中的"矩形选框工具"按钮，在选项栏中的"样式"选项下选择"固定比例"选项，设置"固定比例"的宽高比为13：7，在画布中单击并拖曳创建矩形选区，如图2-3所示。

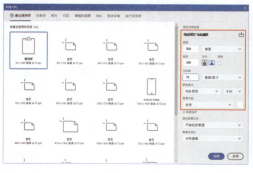

图 2-2 新建文件

图 2-3 创建矩形选区

疑难解答："矩形选框工具"选项栏

"矩形选框工具"选项栏如图2-4所示。

图 2-4 "矩形选框工具"选项栏

> ➡️ **技术看板：创建矩形选区**

新建一个空白文档，单击工具箱中"矩形选框工具"按钮，在画布中单击并拖曳创建矩形选区，如图2-5所示。

也可以在创建选区的同时按下【Shift】键，创建一个正方形选区，如图2-6所示。使用"矩形选框工具"创建选区时，Photoshop会在选区虚线的右下角处显示一个黑色矩形，用以显示选区的精确范围。

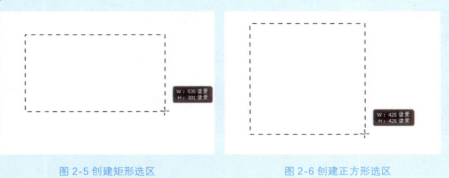

图 2-5 创建矩形选区　　　　　图 2-6 创建正方形选区

STEP 03 执行"编辑>拷贝"命令，回到"淘宝网页广告轮播图"文档内，执行"编辑>粘贴"命令。选区内的图像被拷贝到画布中，如图2-7所示。使用【Ctrl+T】组合键调出定界框，调整图像到如图2-8所示的大小。调整完成后，按【Enter】键确认。

图 2-7 拷贝粘贴选区图像　　　　图 2-8 调整图像大小

> **疑难解答：复制/粘贴图像**
>
> 　　选中需要拷贝的对象，执行"编辑>拷贝"命令，将图像复制到剪贴板上，选择想要粘贴对象的图像，执行"编辑>粘贴"命令，即可完成图像的粘贴操作。
>
> 　　Photoshop文件中常常包含很多图层，执行"编辑>合并拷贝"命令，可将文件中所有可见图层内容复制到剪贴板中。
>
> 　　执行"编辑>剪切"命令，拷贝选中的对象将从原图中删除。

STEP 04 执行"图层>新建>图层"命令，弹出"新建图层"对话框，如图2-9所示。使用"矩形选框工具"创建选区，如图2-10所示。

图 2-9 新建图层

图 2-10 创建矩形选区

STEP 05 设置前景色为RGB（246、138、92），执行"编辑>填充"命令，在弹出的"填充"对话框中选择"前景色"选项，如图2-11所示。执行"选择>取消选择"命令，或者使用【Ctrl+D】组合键取消选区，如图2-12所示。

图 2-11 填充选区

图 2-12 取消选区

2.1.2 椭圆选框工具

"椭圆选框工具"与"矩形选框工具"的使用方法基本相同，唯一的区别在于该工具选项栏中的"消除锯齿"复选框为可用状态。

> **技术看板：使用"椭圆选框工具"**

新建一个空白文档，单击工具箱中的"椭圆选框工具"按钮，在画布中单击并拖曳创建椭圆选区，如图2-13所示。

使用"椭圆选框工具"创建选区的同时按下【Shift】键，可以创建一个正圆选区，如图2-14所示。

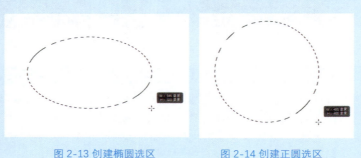

图 2-13 创建椭圆选区　　　　　图 2-14 创建正圆选区

2.1.3 单行/单列选框工具

STEP 06 执行"窗口>图层"命令，单击"图层"面板底部的"创建新图层"按钮。

STEP 07 单击工具箱中的"单行选框工具"按钮,在画布上单击创建单行选区,如图2-15所示。执行"编辑>填充"命令,弹出"填充"对话框,设置参数如图2-16所示。

图 2-15 创建单行选区　　　　　　　图 2-16 填充选区

> **相关链接**:Photoshop提供了多种创建新图层的方法,详细的用法操作请参考本书第4章"图层的应用"。

STEP 08 使用【Ctrl+D】组合键取消选区,如图2-17所示。单击工具箱中的"橡皮擦工具"按钮,擦除多余部分,如图2-18所示。

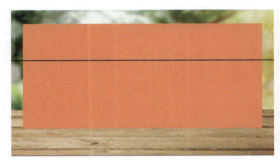

图 2-17 取消选区　　　　　　　图 2-18 擦除多余部分

STEP 09 继续新建图层,单击工具箱中的"单列选框工具"按钮,在画布上单击创建单列选区。在选项栏中选择"从选区减去"选项,使用"矩形选框工具"将多余的选区删除,如图2-19所示。

STEP 10 使用【Alt+Delete】组合键为选区填充前景色(黑色),如图2-20所示。

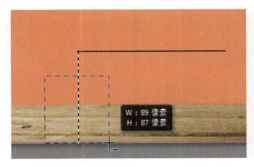

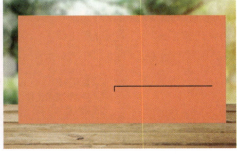

图 2-19 创建选区　　　　　　　图 2-20 为选区填充颜色

STEP 11 使用相同的方法在右侧创建直线,使用【Ctrl+T】组合键调出定界框,旋转直线角度,如图2-21所示。使用相同的方法完成相似内容的制作,图像效果如图2-22所示。

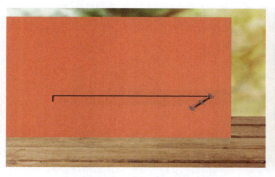

图 2-21 旋转直线角度

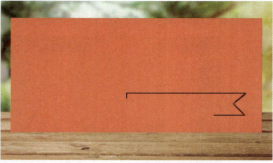

图 2-22 图像效果

➡ 技术看板：创建固定大小的选区

新建一个空白文档，单击工具箱中的"椭圆选框工具"按钮，单击选项栏中的"样式"选项，在弹出的下拉菜单中选择"固定大小"选项，设置选区的"宽度""高度"，如图2-23所示。

使用"椭圆选框工具"在画布中单击，即可创建一个固定大小的椭圆选区，如图2-24所示。

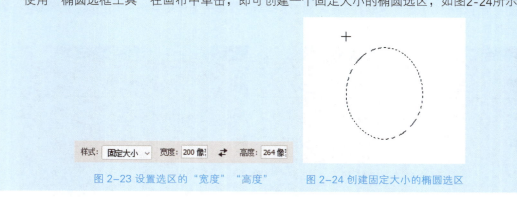

图 2-23 设置选区的"宽度""高度"　　图 2-24 创建固定大小的椭圆选区

2.2 为广告轮播图抠取图像

可以通过六种工具创建不规则形状选区，包括"套索工具""多边形套索工具""磁性套索工具""对象选择工具""快速选择工具""魔棒工具"。这六种工具按类型分别放置在两个工具组内，图2-25所示为套索工具组，图2-26所示为魔棒工具组。

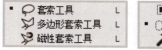 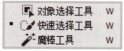

图 2-25 套索工具组　　图 2-26 魔棒工具组

2.2.1 套索工具

"套索工具"比创建规则形状选区的工具自由度更高，它可以创建任何形状的选区。

执行"文件>打开"命令，打开一张素材图像。单击工具箱中的"套索工具"按钮，在画布中沿花朵的边缘单击并拖曳鼠标，如图2-27所示。释放鼠标即可完成选区的创建，如图2-28所示。

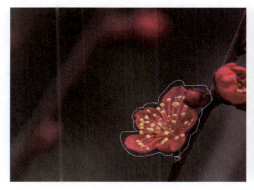
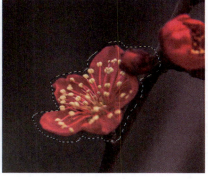

图 2-27 单击并拖曳鼠标　　　　　　　　　图 2-28 创建选区

提示： 在使用"套索工具"绘制选区时，如果在释放鼠标时起点与终点没有重合，系统会在起点与终点之间自动创建一条直线，使选区闭合。

2.2.2 多边形套索工具

"多边形套索工具"适合创建一些由直线构成的多边形选区。使用"多边形套索工具"，读者可以轻松快捷地抠取照片、电视画面或家电等一些比较规则的图像。

STEP 12 新建图层，单击工具箱中的"多边形套索工具"按钮，在画布中不同的点连续单击创建直线和折线，如图2-29所示。在画布中其他位置继续单击，最后将鼠标移至起点位置单击，完成选区的创建，如图2-30所示。

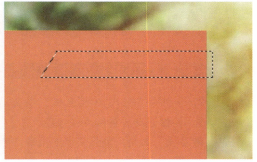

图 2-29 创建直线和折线　　　　　　　　　图 2-30 完成选区的创建

提示： 在使用"多边形套索工具"创建选区时，按住【Shift】键可以绘制水平、垂直或以45°角为增量的选区边线；按住【Ctrl】键的同时并单击相当于双击操作；按住【Alt】键的同时单击并拖动鼠标可切换为"套索工具"。

STEP 13 单击工具箱中的"前景色"颜色块，在弹出的"拾色器"对话框中设置前景色为RGB（255、194、108）。使用【Alt+Delete】组合键为选区填充前景色，如图2-31所示。使用相同的方法完成相似内容的操作，图像效果如图2-32所示。

图 2-31 为选区填充前景色　　　　　　　图 2-32 图像效果

> **相关链接**：打开"图层"面板，单击相应图层将其选中，拖动图层调整图层顺序。关于图层的具体使用方法，请用户参考本书第4章内容。

使用"多边形套索工具"创建选区，可以在起点位置单击完成选区的创建，如图2-33所示。也可以在创建选区的过程中双击，即可在双击点与起点间生成一条直线将选区闭合，如图2-34所示。

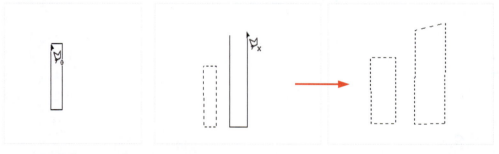

图 2-33 完成选区的创建　　　　　　　图 2-34 闭合选区

2.2.3　磁性套索工具

单击工具箱中的"磁性套索工具"按钮，在画布中单击并拖动鼠标沿图像边缘移动，Photoshop会在光标经过处放置锚点来连接选区。将光标移至起点处，单击即可闭合选区。

"磁性套索工具"具有自动识别绘制对象边缘的功能。如果对象的边缘较为清晰，并且与背景色对比明显，使用该工具可以轻松选择对象的边缘。"磁性套索工具"选项栏如图2-35所示。

图 2-35 "磁性套索工具"选项栏

> **疑难解答："磁性套索工具"选项栏**
>
> 宽度：决定了以光标中心为基准，其周围有多少个像素能够被"磁性套索工具"检测到。
> 对比度：用来设置工具感应图像边缘的灵敏度。
> 频率：使用"磁性套索工具"创建选区时会生成许多锚点，"频率"值决定了这些锚点的数量。该值越高，生成的锚点越多，捕捉到的边缘越准确。

技术看板：使用"磁性套索工具"抠像

打开一张素材图像，单击工具箱中的"磁性套索工具"按钮，在选项栏中设置"频率"为40，完成后使用"磁性套索工具"沿图标的边缘创建选区，效果如图2-36所示。

在选线栏中设置"频率"为100，再次使用"磁性套索工具"沿图标的边缘创建选区，效果如图2-37所示。

图2-36 "频率"为40的效果

图2-37 "频率"为100的效果

STEP 14 连续打开两张素材图像，如图2-38所示。回到第一张素材图像的文档中，单击工具箱中的"磁性套索工具"按钮，在图像边缘处进行单击，继续沿图像边缘移动光标添加锚点，如图2-39所示。

图2-38 打开图像

图2-39 添加锚点

提示：在使用"磁性套索工具"创建选区时，为了使选区更加精确，可以在绘制选区过程中单击添加锚点，也可以按【Delete】键将多余的锚点依次删除。

STEP 15 将光标移至起点处，单击即可闭合选区，如图2-40所示。使用【Ctrl+C】组合键复制选区内的图像，回到"淘宝广告轮播图"文档中，使用【Ctrl+V】组合键粘贴图像，调整图像的大小和位置，如图2-41所示。

图2-40 闭合选区

图2-41 复制粘贴图像

STEP 16 使用相同的方法完成香蕉图像的抠取，如图2-42所示。单击"横排文字工具"按钮，在画布中添加广告语，轮播图的最终效果如图2-43所示。

图 2-42 扣取香蕉图像　　　　　图 2-43 最终效果

技术看板：选区运算按钮

新建一个空白文档，使用"单列选框工具"在画布上创建单列选区，如图2-44所示。在选项栏中的"选区运算按钮"中单击"添加到选区"按钮，继续在画布中连续创建单列选区，如图2-45所示。

图 2-44 创建单列选区　　　　　图 2-45 添加到选区

单击工具箱中的"椭圆选框工具"按钮，在选项栏中的"选区运算按钮"中单击"与选区交叉"按钮，在画布中创建圆形选区，如图2-46所示。使用【Alt+Delete】组合键为选区填充前景色，如图2-47所示。

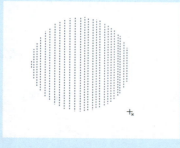

图 2-46 创建圆形选区　　　　　图 2-47 为选区填充颜色

2.2.4 对象选择工具

单击工具箱中的"对象选择工具"按钮，在画布中想要选中的对象位置单击并拖动创建矩形选区,如图2-48所示。松开鼠标即可快速将对象选中,如图2-49所示。

图2-48 创建矩形框

图2-49 选中对象

> 提示:在选择画面主体时,如果先使用"选择主体"命令,再辅助使用对象选择工具,则可以快速完善选区,大大提高选择效率。

"对象选择工具"可简化在图像中选择单个对象或对象的某个部分的过程。仅在对象周围绘制矩形区域或套索,对象选择工具就会自动选择已定义区域内的对象。该工具对于选择轮廓清晰的对象效果非常好。"对象选择工具"选项栏如图2-50所示。

图2-50 "对象选择工具"选项栏

> **疑难解答:"对象选择工具"选项栏**
>
> 模式:用户可以选择使用"矩形"或"套索"模式完成对对象的选择。相对"矩形"模式,"套索"模式更加自由、方便。
>
> 对所有图层取样:选择该复选框,将针对文件中的所有图层创建选区。
>
> 增强边缘:选择该复选框,将减少创建选区边界的粗糙度和块效应。
>
> 减去对象:当要减去当前对象选区内不需要的区域时,它会分析哪些属于对象的一部分,然后减去不属于对象的那部分。框选稍大点的范围,会产生较好的删减结果。默认情况下,该复选框为选中状态。
>
> 选择主体:单击该按钮,将快速选中画面中的主体部分。

2.2.5 魔棒工具

使用"魔棒工具"可以选取图像中色彩相近的区域。选择"魔棒工具"后,在选项栏中会显示该工具的相关选项,如图2-51所示。

图2-51 "魔棒工具"选项栏

▶ **技术看板:使用"魔棒工具"完成抠像**

打开一张素材图像,如图2-52所示,单击工具箱中的"魔棒工具"按钮,在画布空白处单击,选区为图像中的所有白色背景,如图2-53所示。

图 2-52 打开图像　　　　　　　图 2-53 创建选区

执行"选择>反选"命令，选区从选中的白色背景反向选中花朵，如图2-54所示。使用【Ctrl+C】组合键复制图像，再次打开一张素材图像，使用【Ctrl+V】组合键粘贴图像，如图2-55所示。

图 2-54 反向选区　　　　　　　图 2-55 复制粘贴图像

> 提示：使用"魔棒工具"在图像中创建选区后，由于受该工具特性的限制，常常会有部分边缘像素不能被完全选择，此时配合"套索工具"或其他选区工具再次添加选区，就可以轻松地选择需要的图像了。

2.2.6　快速选择工具

"快速选择工具"能够利用可调整的圆形画笔快速创建选区，在拖动鼠标时，选区会向外扩展并自动查找和跟随图像中定义的边缘。

打开一张素材图像，单击工具栏中的"快速选择工具"按钮，在人物脸部单击并向下拖曳光标，如图2-56所示。继续向下、向左或向右拖曳光标，直到整个人物被完全选中，如图2-57所示。

图 2-56 单击并向下拖曳光标　　　　　　　图 2-57 整个人物被完全选中

小技巧：如果在创建选区过程中有漏选的地方，可按住【Shift】键并单击，将其添加到选区中；如果有多选的地方，可按住【Alt】键并单击，将其从选区中减去。

提示："快速选择工具"可以将需要的内容（如人物、物品等）从图像背景中抠出，所以对图像的清晰度要求较高，在处理使用纯色作为背景的图像或背景比较简单的图像时效果比较好。如果需要处理的图像背景过于复杂，使用该工具则有可能达不到预期的效果。

2.2.7 使用"文字蒙版工具"创建选区

使用"横排文字蒙版工具"或"直排文字蒙版工具"，可以轻松地创建一个文字形状的选区。文字选区显示在当前图层上，可以像其他任何选区一样进行移动、拷贝、填充或描边等操作。

使用文字蒙版工具在画布上单击，此时画布将被半透明的红色覆盖，输入文字，如图2-58所示。单击选项栏中的"提交"按钮，即完成选区的创建，如图2-59所示。

图 2-58 使用"文字蒙版工具"输入文字　　　图 2-59 完成选区的创建

提示：为获得最佳的效果，需要在普通的图层上创建文字选框，而不是在文字图层上创建。如果要填充或描边文字选区边界，则需要在新的空白图层上创建选区。

2.2.8 使用"钢笔工具"创建选区

使用"钢笔工具"可以沿着图像创建精准的工作路径，如图2-60所示。然后再将工作路径转换为选区，如图2-61所示。"钢笔工具"是一种操作难度较大的抠图工具，关于它的使用本书第6章将进行详细介绍。

图 2-60 创建精准的工作路径　　　图 2-61 将工作路径转换为选区

2.2.9 使用"通道"创建选区

"通道"是Photoshop的核心内容,使用"通道"可以存储或创建选区。关于"通道"的使用本书第9章将进行详细介绍。

2.3 编辑选区

在图像中创建选区时,有时需要对选区进行编辑和调整,如进行缩小、放大或旋转等操作。另外,为选区描边和隐藏/显示选区也属于编辑选区的范畴,这些操作能够帮助用户更加灵活地使用选区。

2.3.1 移动选区

新建一个空白文档或打开一张素材图像,使用"矩形选框工具"创建选区,确认其选项栏中的选区运算方式为"新选区"。将光标放到选区中,当光标变为 状时,如图2-62所示,按住鼠标左键并拖动即可移动选区,如图2-63所示。

图 2-62 将光标放到选区中

图 2-63 移动选区

小技巧:如果只想移动选区的位置,必须使用各种选框工具才能完成。使用"移动工具"移动选区将同时移动选区内的像素。

2.3.2 变换选区

接着上面的步骤继续进行学习,执行"选择>变换选区"命令或者将光标放在选区内单击鼠标右键,在弹出的快捷菜单里选择"变换选区"选项,如图2-64所示,选区四周将出现变换框,如图2-65所示。

图 2-64 选择"变换选区"选项

图 2-65 选区四周出现变换框

执行"变换选区"命令后，可以像自由变换图像一样对选区进行缩放、旋转等变形操作，该命令只针对选区，对选区中的图像没有任何影响。此命令的操作方式与变换图像相同，此处不再赘述。

> 提示：如果使用【Ctrl+T】组合键为选区调出定界框，此时的选区定界框内包含图像，变换选区时图像也会随之改变，或者出现如图2-66所示的警告框。

图 2-66 警告框

2.3.3 显示和隐藏选区

执行"视图>显示额外内容"命令，或按【Ctrl+H】组合键，可以将图像中的选区隐藏。如果想再次显示选区，只需重新执行"视图>显示额外内容"命令或按【Ctrl+H】组合键即可。

隐藏选区后虽然选区在图像中不可见，但是依然起作用，此后进行的操作同样针对的只是选区内的图像。

> 提示：操作时隐藏选区是为了避免选区的蚂蚁线妨碍视线，从而影响调整效果，所以隐藏选区一般都是临时的，操作完成后即可重新显示选区。

2.3.4 存储和载入选区

在Photoshop中，选区与图层、通道、路径和蒙版之间的关系非常紧密，除了前面讲的移动和变换选区，Photoshop还提供了存储选区的命令。

存储选区就是将现有选区永久保存下来以便随时调用，载入选区就是将存储的选区调出来重新使用。

➡ **技术看板**：使用"存储选区""载入选区"抠像

打开两张素材图像，使用"矩形选框工具"创建选区，如图2-67所示。执行"选择>存储选区"命令，在打开的"存储选区"对话框中为选区命名，如图2-68所示。设置完成后单击"确定"按钮，打开通道面板，可以找到存储的选区，如图2-69所示。

图 2-67 创建选区

图 2-68 为选区命名

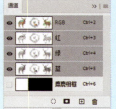

图 2-69 "通道"面板

使用【Ctrl+X】组合键剪切选区内的图像，回到"23301.png"文档中，使用【Ctrl+V】组合键粘贴图像，调整图像到如图2-70所示的位置。文档切换到"23302.png"，执行"选择>载入选区"命令，弹出如图2-71所示的对话框，单击"确定"按钮。

图 2-70 调整图像位置

图 2-71 "载入选区"对话框

使用"矩形选框工具"移动选区位置,如图2-72所示,按照前面的步骤抠取另外两张图像,完成麋鹿相框的制作,如图2-73所示。

图 2-72 移动选区位置

图 2-73 完成麋鹿相框的制作

> **相关链接**:关于"通道"面板和Alpha通道的具体使用方法,请读者参考本书第9章的内容。

2.3.5 为选区描边

打开一张素材图像,在图像中创建一个选区。执行"编辑>描边"命令,弹出"描边"对话框,适当设置描边的"宽度""位置"参数,如图2-74所示,单击"确定"按钮,得到选区描边效果,如图2-75所示。

图 2-74 "描边"对话框

图 2-75 选区描边效果

> **小技巧**:如果文档中含有透明区域,那么在"描边"对话框中选择"保留透明区域"复选框后,不会将描边效果应用到透明区域。如果在新建的透明图层中描边,并选择"保留透明区域"复选框,则完全没有效果。

第 2 章 选区的应用

> ➡ **技术看板：为图像添加边框**

打开一张素材图像，图像效果如图2-76所示，单击工具箱中的"矩形选框工具"按钮，在选项栏中设置"羽化"值为3像素，在图像边缘创建选区，如图2-77所示。

图 2-76 图像效果

图 2-77 创建选区

新建图层并设置前景色为RGB（1、88、92），执行"编辑>描边"命令，弹出"描边"对话框，设置各项参数如图2-78所示，单击"确定"按钮，图像效果如图2-79所示。

图 2-78 设置各项参数

图 2-79 图像效果

2.4 选择命令

除了前面讲到的创建选区的方法，还可以使用扩大选取、快速蒙版等方法创建选区，这些多样的选区创建方法共同构成了Photoshop强大的选区创建功能。

2.4.1 全选与反选

"全选"命令通常在复制图像时使用。执行"选择>全部"命令，如图2-80所示，或按【Ctrl+A】组合键，即可选择当前画布边界内的全部图像，如图2-81所示。

图 2-80 执行"选择>全部"命令

图 2-81 选中全部图像

55

在图像上创建选区后，执行"选择>反选"命令，或按【Shift+Ctrl+I】组合键，即可将选择区域与未选择区域交换，即反向选区，也称"翻转选区"或"反选"等，该命令在实际应用中使用非常频繁。

2.4.2 取消选择和重新选择

创建选区后，执行"选择>取消选择"命令，或按【Ctrl+D】组合键，可以取消选择；如果要恢复被取消的选区，可执行"选择>重新选择"命令，或按【Shift+Ctrl+D】组合键。

2.4.3 天空和天空替换

Photoshop CC 2021 新增了自动抠取天空和替换天空的操作。打开一张带有天空的素材图像，执行"选择>天空"命令，素材图像中的天空将被自动选中成为选区，执行"编辑>天空替换"命令，弹出"天空替换"对话框，如图2-82所示。

在该对话框中可以为选中的天空选区设置替换图像及其参数，设置完成后单击"确定"按钮，即可完成天空替换的操作。

图 2-82 "天空替换"对话框

> **技术看板：替换天空风景**

打开一张素材图像，如图2-83所示。执行"选择>天空"命令，图像中将自动出现选区范围，如图2-84所示。

图 2-83 打开素材图像

图 2-84 自动出现选区范围

执行"编辑>天空替换"命令，弹出"天空替换"对话框，设置各项参数如图2-85所示。设置完成后单击"确定"按钮，按【Ctrl+D】组合键取消选区，替换天空后的图像效果如图2-86所示。

图 2-85 设置各项参数　　　　图 2-86 图像效果

2.4.4　主体

打开一张素材图像，如图 2-87 所示。执行"选择>主体"命令，将快速选中图像中的主体部分，如图 2-88 所示。执行该命令所得到的效果与单击"对象选择工具"选项栏中的"选择主体"按钮效果一致。

图 2-87 打开素材图像　　　　图 2-88 选中图像中的主体部分

2.4.5　扩大选取和选取相似

"扩大选取"与"选取相似"命令都是用来扩展当前选区的，执行这两个命令时，Photoshop 会基于"魔棒工具"选项栏中的容差值来决定选区的扩展范围，容差值越高，选区扩展的范围就越大。

单击工具箱中的"魔棒工具"按钮，在选项栏中设置"容差"值为 50，在图像中单击创建选区，如图 2-89 所示。执行"选择>扩大选取"命令，效果如图 2-90 所示。执行"选择>选取相似"命令，效果如图 2-91 所示。

图 2-89 创建选区　　　　图 2-90 扩大选取效果　　　　图 2-91 选取相似效果

疑难解答：扩大选取和选取相似

扩大选取：执行"选择>扩大选取"命令时，Photoshop会查找并选择与当前选区中的像素色调相近的像素，从而扩大选择区域。执行该命令只扩大到与选区相连接的区域。

选取相似：执行"选择>选取相似"命令时，Photoshop会查找并选择与当前选区中的像素色调相近的像素，从而扩大选择区域。该命令可以查找整个图像，包括与原选区不相邻的像素。

2.4.6 在快速蒙版模式下编辑

快速蒙版是一种临时蒙版，使用快速蒙版不会修改图像，只建立图像的选区。它可以在不使用通道的情况下快速地将选区转换为蒙版，然后在快速蒙版编辑模式下进行编辑。当转换为标准编辑模式时，未被蒙版遮住的部分变成选区范围。

快速蒙版可以用来创建选区，通常用于处理无法通过常规选区工具直接创建的选区或使用其他工具创建选区后遗漏的无法创建的区域。快速蒙版也称"临时蒙版"，它并不是一个选区，当退出快速蒙版模式后，不被保护的区域即变为一个选区。将选区作为蒙版编辑时几乎可以使用Photoshop中所有工具或滤镜来修改蒙版。

按【Q】键或单击工具箱中的"以快速蒙版模式编辑"按钮即可进入快速蒙版编辑状态，再使用"画笔工具"在图像中进行涂抹，如图2-92所示。再次按【Q】键退出快速蒙版编辑状态，此时图像中未被涂抹的区域就会转为选区，将选区内的图像删除，效果如图2-93所示。

图 2-92 涂抹图像　　　　　　　　图 2-93 创建选区并删除图像后的效果

疑难解答："快速蒙版选项"对话框

如果想调整快速蒙版区域的颜色，可以双击工具箱中的"以快速蒙版编辑模式"按钮，在弹出的"快速蒙版选项"对话框中更改快速蒙版的"颜色""不透明度"，还可以设置将"被蒙版区域"填充颜色或将"所选区域"填充颜色，如图2-94所示。设置完成后单击"确定"按钮，即可用指定的颜色显示蒙版效果，如图2-95所示。

图 2-94 "快速蒙版选项"对话框　　图 2-95 蒙版效果

2.5 制作简约名片

使用"选择"命令下的"修改"选项,可以实现一些复杂的选区加减操作。选区的修改方式包括移动选区、边界选区、扩展选区、平滑选区、收缩选区、羽化选区、反选、扩大选取和选取相似等操作,这些命令只对选区起作用。接下来将使用"修改"命令制作一张简约名片,图像效果如图2-96所示。

图 2-96 图像效果

2.5.1 扩展和收缩选区

当用户创建的选区偏小或者偏大时,可以通过"扩展"或"收缩"命令将选区扩大或缩小。

STEP 01 执行"文件>新建"命令,在弹出的"新建文档"对话框中设置如图2-97所示的参数。执行"图层>新建>图层"命令,弹出如图2-98所示的"新建图层"对话框,单击"确定"按钮。

图 2-97 设置参数   图 2-98 "新建图层"对话框

STEP 02 使用"单行选框工具"创建选区,执行"选择>修改>扩展"命令,弹出"扩展选区"对话框,设置参数如图2-99所示。按【Alt+Delete】组合键为选区填充前景色为RGB(30、73、90),图像效果如图2-100所示。

图 2-99 设置参数   图 2-100 图像效果

> 小技巧：若要对选区范围进行扩展或收缩，先在文档中创建选区。

STEP 03 向下移动选区至底部，执行"选择>修改>收缩"命令，弹出"收缩选区"对话框，设置参数如图2-101所示。

STEP 04 新建一个图层，继续按【Alt+Delete】组合键为选区填充前景色为RGB（30、73、90），图像效果如图2-102所示，按【Ctrl+D】组合键取消选区。

图 2-101 设置参数　　　　　　　　图 2-102 图像效果

2.5.2 边界和羽化选区

使用"边界"命令可以将当前选区的边界向内侧或向外侧进行扩展，扩展后的区域将形成新的选区，替换原选区。

STEP 05 执行"图层>新建>图层"命令，在弹出的"新建图层"对话框中单击"确定"按钮。

STEP 06 在画布上创建单行选区，执行"选择>修改>边界"命令，弹出"边界选区"对话框，设置参数如图2-103所示，单击"确定"按钮，选区效果如图2-104所示。

图 2-103 设置参数　　　　　　　　图 2-104 选区效果

羽化选区就是模糊选区的边缘部分，羽化值越大，边缘就越模糊，这种效果可以使选区内的图像自然地融入其他图层。

> 小技巧：除了执行"羽化"命令可以羽化选区，在很多创建选区的工具选项栏中都有"羽化"选项。如果使用熟练，用户可以在创建选区时就直接将其羽化，这样可以提高工作效率。

STEP 07 执行"选择>修改>羽化"命令，弹出"羽化选区"对话框，设置参数如图2-105所示。按【Ctrl+Delete】组合键为选区填充背景色为白色，继续按【Ctrl+D】组合键取消选区，图像效果如图2-106所示。

图 2-105 设置参数

图 2-106 图像效果

> **小技巧**:"羽化选区"对话框中包含一个"应用画布边界的效果"选项,当选区位于画布中间时,此选项没有任何作用。当选区靠近画布边界时,选择该复选框,边界一侧的选区将出现明显的羽化效果。

STEP 08 使用"橡皮擦工具"擦除画布中多余的部分,打开"图层"面板,设置图层的不透明度为60%,图像效果如图2-107所示。使用相同的方法绘制相似的内容,图像效果如图2-108所示。

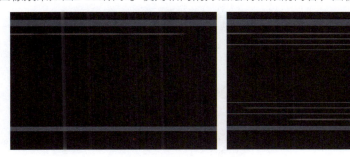

图 2-107 图像效果　　　　　　　图 2-108 图像效果

STEP 09 使用"横排文字工具"在画布上添加文字,效果如图2-109所示。选中第一行文字,为文字填充颜色为浅绿色,再次选中第二行文字并为其填充颜色为深绿色,使作品更加饱满,效果如图2-110所示。

图 2-109 文字效果　　　　　　　图 2-110 名片效果

2.5.3 平滑选区

使用不规则选区工具创建选区后,选区的边缘会有些生硬,可以执行"选择>修改>平滑"命令,弹出"平滑选区"对话框,设置相应参数,单击"确定"按钮,选区边缘会变得平滑。

技术看板：为人物打造简易妆容

打开一张人物素材图像，使用"套索工具"沿人物眼部周围创建选区，如图2-111所示。执行"选择>修改>平滑"命令，弹出"平滑选区"对话框，设置参数如图2-112所示，设置完成后单击"确定"按钮。

图 2-111 创建选区　　　　　图 2-112 设置参数

执行"选择>修改>羽化"命令，弹出"羽化选区"对话框，设置参数如图2-113所示，单击"确定"按钮。按【Shift+Ctrl+N】组合键新建图层，使用"渐变工具"为选区填充颜色，图像效果如图2-114所示，按【Ctrl+D】组合键取消选区。

图 2-113 设置参数　　　　　图 2-114 图像效果

疑难解答："羽化选区"警告框

如果选区羽化值为100像素，而创建的选区只有80像素，则会弹出"警告"对话框，如图2-115所示，单击"确定"按钮，虽然在画布中无法看到选区，但它仍然存在。

图 2-115 "警告"对话框

使用"橡皮擦工具"在画布中擦除多余部分，在"图层"面板中设置不透明度为50%，图像效果如图2-116所示。使用相同的方法完成相似内容的操作，完整的妆容效果如图2-117所示。

第 2 章 选区的应用

图 2-116 图像效果

图 2-117 完整的妆容效果

制作商品广告

为了使商品图片更加美观，往往需要将商品从背景中抠出，再放到用户设计制作的背景中，这样可以提高商品图片的美观度，刺激买家的购买欲望。

接下来使用"色彩范围""焦点区域""选择并遮住"命令抠出商品广告中的人物图像，抠图完成后，将其放到制作好的广告背景中，商品广告的最终效果如图2-118所示。

图 2-118 最终效果

2.6.1 色彩范围

"色彩范围"命令通常用于选择整个图像内指定的颜色或颜色子集。如果在图像中创建了选区，则该命令只作用于选区内的图像。与"魔棒工具"的选择原理相似，但该命令提供了更多的设置选项。

STEP 01 打开一张人物素材图像，为了不破坏素材图像的完整性，执行"图像>复制"命令，在打开的"复制图像"对话框中单击"确定"按钮，进入"2601拷贝"文档，如图2-119所示。

STEP 02 执行"选择>色彩范围"命令，弹出"色彩范围"对话框，单击"添加到取样"按钮，如图2-120所示，使用"吸管工具"在人物面部和头发处单击取样。

图 2-119 复制图像　　　　　　　　图 2-120 单击"添加到取样"按钮

疑难解答：复制图像

执行"图像>复制"命令，弹出"复制图像"对话框，如图2-121所示，单击"确定"按钮，即可完成图像的复制操作。勾选"仅复制合并的图层"选项，复制的图像将自动合并可见图层，删除不可见图层。

图 2-121 "复制图像"对话框

提示："色彩范围"对话框中的"吸管工具"用于定义图像中选择的颜色。使用"吸管工具"在图像中单击，可以将图像中的单击点颜色定义为选择的颜色。如果要添加颜色，可单击"添加到取样"按钮，然后在预览区或图像上单击；如果要减去颜色，可单击"从取样中减去"按钮，然后在预览区或图像上单击。

2.6.2 焦点区域

执行"选择>焦点区域"命令，弹出"焦点区域"对话框。通过设置对话框中的参数，可以轻松地选择位于焦点中的图像区域。

STEP 03 取样完成后单击"确定"按钮，图像中的选区范围如图2-122所示。执行"选择>焦点区域"命令，弹出"焦点区域"对话框，如图2-123所示。

图 2-122 选区范围　　　　　　　　图 2-123 "焦点区域"对话框

> **疑难解答:"焦点区域"命令的参数设置**
>
> 　　视图:单击右侧的下拉按钮,可打开下拉列表框,其中包含"闪烁虚线""叠加""黑底""白底""黑白""图层""显示图层"七种模式。用户可以根据图像选择适合观察效果的视图模式。
>
> 　　图像杂色级别:通过拖动滑块或在文本框中输入数值,在含杂色的图像中选定过多背景时增加或减少图像杂色级别。
>
> 　　焦点对准范围:通过拖动滑块或在文本框中输入数值,扩大或缩小选区。如果将滑块移至最左侧,会选择整个图像;如果将滑块移动到最右侧,则只选择图像中位于焦点内的部分。
>
> 　　柔化边缘:选择该复选框,创建的选区将自动带有羽化效果。

STEP 04 通过设置对话框中的参数,可以轻松地选择位于焦点中的图像区域。在"焦点区域"对话框中单击"焦点区域减去工具(E)从选区减去"按钮,设置参数如图2-124所示。在图像中的人物上涂抹减去选区,完成后单击"确定"按钮,选区范围如图2-125所示。

图 2-124 设置参数

图 2-125 选区范围

2.6.3 选择并遮住

　　使用Photoshop抠图时,遇到类似毛发和树丛等不规则边缘图像时,由于无法完全准确地建立选区,抠完后的图像会残留背景中的杂色(这种杂色统称为"白边")。通过使用"选择并遮住"功能,可以很好地解决此类问题,提高选区边缘的品质。

STEP 05 单击工具箱中的"快速选择工具"按钮,在选项栏中设置"选区运算按钮"为"从选区中减去",在画布中拖曳鼠标减去部分选区,如图2-126所示。

STEP 06 执行"选择>选择并遮住"命令或单击任意选框工具选项栏中的"选择并遮住"按钮,界面右侧将打开"属性"面板,左侧将打开工具箱,如图2-127所示。

图 2-126 减去部分选区

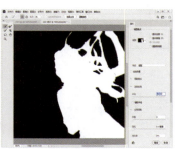
图 2-127 "属性"面板和工具箱

> **疑难解答："选择并遮住"命令的参数设置**
>
> 　　选择"显示边缘"复选框，将会显示调整区域的范围。选择"显示原稿"复选框，将显示原始选区。选择"高品质预览"复选框，将以原图像品质预览调整效果，但有可能影响操作的更新速度。使用各种调整工具在画布中进行涂抹时，可以通过设置"半径"数值调整边缘区域的大小。"智能半径"可以配合"半径"选项使用，会自动检测选区边缘的像素，对选区边缘进行智能细化。
>
> 　　选择"记住设置"选项可以记住当前的设置，在下次进行调整边缘操作时可以按照当前已设置的属性进行设置。选择"柔化边缘"复选框，创建的选区将自动带有羽化效果。

STEP 07 单击工具箱中的"调整边缘画笔工具"按钮，设置"半径"为20像素，在画布中人物的发丝处进行涂抹，如图2-128所示。涂抹完成后单击"确定"按钮，继续使用选区工具对人物选区进行细微调整，图像效果如图2-129所示。

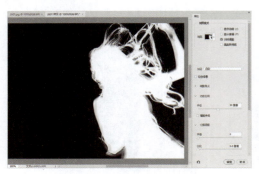
图 2-128 涂抹图像

图 2-129 图像效果

STEP 08 调整完成后，按【Ctrl+C】组合键复制选区图像，执行"文件>打开"命令，打开背景图像，如图2-130所示。

STEP 09 按【Ctrl+V】组合键粘贴图像，最终效果如图2-131所示。

图 2-130 打开背景图像

图 2-131 最终效果

技术看板：抠出人物发丝

　　打开一张素材图像，单击工具箱中"魔棒工具组"内的任意工具，在选项栏中单击"选择主体"按钮，选区范围如图2-132所示。执行"选择>选择并遮住"命令，弹出"属性"面板，设置参数如图2-133所示。

 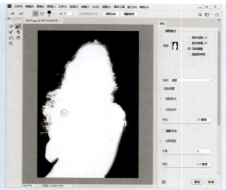

图 2-132 选区范围　　　　　图 2-133 设置参数

　　单击工具箱中的"调整边缘画笔工具"按钮，在图像人物发丝上进行涂抹，完成后单击"确定"按钮，图像效果如图2-134所示，按【Ctrl+C】组合键复制选区内图像，执行"文件>打开"命令，背景效果如图2-135所示。

图 2-134 图像效果　　　　　图 2-135 背景效果

　　执行"编辑>选择性粘贴>原位粘贴"命令，使用【Ctrl+T】组合键调整图像的大小，如图2-136所示，完成后按【Enter】键确认。执行"图像>调整>匹配颜色"命令，设置参数如图2-137所示。

图 2-136 调整图像的大小　　　　　图 2-137 设置参数

　　单击"确定"按钮，图像效果如图2-138所示。

Photoshop 2021中文版
入门、精通与实战

图 2-138 图像效果

疑难解答:"选择性粘贴"命令

　　执行"编辑>选择性粘贴"命令,弹出子菜单。子菜单中包含"原位粘贴""贴入""外部贴入"三个选项。使用"选择性粘贴"命令可以将选区中的图像粘贴到另一张图像的指定位置。使用"原位粘贴"就是将图像原位粘贴到其他图像中。而使用"贴入"命令和"外部贴入"命令时,在将选区图像粘贴到另一张图像中的前提条件是该图像中存在选区,否则命令将无法执行。

第 3 章　色彩和图像的调整

　　使用 Photoshop 处理图像的主要目的是为了得到丰富的图像效果，所以仅有好的形状是不够的，颜色的运用也非常重要，只有把形状和颜色结合在一起才能制作出优秀的作品。颜色是图像的基本信息，在绘图之前要选择适当的颜色，这样才能制作出效果丰富的图像。

Photoshop 2021中文版
入门、精通与实战

3.1 打造靓丽的艺术照片

色彩是图像的重要组成部分，合理的色彩搭配可以提高图像的美观度。在Photoshop中，色彩模式是表示颜色的一种算法，图像的色彩模式决定了图像的显示和打印输出方式。

读者可以使用"渐变工具"和图层混合模式为人物照片打造靓丽的艺术氛围，完成后的图像效果如图3-1所示。

图 3-1 图像效果

➡ 技术看板：利用色彩属性修改图片氛围

打开一张素材图像，图像效果如图3-2所示。为了不破坏原始图像，按【Ctrl+J】组合键复制图像。执行"图像>调整>色相/饱和度"命令，弹出"色相/饱和度"对话框，设置参数如图3-3所示。

图 3-2 图像效果　　　　　　　　　　图 3-3 设置参数

设置完成后单击"确定"按钮，图像效果如图3-4所示。按【Ctrl+J】组合键复制图像，执行"图像>调整>色相/饱和度"命令，弹出"色相/饱和度"对话框，设置饱和度为 –100，单击"确定"按钮，图像效果如图3-5所示。

图 3-4 图像效果　　　　　　　　　　图 3-5 图像效果

第 3 章 色彩和图像的调整

疑难解答：色彩属性

色彩包括色相、饱和度和明度三大属性。

色相：是指色彩的颜色。通常情况下，色相是根据颜色名称标识的，如红、橙、黄等都是一种色相。

饱和度：是指颜色的强度或纯度。将一个彩色图像的饱和度降为0，就会变成一个灰色的图像；增强饱和度就会增加其彩度。

明度：是指在各种图像色彩模式下，图形原色的明暗度。明度的调整就是明暗度的调整，明度的范围是0~255，共包括256种色调。例如，灰度模式就是将白色到黑色之间连续划分为256种色调，即由白到灰，再由灰到黑。

STEP 01 执行"文件>打开"命令，打开一张RGB模式的图像，如图3-6所示。执行"图层>复制图层"命令，在弹出的"复制图层"对话框中单击"确定"按钮，"图层"面板如图3-7所示。

图 3-6 打开图像

图 3-7 "图层"面板

3.1.1 使用"渐变工具"

使用"渐变工具"可以将多种颜色进行逐渐混合，实际上就是在图像中或图像的某一区域填入一种具有多种颜色过渡的混合色。这个混合色可以是从前景色到背景色的过渡，也可以是前景色与透明背景间的相互过渡，或者是与其他颜色间的相互过渡。

疑难解答：渐变工具

单击工具箱中的"渐变工具"按钮，其选项栏如图3-8所示。

图 3-8 "渐变工具"选项栏

渐变预览条：此预览条会显示渐变色的预览效果。

渐变类型：有五种渐变类型可供选择，包括"线性渐变""径向渐变""角度渐变""对称渐变""菱形渐变"。不同渐变类型的效果如图3-9所示。用户可选择需要的渐变类型，从而得到不同的渐变效果。

图 3-9 不同渐变类型的效果

反向：选择此复选框，填充后的渐变颜色刚好与用户设置的渐变颜色相反。

仿色：选择此复选框，可以用递色法来表现中间色调，使渐变效果更加平衡。

透明区域：选择此复选框，将打开透明蒙版功能，使渐变填充时可以应用透明设置。

STEP 02 打开"图层"面板，单击面板底部的"创建新图层"按钮，新建"图层1"图层，如图3-10所示。

STEP 03 单击工具箱中的"渐变工具"按钮，继续单击选项栏中的渐变预览条右侧的三角形图标，弹出"渐变编辑器"对话框，设置渐变颜色如图3-11所示。

STEP 04 单击"确定"按钮，在选项栏中设置渐变类型为"线性渐变"，在画布中单击并拖动鼠标光标，松开鼠标后为画布填充渐变颜色，效果如图3-12所示。

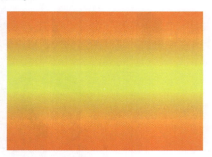

图 3-10 新建图层　　　图 3-11 设置渐变颜色　　　图 3-12 渐变效果

STEP 05 打开"图层"面板，修改图层混合模式为"叠加"，"图层"面板如图3-13所示，图像效果如图3-14所示。

图 3-13 "图层"面板　　　图 3-14 图像效果

STEP 06 执行"图像>调整>色相/饱和度"命令，弹出"色相/饱和度"对话框，设置参数如图3-15所示，单击"确定"按钮，图像效果如图3-16所示。

图 3-15 设置参数　　　图 3-16 图像效果

第 3 章 色彩和图像的调整

STEP 07 打开"图层"面板,单击面板底部的"添加图层蒙版"按钮,使用"画笔工具"在人物图像的脸部、颈部和手臂处涂抹,图像效果如图3-17所示。"图层"面板如图3-18所示。

图 3-17 图像效果 　　　　　　　　图 3-18 "图层"面板

3.1.2　色彩模式的转换

在Photoshop中,颜色模式决定了用于显示和打印Photoshop文档的色彩模式。常见的色彩模式有HSB、RGB、CMYK和Lab。Photoshop中还包括特别颜色的输出模式,如索引颜色和双色调模式。

在Photoshop中,可以自由转换图像的色彩模式。但是由于不同的色彩模式所包含的色彩范围不同,并且它们的特性不同,因而在转换时或多或少会丢失一些数据。

STEP 08 在"图层"面板中设置不透明度为50%,使用"画笔工具"在人物皮肤上进行涂抹,涂抹后的图像效果如图3-19所示。执行"图像>模式>CMYK颜色模式"命令,效果如图3-20所示。

图 3-19 图像效果 　　　　　　　　图 3-20 转换色彩模式后的图像效果

疑难解答:常见的色彩模式

RGB模式:Photoshop中极为常用的一种色彩模式。这种模式可以节省内存和存储空间。在RGB模式下,用户可以方便地使用Photoshop中的命令和滤镜。

CMYK模式:这是一种印刷模式,这种模式会占用较多的磁盘空间和内存。此外,在这种模式下,有很多滤镜功能都不能使用。

Lab模式:Lab模式中的数值描述了正常视力的人能够看到的所有颜色。在Lab模式中,"L"代表亮度分量;"a"代表由绿色到红色的光谱变化;"b"代表由蓝色到黄色的光谱变化。

提示:当一个图像在RGB和CMYK模式间经过多次转换后,会产生较大的数据损失。因此,应尽量减少转换次数或制作备份后再进行转换;或者在RGB模式下执行"视图>校样设置>工作中的CMYK"命令,查看在CMYK模式下图像的真实效果。

Photoshop 2021中文版
入门、精通与实战

➡️ **技术看板：灰度模式和位图模式之间的转换**

打开一张素材图像，图像效果如图3-21所示。执行"图像>模式>灰度"命令，弹出"信息"对话框，如图3-22所示，单击"扔掉"按钮。

图3-21 图像效果

图3-22 "信息"对话框

提示：将彩色图像转换成黑白图像时，首先要将其转换成灰度模式的图像，然后再转换成位图模式的图像。

执行"图像>模式>位图"命令，弹出"位图"对话框，设置参数如图3-23所示，单击"确定"按钮，图像效果如图3-24所示。

图3-23 设置参数

图3-24 图像效果

疑难解答：灰度模式和位图模式

灰度模式：该模式能够表现256种色调，从而可以表现颜色过渡自然的黑白图像。

位图模式：该模式只有黑色和白色两种颜色。因此，在这种模式下只能制作黑、白两种颜色的图像。

位图模式的图像是一种只有黑、白两种色调的图像。因此，转换成位图模式后的图像不具有256种色调，转换时会将中间色调的像素按指定的转换方式转换成黑白的像素。

 ## 为食品海报添加背景装饰

在绘制一幅精美的作品时，首先需要掌握工具的使用方法和颜色的选择方法，其中颜色的选择是绘图的关键所在。

接下来通过"吸管工具""油漆桶工具"和"定义图案"命令、"填充"命令为食品海报添加背景装饰，完善后的图像效果如图3-25所示。

图 3-25 完善后的图像效果

3.2.1 吸管工具

使用"吸管工具"可以吸取图像指定位置的"像素"颜色。当需要选择某种颜色时，如果要求不是太高，就可以用"吸管工具"。

STEP 01 打开已经制作好的海报作品，打开"图层"面板，在"背景"图层上新建图层，如图3-26所示。

STEP 02 单击工具箱中的"吸管工具"按钮，当光标变为🖋状态时，单击图像中的黄色五角星进行取样，如图3-27所示。

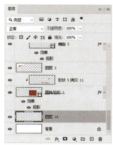
图 3-26 新建图层

图 3-27 单击取样

疑难解答：前景色与背景色

前景色和背景色在Photoshop中有多种定义方法。默认情况下，前景色和背景色分别为黑色和白色，如图3-28所示。

图 3-28 工具箱中的前景色与背景色

默认前景色与背景色：单击该按钮或按【D】键，可以将前景色和背景色恢复为默认的黑色前景色和白色背景色。

设置前景色/背景色：单击相应的色块，可以在弹出的"拾色器"对话框中设置需要的前景色或背景色。

切换前景色和背景色：单击该按钮或按【X】键，可以交换当前的前景色和背景色的颜色。

> 技术看板:"颜色取样器工具"与"信息"面板

打开一张素材图像,单击工具箱中的"颜色取样器工具"按钮,在画布中单击进行颜色取样,如图3-29所示。弹出的"信息"面板会显示与当前操作有关的各种信息,如图3-30所示。

图 3-29 单击进行颜色取样　　图 3-30 "信息"面板

> 疑难解答:"颜色取样器工具"与"信息"面板

使用"颜色取样器工具"可以在图像上放置取样点,每一个取样点的颜色值都会显示在"信息"面板中。通过设置取样点,可以在调整图像的过程中观察颜色值的变化情况。

"信息"面板可以显示光标当前所在位置的颜色值、文档状态和当前工具的使用提示等信息。如果进行了变换、创建选区或调整颜色等操作,"信息"面板中也会显示与当前操作有关的各种信息。

3.2.2 使用"油漆桶工具"

在工具箱中单击"设置前景色"或"设置背景色"图标,弹出如图3-31所示的"拾色器(前景色)""拾色器(背景色)"对话框。用户可以在该对话框的色域中选择需要的颜色,也可以直接输入颜色值来获得准确的颜色。

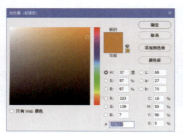
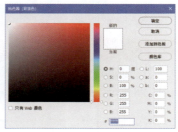

图 3-31 "拾色器(前景色)""拾色器(背景色)"对话框

使用"油漆桶工具",可以在选区、路径和图层内的区域填充指定的颜色或图案。在图像有选区的情况下,使用"油漆桶工具"填充的区域为所选的区域。如果在图像中没有创建选区,使用此工具则会填充与光标单击处像素相似或相邻的区域。

STEP 03 取样完成后,单击工具箱中的"设置前景色"图标,打开"拾色器(前景色)"对话框,可在该对话框中查看取样颜色,如图3-32所示。如果对取样颜色不满意,可以在对话框中对颜色进行重新设置或细微调整。

STEP 04 单击工具箱中的"油漆桶工具"按钮,在选项栏中选择"设置填充区域的源"为"前景"选项，在画布中单击填充前景色，如图3-33所示。

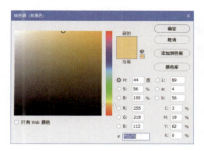

图3-32 查看取样颜色

图3-33 填充前景色

> **技术看板：为图像打造暖光氛围**

打开一张素材图像，效果如图3-34所示。执行"图层>新建>图层"命令，设置前景色为RGB（223、139、7）。

单击工具箱中的"油漆桶工具"按钮，在画布上单击填充前景色，如图3-35所示。打开"图层"面板，设置图层混合模式为"柔光"，图像效果如图3-36所示。

图3-34 图像效果

图3-35 填充前景色

图3-36 图像效果

3.2.3 使用"图案"填充

用户可以通过使用"填充"命令完成填充颜色的操作，也可以使用"油漆桶工具""渐变工具"完成颜色填充操作，这些方法使用起来都非常方便、快捷。

STEP 05 执行"文件>新建"命令，在弹出的"新建文档"对话框中设置参数如图3-37所示，单击"创建"按钮进入文档。

STEP 06 使用"矩形选框工具"在画布中创建矩形选区，单击工具箱中的"设置背景色"色块，在弹出的"拾色器"对话框中设置颜色为RGB（255、255、255），如图3-38所示。

图3-37 设置参数

图3-38 创建选区并设置背景色

STEP 07 单击"确定"按钮,按【Ctrl+Delete】组合键为选区填充背景色,再按【Ctrl+D】组合键取消选区,图像效果如图3-39所示。

STEP 08 执行"编辑>定义图案"命令,弹出"图案名称"对话框,在"名称"后面的输入框中输入文字,如图3-40所示,单击"确定"按钮完成定义图案的操作。

图 3-39 图像效果　　　　　　图 3-40 输入文字

> **小技巧**:在"图案名称"对话框中,单击"名称"后面的文本框,用户可以输入自定义的图案名称。

STEP 09 返回"3201.psd"文档中,打开"图层"面板,单击面板底部的"创建新图层"按钮,新建图层如图3-41所示。

STEP 10 单击工具箱中的"油漆桶工具"按钮,在选项栏中选择"设置填充区域的源"为"图案"选项,选择刚刚创建的"竖白条纹"图案,设置不透明度为20%,在画布中单击填充图案,如图3-42所示。

图 3-41 新建图层　　　　　　图 3-42 填充图案

STEP 11 在"图层"面板中选中"椭圆 1 拷贝"图层,按住【Ctrl】键的同时单击图层缩览图,调出图层选区,再次单击面板底部的"创建新图层"按钮,如图3-43所示

STEP 12 执行"编辑>填充"命令,弹出"填充"对话框,设置参数如图3-44所示。单击"确定"按钮,完成图案填充。

图 3-43 调用选区并新建图层　　　　图 3-44 设置参数

疑难解答:"填充"命令

执行"编辑>填充"命令,弹出"填充"对话框,如图3-45所示。用户可以在"内容"下拉列表框中选择不同的方式填充图像,如图3-46所示。

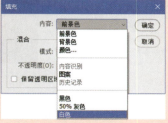

图3-45 "填充"对话框　　图3-46 "内容"下拉列表

STEP 13 按【Ctrl+T】组合键调出定界框,旋转图案角度,完成后按【Enter】键确认旋转,再按【Ctrl+D】组合键取消选区。使用相同的方法为海报中的其余两个圆形添加条纹装饰,完成后的图像效果如图3-47所示。

图3-47 图像效果

技术看板:使用"内容识别"填充

打开一张素材图像,按【Ctrl+J】组合键复制"背景"图层,隐藏"背景"图层,"图层"面板如图3-48所示。使用"矩形选框工具"在画布中创建选区,如图3-49所示。

图3-48 "图层"面板　　图3-49 创建选区

执行"编辑>填充"命令,弹出"填充"对话框,设置"内容"为"内容识别"选项,如图3-50所示。单击"确定"按钮,按【Ctrl+D】组合键取消选区,图像效果如图3-51所示。

图 3-50 设置参数　　　　　　图 3-51 图像效果

继续使用"矩形选框工具"在画布右下角创建选区,如图3-52所示。按【Shift+F5】组合键打开"填充"对话框,设置"内容"为"内容识别"选项,单击"确定"按钮,按【Ctrl+D】组合键取消选区,图像效果如图3-53所示。

图 3-52 创建选区　　　　　　图 3-53 图像效果

> **提示**:按【Shift+F5】组合键可以直接打开"填充"对话框。创建选区,选择"背景"图层,按【Delete】键或【Backspace】键即可快速打开"填充"对话框。

3.3　调出枯黄的秋草

对于设计者来说,颜色是一个强有力、刺激性强的设计元素,它可以带给人视觉上的震撼,因此,创建完美的色彩至关重要。图像色调和色彩的控制更是图像编辑的关键,只有有效地控制色调和色彩,才能制作出符合意境的图像。

接下来通过使用"色相/饱和度""自然饱和度""曝光度"命令为图像调出秋天的氛围,图3-54所示为调整前的原始图像,图3-55所示为调整后的图像。

图 3-54 调整前的原始图像　　　　　　图 3-55 调整后的图像

3.3.1 使用"色相/饱和度"命令

使用"色相/饱和度"命令可以调整图像中特定颜色范围的色相、饱和度和明度,或者同时调整图像中的所有颜色。该命令尤其适用于微调CMYK图像中的颜色,以便使它们处于输出设备色域内。

STEP 01 打开一张素材图像,图像效果如图3-56所示。执行"图层>复制图层"命令,在打开的"复制图层"对话框中单击"确定"按钮,完成后的"图层"面板如图3-57所示。

图 3-56 图像效果　　　　　　图 3-57 "图层"面板

STEP 02 执行"图像>调整>色相/饱和度"命令,弹出"色相/饱和度"对话框,选择"绿色"通道,设置参数如图3-58所示。继续选择"黄色"通道,设置参数如图3-59所示。

图 3-58 设置参数　　　　　　图 3-59 设置参数

> **疑难解答:"色相/饱和度"命令**
>
> 　　预设:单击"预设"选项后面的下拉按钮,可以打开下拉列表框。其中的选项全部都是系统默认的"色相/饱和度"预设选项,使用它们可以给图像带来不同的效果,在制作过程中读者可以根据需要选用。
> 　　编辑范围:在该下拉列表框中可以选择要调整的颜色。选择"全图"选项,可调整图像中所有的颜色;选择其他选项,则只可以调整图像中对应的颜色。
> 　　色相:拖动该滑块可以改变图像的色相。
> 　　饱和度:向右侧拖动滑块可以增加饱和度,向左侧拖动滑块则减少饱和度。
> 　　明度:向右侧拖动滑块可以增加亮度,向左侧拖动滑块则降低亮度。
> 　　着色:选择该复选框,可以将图像转换为只有一种颜色的单色图像。变为单色图像后,可拖动"色相""饱和度""明度"滑块调整图像的颜色。

STEP 03 单击"确定"按钮,图像效果如图3-60所示。执行"图像>调整>可选颜色"命令,弹出"可选颜色"对话框,单击"颜色"后面的按钮,在弹出的下拉列表中选择"黄色"选项,设置参数如图3-61所示。

图 3-60 图像效果　　　　　　　　图 3-61 设置参数

STEP 04 继续选择"青色""蓝色""白色"三个选项,并在"可选颜色"对话框中分别为每个选项设置参数,如图3-62所示。

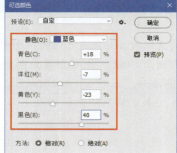

图 3-62 为每个选项设置参数

技术看板:使用"通道混合器"命令

打开一张素材图像,打开"图层"面板,将"背景"图层拖至面板底部的"创建新图层"按钮上,复制背景图层,如图3-63所示。执行"图像>调整>通道混合器"命令,弹出"通道混合器"对话框,设置参数如图3-64所示。

图 3-63 复制背景图层　　　　　　图 3-64 设置参数

再次打开"图层"面板,设置图层混合模式为"变亮",如图3-65所示。调整后的图像效果如图3-66所示。

第 3 章 色彩和图像的调整

图 3-65 设置图层混合模式　　　　　　　图 3-66 图像效果

疑难解答："通道混合器"命令

使用"通道混合器"命令可以调整当前颜色中某一个通道的颜色成分，使用该命令可以实现以下四种功能：

进行改造性的颜色调整，这是其他颜色调整工具不易做到的；

创建高质量的深棕色调或其他色调的图像；

将图像转换到一些备选色彩空间；

能够交换或复制通道。

3.3.2　使用"自然饱和度"命令

如果要调整图像的饱和度，而又要在颜色接近最大饱和度时尽量减少修剪，这时可以使用"自然饱和度"命令。

STEP 05 单击"确定"按钮，图像效果如图3-67所示。执行"图像>调整>自然饱和度"命令，弹出"自然饱和度"对话框，设置参数如图3-68所示。

图 3-67 图像效果　　　　　　　　　　　图 3-68 设置参数

疑难解答："自然饱和度"命令

在Photoshop中，执行"图像>调整>自然饱和度"命令，弹出"自然饱和度"对话框。在该对话框中有两个滑块，向左移动滑块时，可以减少饱和度；向右移动滑块时，可以增加饱和度。

3.3.3 使用"曝光度"命令

"曝光度"是专门用于调整HDR图像色调的命令,但它也可以用于调整8位和16位图像。调整HDR图像曝光度的方式与在真实环境中拍摄场景时调整曝光度的方式类似。这是因为在HDR图像中可以按比例显示和存储真实场景中的所有明亮度值。

STEP 06 单击"确定"按钮,图像效果如图3-69所示。执行"滤镜>锐化>USM锐化"命令,弹出"USM锐化"对话框,设置参数如图3-70所示。

图 3-69 图像效果　　　　　　图 3-70 设置参数

> **相关链接**:关于"USM 锐化"滤镜的具体使用方法,请用户参考本书第8章。

STEP 07 执行"图像>调整>亮度/对比度"命令,弹出"亮度/对比度"对话框,设置参数如图3-71所示,单击"确定"按钮。执行"图像>调整>曝光度"命令,弹出"曝光度"对话框,设置参数如图3-72所示。

图 3-71 设置参数　　　　　　图 3-72 设置参数

> **疑难解答:"曝光度"命令**
>
> 预设:在下拉列表框中,系统提供了几个不同的默认值,以便读者在使用时调整。
> 曝光度:使用该选项可以对图像或图像选区进行曝光调节。正值越大,曝光度越充足;负值越大,曝光度就越弱。
> 位移:使用该选项可细微调节图像的暗部和亮部。
> 灰度系数校正:使用该选项可以调节图像灰度系数的大小,即曝光颗粒度。值越大,曝光效果越差;值越小,对光的反应越灵敏。
> 吸管工具:共有三个吸管,分别用来细微设置"曝光度""位移""灰度系数校正"的值。

STEP 08 单击"确定"按钮完成操作,图像效果如图3-73所示。执行"文件>存储"命令,将其保存为"调出枯黄的秋草.psd",如图3-74所示。

第 3 章 色彩和图像的调整

图 3-73 图像效果

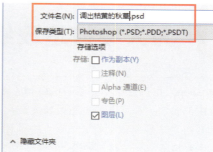
图 3-74 存储文件

> **技术看板**："调整"亮度/对比度""

打开一张素材图像，图像效果如图3-75所示。执行"图层>复制图层"命令，弹出"复制图层"对话框，单击"确定"按钮，"图层"面板如图3-76所示。

图 3-75 图像效果

图 3-76 "图层"面板

执行"图像>调整>亮度/对比度"命令，弹出"亮度/对比度"对话框，单击对话框中的"自动"按钮，Photoshop会根据图片的属性自动调整图片的亮度和对比度，调整后的参数如图3-77所示。单击"确定"按钮，图像效果如图3-78所示。

图 3-77 调整后的参数

图 3-78 图像效果

> **疑难解答**："亮度/对比度"命令

"亮度/对比度"命令主要用于调节图像的亮度和对比度。虽然使用"色阶""曲线"命令能实现此功能，但是这两个命令使用起来比较复杂，而使用"亮度/对比度"命令可以更加简便、直观地完成对图像亮度和对比度的调整。

3.4 为人物打造玫红色皮肤

Photoshop为用户提供了完善的色调和色彩调整功能。使用"图像>调整"下拉列表中的命令可以让图像中的画面更加漂亮,主题更加突出。

因为玫红色本身可以很好地体现女性柔和妩媚的气质,因此可以使用一些命令为人物打造玫红色皮肤。图3-79所示为调整前的原始图像,图3-80所示为调整后的图像效果。

图 3-79 调整前的原始图像　　图 3-80 调整后的图像效果

3.4.1 使用"曲线"命令

"曲线"也是用于调整图像色彩与色调的工具,它比"色阶"的功能更强大。使用"色阶"命令可以实现三个调整功能:白场、黑场和灰度系数,而"曲线"命令允许图像在整个色调范围内(从阴影到高光)最多调整14个点。在所有调整工具中,"曲线"命令可以提供极为精确的调整结果。

STEP 01 打开一张素材图像,执行"图层>复制图层"命令,在弹出的"复制图层"对话框中单击"确定"按钮,如图3-81所示。执行"图像>计算"命令,弹出"计算"对话框,设置参数如图3-82所示。

图 3-81 复制图层　　　　　图 3-82 设置参数

> **小技巧**: "计算"命令用于混合两个来自一个或多个源图像的单个通道,将计算结果应用到新图像的新通道或现有图像的选区。

STEP 02 单击"确定"按钮,得到"Alpha 1"通道,"通道"面板如图3-83所示。
STEP 03 按【Ctrl+A】组合键全选"Alpha 1"通道中的内容,再按【Ctrl+C】组合键复制通道内容,选中"绿"通道并按【Ctrl+V】组合键粘贴"Alpha 1"通道内容,如图3-84所示。

图 3-83 "通道"面板　　　　　　图 3-84 复制粘贴通道内容

STEP 04 按【Ctrl+D】组合键取消选区,选中"RGB"复合通道,图像效果如图3-85所示。
STEP 05 执行"图像>调整>曲线"命令,弹出"曲线"对话框,选中"RGB"通道,设置参数如图3-86所示。

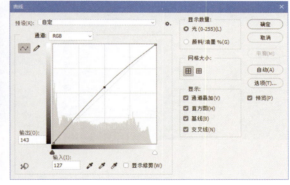

图 3-85 图像效果　　　　　　图 3-86 设置参数

STEP 06 继续在"曲线"对话框中选中"蓝"通道,设置参数如图3-87所示。调整后的图像效果如图3-88所示。

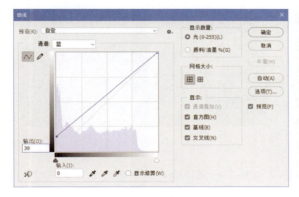

图 3-87 设置参数　　　　　　图 3-88 图像效果

疑难解答："曲线"对话框

预设：该下拉列表框中包含了Photoshop提供的预设调整文件。当选择"默认值"选项时，可通过拖动曲线来调整图像；选择其他选项时，可以用预设文件调整图像。

输入/输出："输入"显示调整前的像素值，"输出"显示调整后的像素值。

平滑：使用"通过绘制来修改曲线"按钮绘制自由形状的曲线后，单击该按钮，可对曲线进行平滑处理。

自动：单击该按钮，可对图像应用"自动颜色""自动对比度""自动色调"校正。具体的校正内容取决于"自动颜色校正选项"对话框中的设置。

选项：单击该按钮，弹出"自动颜色校正选项"对话框。通过该对话框可以控制"色阶""曲线"中的"自动颜色""自动色调""自动对比度""自动"选项应用的色调和颜色校正。它允许指定阴影和高光剪切百分比，并为阴影、中间调和高光指定颜色值。

➡ 技术看板：使用"渐变映射"命令

打开一张素材图像，按【Ctrl+J】组合键复制背景图层，图像效果如图3-89所示。执行"图像>调整>渐变映射"命令，弹出"渐变映射"对话框，如图3-90所示。

图 3-89 图像效果　　　　　　　　图 3-90 "渐变映射"对话框

单击渐变预览条，弹出"渐变编辑器"的对话框，设置渐变颜色，如图3-91所示，连续单击两次"确定"按钮，完成图像的调整，图像效果如图3-92所示。

图 3-91 设置渐变颜色　　　　　　　　图 3-92 图像效果

小技巧："渐变映射"命令主要用于将预设的几种渐变模式作用于图像，将要处理的图像作为当前图像。

第 3 章 色彩和图像的调整

3.4.2 使用"可选颜色"命令

"可选颜色校正"是高端扫描仪和分色程序使用的一种技术，用于更改图像中的每个主要原色成分中的印刷色数量。在Photoshop中，使用"可选颜色"命令可以有选择地修改主要颜色中印刷色的数量，但不会影响其他主要颜色。

STEP 07 执行"图像>调整>可选颜色"命令，弹出"可选颜色"对话框，设置参数如图3-93所示。继续选择"白色"选项，设置参数如图3-94所示。

图 3-93 设置参数　　　　　　　图 3-94 设置参数

STEP 08 继续在"可选颜色"对话框中选择"中性色"选项，设置参数如图3-95所示。打开"图层"面板，单击面板底部的"创建新的填充或调整图层"按钮，在弹出的下拉列表里选择"纯色"选项，如图3-96所示。

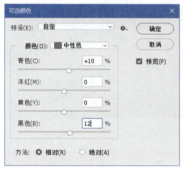

图 3-95 设置参数　　　　　　　图 3-96 选择"纯色"选项

疑难解答："可选颜色"对话框

颜色：在下拉列表框中可以有针对性地选择红色、黄色、绿色、青色、蓝色、洋红、白色、中性色和黑色进行设置。通过使用青色、洋红、黄色和黑色这四个选项可以调整选定颜色的C、M、Y、K的比重，从而修正各原色的网点增益和色偏。各选项的变化范围都是−100%~100%。

方法：包括"相对""绝对"两个选项。

STEP 09 在弹出的"拾色器"对话框中设置颜色为RGB（197、169、149），如图3-97所示，单击"确定"按钮。打开"图层"面板，修改图层混合模式为"柔光"，"不透明度"为80%，"图层"面板和图像效果如图3-98所示。

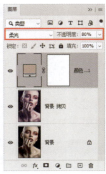

图 3-97 设置颜色　　　　　　　　图 3-98 "图层"面板和图像效果

3.4.3 使用"色阶"命令

使用"色阶"命令可以调整图像的阴影、中间调和高光的强度级别，从而校正图像的色调范围和色彩平衡。"色阶"对话框中包含一个直方图，可以作为调整图像基本色调时的直观参考依据。

STEP 10 选中"背景 拷贝"图层，执行"图像>调整>色阶"命令，在弹出的"色阶"对话框中设置相应参数，如图3-99所示。单击工具箱中的"以快速蒙版模式编辑"按钮，使用"画笔工具"在人物瞳孔反光部分进行涂抹，如图3-100所示。

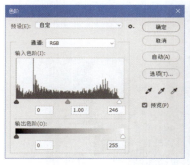

图 3-99 设置相应参数　　　　　　图 3-100 进行涂抹

> **疑难解答："色阶"对话框**
>
> **预设：** 在该下拉列表框中包含了Photoshop中提供的预设调整文件。
>
> **通道：** 在该下拉列表框中可以选择要调整的通道。
>
> **输入色阶：** 用于调整图像的阴影、中间调和高光区域。可拖动滑块调整，也可以在滑块下方的文本框中输入数值进行调整。
>
> **输出色阶：** 用于限定图像的亮度范围。拖动滑块或者在滑块下方的文本框中输入数值，可以降低图像的对比度。
>
> **自动：** 单击该按钮，可以应用自动颜色校正。以0.5%的比例自动调整图像色阶，使图像的亮度分布更加均匀。
>
> **选项：** 单击该按钮，弹出"自动颜色校正选项"对话框，在其中可以设置黑色像素和白色像素的比例。

STEP 11 涂抹完成后单击"以标准模式编辑"按钮，将涂抹区域转为选区，使用【Ctrl+Shift+I】组合键反向选区，如图3-101所示。再次执行"图像>调整>曲线"命令，在弹出的"曲线"对话框中进行相应的设置，如图3-102所示。

图 3-101 反向选区

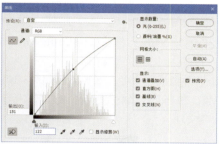
图 3-102 进行相应的设置

STEP 12 继续在"曲线"对话框中选择"红"通道，设置参数如图3-103所示，单击"确定"按钮，按【Ctrl+D】组合键取消选区，图像效果如图3-104所示。

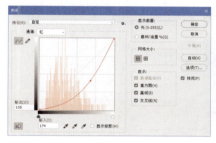
图 3-103 设置参数

图 3-104 图像效果

> **技术看板：使用"去色"命令调整图像色调**
>
> 打开一张素材图像，按【Ctrl+J】组合键复制图层，图像效果如图3-105所示。
>
> 执行"图像>调整>去色"命令或按【Shift+Ctrl+U】组合键，即可丢掉图像中的颜色信息，调整后的图像效果如图3-106所示。

图 3-105 图像效果

图 3-106 调整后的图像效果

疑难解答："去色"命令

"去色"命令的主要作用是去除图像中的饱和色彩，从而将图像转换为灰度图像。与直接执行"图像>模式>灰度"命令不同，使用该命令处理后的图像不会改变色彩模式，只是失去了颜色。"去色"命令可以只对图像的某一选区进行转换，"灰度"命令则是对整个图像起作用。

3.4.4 使用"自动色调"命令

图像色彩调整主要是对图像的明暗度进行调整,如果想要快速调整图像的色彩和色调,可以使用"图像"菜单中的"自动色调""自动对比度""自动颜色"命令。

STEP 13 选中"颜色填充 1"图层,按【Ctrl+Shift+Alt+E】组合键盖应图层,得到"图层1"图层,如图3-107所示。

STEP 14 执行"图像>自动色调"命令,图像效果如图3-108所示。执行两次"滤镜>锐化>锐化边缘"命令,完成图像调整。执行"文件>存储为"命令,在弹出的"存储为"对话框中,设置文件名,如图3-109所示,保存文件。

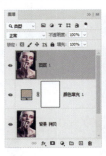

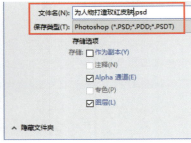

图 3-107 盖印图层　　　　图 3-108 图像效果　　　　图 3-109 保存文件

疑难解答:"自动色调"命令

使用"自动色调"命令调整图像,可以增强图像的对比度,在像素值平均分布且需要以简单方式增加对比度的特定图像中,该命令可以提供较好的效果。

➡ 技术看板:使用"自动对比度"命令

打开一张素材图像,按【Ctrl+J】组合键复制图层,图像效果如图3-110所示。执行"图像>自动对比度"命令或按【Alt+Ctrl+Shift+L】组合键,即可自动调整图像的对比度。

调整后的图像比原图像清晰,同时对比度也更强烈,图像效果如图3-111所示。

图 3-110 图像效果　　　　　　　图 3-111 调整后的图像效果

疑难解答:"自动对比度"命令

使用"自动对比度"命令可以让系统自动调整图像亮部和暗部的对比度。其原理是将图像中最暗的像素变成黑色,最亮的像素变成白色,从而使较暗的部分变得更暗,较亮部分变得更亮。

技术看板：使用"自动颜色"命令

打开一张素材图像，按【Ctrl+J】组合键复制图层，图像效果如图3-112所示。

执行"图像>自动颜色"命令或者按【Shift+Ctrl+B】组合键，即可自动校正颜色，校正后的图像效果如图3-113所示。

图 3-112 图像效果　　　　　　　　　图 3-113 校正后的图像效果

疑难解答："自动颜色"命令

使用"自动颜色"命令可以让系统自动对图像进行颜色校正。如果图像有色偏或者饱和度过高，均可以使用该命令进行自动调整。

打造梦幻的阿宝色

使用"色彩平衡"命令可以更改图像的总体混合颜色，分别在阴影、中间调和高光区域控制颜色的成分，从而使图像达到色彩平衡。

接下来使用"色彩平衡"命令、"曲线"命令和"自然饱和度"命令将绿色的图片调整为梦幻的阿宝色，图3-114所示为调整前的原始图像，图3-115所示为调整后的图像效果。

图 3-114 调整前的原始图像　　　　　图 3-115 调整后的图像效果

3.5.1 色彩平衡

使用"色彩平衡"命令可以更改图像的总体混合颜色。执行"图像>调整>色彩平衡"命令，弹出"色彩平衡"对话框，读者可在该对话框中设置相应的参数。

STEP 01 打开一张素材图像，图像效果如图3-116所示。使用【Ctrl+J】组合键复制"背景"图层，得到"图层1"图层，"图层"面板如图3-117所示。

图 3-116 图像效果　　　　　　　图 3-117 "图层"面板

STEP 02 打开"通道"面板，选择"绿"通道，按【Ctrl+A】组合键全选画布中的内容，继续按【Ctrl+C】组合键复制内容，如图3-118所示。

STEP 03 选择"蓝"通道，使用【Ctrl+V】组合键粘贴内容，按【Ctrl+D】取消选区并选中"RGB"复合通道，图像效果如图3-119所示。

图 3-118 全选并复制"绿"通道　　　　　　　图 3-119 图像效果

STEP 04 单击"图层"面板底部的"添加图层蒙版"按钮，使用"对象选择工具"在图像中的人物上创建选区。使用"画笔工具"涂抹选区中的人物部分，如图3-120所示，"图层"面板如图3-121所示，按【Ctrl+D】组合键取消选区。

图 3-120 涂抹选区中的人物部分　　　　　　　图 3-121 "图层"面板

STEP 05 选择"图层 1"中的图像部分，执行"图像>调整>曲线"命令，弹出"曲线"对话框，设置参数如图3-122所示，单击"确定"按钮。

STEP 06 执行"图像>调整>自然饱和度"命令，弹出"自然饱和度"对话框，设置参数如图3-123所示。

第 3 章 色彩和图像的调整

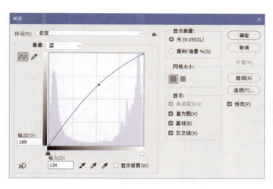

图 3-122 在 "曲线" 对话框中设置参数　　图 3-123 在 "自然饱和度" 对话框中设置参数

> **提示：** 在"曲线"对话框中单击"预设"右侧的 按钮，弹出下拉列表，选择"存储预设"选项，可以将当前的调整状态保存为一个预设文件。在对其他图像进行调整时，可以选择"载入预设"选项，使用载入的预设文件完成调整。选择"删除当前预设"选项，则删除所存储的预设文件。

STEP 07 单击"确定"按钮，可以看到图像效果。执行"图像>调整>色彩平衡"命令，弹出"色彩平衡"对话框，选择"中间调"选项并设置参数如图3-124所示。继续选择"阴影"选项并设置参数如图3-125所示。

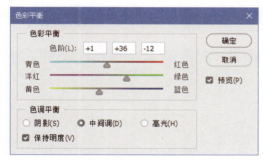
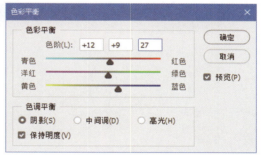

图 3-124 选择 "中间调" 选项并设置参数　　图 3-125 选择 "阴影" 选项并设置参数

> **疑难解答："色彩平衡"的参数设置**
>
> 色彩平衡：在"色阶"文本框中输入数值，或者拖动各个颜色滑块可以为图像增加或减少颜色。
>
> 色调平衡：可以选择一个色调范围进行调整，包括"阴影""中间调""高光"。如果选择"保持明度"复选框，则可以防止图像的亮度值随颜色的改变而改变，从而保持图像的色调平衡。

▶ 技术看板：使用 "色调分离" 命令

> 打开一张素材图像，复制背景图层。
>
> 执行"图像>调整>色调分离"命令，弹出"色调分离"对话框，"色阶"初始值为4的图像效果如图3-126所示，设置"色阶"值为255，图像效果如图3-127所示。

图 3-126 "色阶"初始值为 4 的图像效果　　　　图 3-127 "色阶"值为 255 的图像效果

疑难解答："色调分离"命令

"色调分离"命令可以让用户指定图像中每个通道的色调级（或亮度值）的数目，将这些像素映射为最接近的匹配色调。"色调分离"命令与"阈值"命令相似，但"阈值"命令在任何情况下都只考虑两种色调，而"色调分离"命令可以指定2~255中的一个值。

▶ 技术看板：使用"反相" "阈值"命令

打开一张素材图像，按【Ctrl+J】组合键复制图层，如图3-128所示。执行"图像>调整>反相"命令，图像效果如图3-129所示。

图 3-128 复制图像　　　　　　　　　　　图 3-129 图像效果

疑难解答："反相"命令

使用"反相"命令，可以将像素的颜色更改为它们的互补色，如黑变白、白变黑等。该命令是唯一不损失图像色彩信息的变换命令。

在使用"反相"命令前，可先选定反相的内容，如图层、通道、选区范围或整个图像，然后执行"图像＞调整＞反相"命令。

隐藏"图层 1"图层，选中"背景"图层并按【Ctrl+J】组合键复制图层，执行"图像>调整>阈值"命令，弹出"阈值"对话框，设置参数如图3-130所示。

单击"确定"按钮，图像效果如图3-131所示。

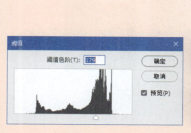

图 3-130 设置参数　　　　　　　图 3-131 图像效果

疑难解答："阈值"命令

使用"阈值"命令可以根据图像像素的亮度值将图像一分为二，一部分用黑色表示，另一部分用白色表示。其黑白像素的分配由"阈值"对话框中的"阈值色阶"进行指定，其范围为1~255。"阈值色阶"的值越大，黑色像素分布就越广；反之，"阈值色阶"的值越小，白色像素分布越广。

3.5.2 照片滤镜

使用"照片滤镜"命令可以模拟通过彩色校正滤镜拍摄照片的效果，该命令允许用户选择预设的颜色或者自定义的颜色向图像应用色相调整。

STEP 08 设置完成后，图像效果如图3-132所示。执行"图像>调整>照片滤镜"命令，弹出"照片滤镜"对话框，设置参数如图3-133所示，单击"确定"按钮。

图 3-132 图像效果　　　　　　　图 3-133 设置参数

疑难解答："照片滤镜"的参数设置

滤镜：在下拉列表框中可以选择要使用的滤镜，Photoshop可以模拟在相机镜头前添加彩色滤镜的效果，以调整通过镜头传输的光的色彩平衡和色温。

颜色：单击该选项右侧的颜色块，可以在弹出的"拾色器"对话框中设置自定义的滤镜颜色。

密度：可以调整应用到图像中的颜色数量。该值越大，颜色的调整幅度越大。

STEP 09 对图像再进行细微调整，使用【Ctrl+Shift+Alt+E】组合键盖应图层，图像效果如图3-134所示。执行"滤镜>锐化>USM锐化"命令，弹出"USM锐化"对话框，设置参数如图3-135所示，单击"确定"按钮。

图 3-134 图像效果　　　　　　图 3-135 设置参数

技术看板：使用"黑白"命令

打开一张素材图像，打开"图层"面板，选中"背景"图层并将其拖至"创建新图层"按钮上，得到"背景 拷贝"图层，如图3-136所示。执行"图像>调整>黑白"命令，弹出"黑白"对话框，单击"预设"选项，弹出如图3-137所示的下拉列表。

图 3-136 复制图层　　　　　　图 3-137 下拉列表

选择"最黑"选项，单击"确定"按钮，图像变为灰度图像，图像效果和"图层"面板如图3-138所示。

图 3-138 图像效果和"图层"面板

疑难解答："黑白"命令

使用"黑白"命令可以将彩色图像转换为灰度图像，该命令也提供了选项，可以同时保持对各颜色转换方式的完全控制。此外，也可以为灰度着色，将彩色图像转换为单色图像。

技术看板：使用"匹配颜色"命令

执行"文件>打开"命令，连续打开两张素材图像，进入"35202.jpg"文档，图像效果如图3-139所示。打开"图层"面板，选中"背景"图层并将其拖至"创建新图层"按钮上，得到"背景 拷贝"图层，如图3-140所示。

图 3-139 图像效果　　　　图 3-140 复制图层

执行"图像>调整>匹配颜色"命令，弹出"匹配颜色"对话框，设置参数如图3-141所示，单击"确定"按钮，调整后的图像效果如图3-142所示。

图 3-141 设置参数　　　　图 3-142 图像效果

疑难解答："匹配颜色"命令

使用"匹配颜色"命令可以将一幅图像（初始图像）的颜色与另一幅图像（目标图像）中的颜色相匹配，其比较适用于将多个图片的颜色保持一致。此外，使用该命令还可以匹配多个图层和选区之间的颜色。

第 4 章　图层的应用

图层是 Photoshop 中非常重要的功能，几乎所有的图像编辑操作都以图层为依托。接下来为大家详细讲解创建和编辑图层的方法，以及图层的其他高级操作。

第 4 章 图层的应用

4.1 制作简单可爱的儿童相册

儿童照片的处理既不能太过成人化，也不能太简单。使用Photoshop对儿童照片进行排版时，常用的做法就是将一些普通的照片进行错落有致地排列。

在排列的过程中，会涉及多个图层的编辑与管理，接下来通过制作简单可爱的儿童相册案例具体讲解图层的编辑功能。图4-1所示为制作完成的儿童相册。

图 4-1 制作完成的儿童相册

疑难解答："图层"概述

"图层"就像在一张画上铺设一张透明的玻璃纸，透过这张玻璃纸不但能够看到画的内容，而且在玻璃纸上进行任何涂抹都不会影响画的内容，通过调整上下两个画面合成最终效果。

在"图层"面板中，图层名称的左侧是该图层的缩览图，它显示了图层中包含的图像内容，缩览图中的棋盘格代表了图像的透明区域。如果隐藏所有图层，则整个文档窗口都将变为棋盘格。

4.1.1 背景图层

打开"新建文档"对话框，单击"背景内容"下拉按钮，弹出下拉列表框，选择除"透明"选项外的任意选项，进入Photoshop工作区域，"图层"面板中仅有"背景"图层。

打开任意一幅素材图像，"图层"面板中同样仅有"背景"图层。

STEP 01 执行"文件>新建"命令，弹出"新建文档"对话框，设置参数如图4-2所示，单击"创建"按钮。进入文档的工作区域后，执行"窗口>图层"命令，打开"图层"面板，观察如图4-3所示的"背景"图层。

图 4-2 设置参数　　　　图 4-3 "背景"图层

> **小技巧**：当用户新建了一个"背景内容"为透明的文件时，当前文件是没有"背景"图层的，执行"图层>新建>背景图层"命令，可将当前图层转换为"背景"图层。

疑难解答："背景"图层的特性

图层名称始终叫"背景"。

默认情况下被锁定，位于"图层"面板的最底层。

"背景"图层是一个不透明的图层，有一种以背景色为底色的颜色。

"背景"图层不能进行图层不透明度、图层混合模式和图层填充颜色的操作。

疑难解答：将"背景"图层转换为普通图层

如果一定要更改"背景"图层的"不透明度""图层混合模式"，应先将它转换成普通图层。双击"背景"图层，或者直接双击"背景"图层缩览图，弹出"新建图层"对话框，在对话框中设置图层的各项参数后，单击"确定"按钮，"背景"图层就会转换为普通图层。

还可以单击"背景"图层上的"锁定"图标 🔒，直接将"背景"图层转换为"图层 0"图层。此时的"背景"图层已经变为普通图层，读者可以对其设置不透明度、混合模式等参数。

4.1.2 新建图层

Photoshop提供了多种新建图层的方法，包括在"图层"面板中创建、在编辑图像的过程中创建和使用命令创建等。

STEP 02 执行"图层>新建>图层"命令，弹出"新建图层"对话框，如图4-4所示，单击"确定"按钮，"图层"面板如图4-5所示。

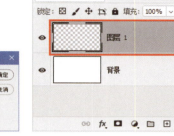

图 4-4 "新建图层"对话框　　　　　图 4-5 "图层"面板

疑难解答：多种"新建图层"的方法

打开"图层"面板，单击"图层"面板底部的"创建新图层"按钮，即可在当前图层上方新建一个图层，新建的图层会自动成为当前图层。

执行"图层>新建>图层"命令或按【Shift+Ctrl+N】组合键，弹出"新建图层"对话框，在该对话框中可以为新建图层命名，设置图层颜色、混合模式和不透明度等参数，完成参数设置后，在对话框中单击"确定"按钮，即可新建一个图层。

在打开的素材图像中，使用任意选区工具选中图像内容，完成创建选区的操作后，执行"图层>新建>通过拷贝的图层"命令，可以将选区内的图像复制到一个新的图层中，原图层内容保持不变。如果没有创建选区，执行该命令则可以快速复制当前图层。

在图像中创建选区，执行"图层>新建>通过剪切的图层"命令，将选区内的图像剪切到一个新的图层中。原图层中的选区内容已被剪掉并移至新的图层中。

STEP 03 使用"矩形选框工具"在画布中创建一个矩形选区，选区大小为2362像素×530像素，如图4-6所示。设置"前景色"为RGB（255、204、55），按【Alt+Delete】组合键为选区填充颜色，按【Ctrl+D】组合键取消选区，如图4-7所示。

图 4-6 创建选区　　　　　　　图 4-7 设置前景色并填充选区

小技巧：单击"图层"面板右上角的≡按钮，在弹出的下拉列表中选择"新建图层"选项，或者按住【Alt】键并单击"创建新图层"按钮，也会弹出"新建图层"对话框。

STEP 04 使用相同的方法创建"图层 2"图层,使用"矩形选框工具"创建选区,选区大小为2362像素×104像素,继续按【Alt+Delete】组合键为选区填充前景色为RGB(255、173、23),按【Ctrl+D】组合键取消选区,如图4-8所示。

STEP 05 执行"文件>打开"命令,打开素材图像,如图4-9所示,使用"选择工具"将图像移至设计文档中,调整人物图像的位置。

图 4-8 创建选区并填充颜色

图 4-9 打开素材图像

STEP 06 使用【Ctrl+T】组合键调出定界框,单击鼠标右键,在弹出的快捷菜单中选择"水平翻转"选项,按【Enter】键确认翻转,图像效果如图4-10所示。

STEP 07 使用相同的方法打开其余人物素材图像并将其移至设计文档中,调整其位置和大小,如图4-11所示。

图 4-10 图像效果

图 4-11 添加其余素材图像

4.1.3　调整图层

　　图层可以分为多种类型,如"背景"图层、文字图层、形状图层、填充图层、调整图层、3D图层、视频图层和中性色图层等。不同的图层,其应用场合和实现的功能不同,操作和使用方法也各不相同。

STEP 08 单击"图层"面板底部的"创建新的填充或调整图层"按钮,如图4-12所示。在弹出的下拉列表中选择"曲线"选项,打开"属性"面板,设置参数如图4-13所示。

STEP 09 打开"图层"面板,单击鼠标右键,在弹出的下拉列表中选择"创建剪贴蒙版"选项,"图层"面板如图4-14所示。

第 4 章　图层的应用

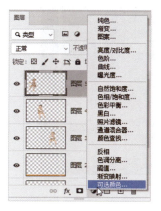
图 4-12 "图层"面板

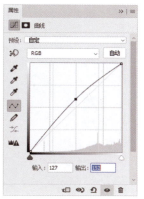
图 4-13 设置参数

图 4-14 "图层"面板

疑难解答：调整图层

调整图层是一种比较特殊的图层，主要用于色调和色彩的调整。也就是说，Photoshop会将色调和色彩的设置，如色阶和曲线调整等应用功能变成"调整图层"单独存放到文件中，可以修改其设置，但不会永久性地改变原始图像，从而保留了图像修改的弹性。

执行"图层>新建调整图层"命令，在子菜单中选择相应命令，或在打开的"图层"面板中单击底部的"创建新的填充或调整图层"按钮，在打开的下拉列表框中选择相关选项，即可创建调整图层。

技术看板：使用"填充图层"制作底纹效果

打开一张素材图像，如图4-15所示。打开"图层"面板，单击面板底部的"创建新的填充或调整图层"按钮，在弹出的下拉列表中选择"图案"选项，弹出"图案填充"对话框，如图4-16所示。

图 4-15 打开素材图像

图 4-16 "图案填充"对话框

单击"图案"按钮，在弹出的图案面板中选择如图4-17所示的图案，单击"确定"按钮。打开"图层"面板，设置图层"不透明度"为20%，如图4-18所示，修改完成后的图像效果如图4-19所示。

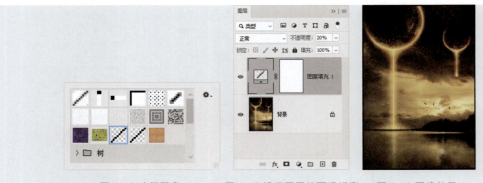

图 4-17 选择图案　　图 4-18 设置图层的不透明度　　图 4-19 图像效果

疑难解答：填充图层

填充图层可以为当前图层填入一种颜色（纯色、渐变色）或图案，并结合图层蒙版的功能，产生一种遮盖特效。在图层中，图层蒙版起到了隐藏或显示图像区域的作用。通俗地讲，它可以用来遮盖图像中部分不要的图像。

执行"图层>新建填充图层"命令，在子菜单中选择要填充的类型，如图4-20所示，弹出"新建图层"对话框。读者可以在其中设置图层名称、混合模式和不透明度等。

图 4-20 "新建填充图层"子菜单

4.1.4 编辑图层

在设计一幅好的作品时，需要经过许多操作步骤，特别是图层的相关操作尤为重要。这是因为一个综合性的设计往往由多个图层组成，并且对这些图层进行多次编辑后，才能得到理想的设计效果。下面将通过不同的案例对图层的各种编辑方法和应用技巧进行讲解。

移动、复制、删除图层

移动、复制、删除图层是在编辑图像时最常使用的图层操作，同时也是基本的图层操作。

STEP 10 单击选中"图层4"图层，在图层上方单击鼠标右键，在弹出的下拉列表中选择"复制图层"选项，弹出"复制图层"对话框，如图4-21所示。单击"确定"按钮，得到"图层 4 拷贝"图层，如图4-22所示。

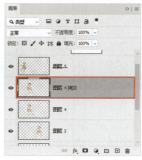

图 4-21 "复制图层"对话框　　图 4-22 "图层"面板

疑难解答：两种复制图层的方式

在Photoshop中，可以将某一图层复制到同一图像或是另一幅图像中。如果在同一图像中复制图层，将需要复制的图层拖至"图层"面板底部的"创建新图层"按钮上，即可复制该图层，复制后的图层将出现在被复制的图层上方。还可以选中需要复制的图层，执行"图层>复制图层"命令，或是单击"图层"面板右上角的 ≡ 按钮，在打开的菜单中执行"复制图层"命令，弹出"复制图层"对话框。设置好参数后，单击"确定"按钮，即可复制图层到指定的文档中。

若要将一幅图像中的某一图层复制至另一图像中，有一个快速和直接的方法，即同时显示这两个图像文件，然后在要被复制的"图层"面板中拖动图层至另一个图像窗口中即可。

疑难解答：删除图层或组

删除不必要的图层，可以减小图像文件所占的内存空间。打开"图层"面板，选中要删除的图层，单击"图层"面板底部的"删除图层"按钮，如图4-23所示，弹出Adobe Photoshop提示框，用户可以在提示框中看到确认消息，如图4-24所示，单击"是"按钮，即可删除图层。

图 4-23 "删除图层"按钮　　图 4-24 确认消息

还可以执行"图层>删除>图层"命令，或从"图层"面板的面板菜单中选择"删除图层"选项，完成图层的删除操作。在删除图层组时，用户可以根据需求在Adobe Photoshop提示框中选择删除"组和内容"或"仅组"。

调整图层顺序

"图层"面板中图层的叠放顺序直接关系到图像的显示效果，因此为图层排序也是一个基本的操作。Photoshop提供了两种调整叠放顺序的方法。

STEP 11 在打开的"图层"面板中，将鼠标光标移至"图层4 拷贝"图层上方，如图4-25所示。按住鼠标左键不放，向下移动鼠标光标至"背景"图层上方，松开鼠标，完成图层的移动操作，如图4-26所示。

图 4-25 移动鼠标光标至图层上方　　　　图 4-26 移动图层顺序

> **疑难解答：调整图层顺序**
>
> 　　使用鼠标直接拖动：在"图层"面板中，使用鼠标可以很轻松地将图层移至所需的位置。选择需要调整叠放顺序的图层，将其拖至相应的位置。
>
> 　　使用"排列"命令调整：可以对当前图层执行"图层>排列"命令，在打开的子菜单中选择相应选项调整图层叠放顺序。

STEP 12 使用"移动工具"向下和向右移动人物位置，图像效果如图4-27所示。

图 4-27 图像效果

> **疑难解答：移动图层**
>
> 　　如果想要移动整个图层内容，先要将移动的图层设置为当前图层，然后使用"移动工具"，或按住【Ctrl】键并拖动鼠标即可移动图像。如果想要移动的是图层中的某一块区域，必须先创建选区，然后再使用"移动工具"进行移动。

选择图层

STEP 13 在"图层2"上方新建"图层6"，按下【Ctrl】键并单击"图层3"的缩览图载入选区，如图4-28所示。

STEP 14 按【Shift+Ctrl+D】组合键，弹出"羽化选区"对话框，设置参数如图4-29所示。

图 4-28 载入图层选区　　　　　图 4-29 设置参数

> **小技巧**：如果要在当前图层的下方新建图层，可以按住【Ctrl】键并单击"创建新图层"按钮。需要注意的是，"背景"图层下方不能创建图层。

STEP 15 单击"确定"按钮,为选区填充颜色为RGB(255、204、55),按【Ctrl+D】组合键取消选区,如图4-30所示。

STEP 16 使用相同的方法新建"图层7""图层8",并载入"图层4""图层5"的选区,分别为两个选区填充前景色,图像效果如图4-31所示。

图 4-30 为选区填充颜色　　　　　图 4-31 图像效果

疑难解答:链接图层

当需要同时对多个图层进行操作时,可以将它们作为一个整体进行处理,即把这些图层设置为"链接图层"。

在"图层"面板中选中相应图层后,单击面板底部的"链接图层"按钮,在"图层"面板中图层名称的后面就会出现"链接图层"图标,表示这些图层处于链接状态。在对这些图层进行同样的变换操作时,选择其中一个图层即可。

STEP 17 使用"移动工具"在"图层"面板上单击选中"图层6",向左上微移图像,如图4-32所示。使用相同的方法完成"图层7""图层6"的内容制作,调整"图层7""图层8"的顺序,如图4-33所示。

图 4-32 移动图像位置　　　　　图 4-33 调整图层顺序

自动对其图层

使用"自动对齐图层"命令可以根据不同图层中的相似内容(如角和边)自动对齐图层。可以指定一个图层作为参考图层,也可以让Photoshop自动选择参考图层。其他图层将与参考图层对齐,以便匹配的内容能够自行叠加。

技术看板:使用"自动对齐图层"命令拼合图像

执行"文件>打开"命令,在弹出的"打开"对话框中选择多张素材图像,如图4-34所示,单击"打开"按钮。将"41802.png""41803.png"拖至"41801.png"文档中,"图层"面板如图4-35所示。

图 4-34 选择多张素材图像　　　　图 4-35 "图层"面板

选中全部图层,执行"编辑>自动对齐图层"命令,弹出"自动对齐图层"对话框,设置参数如图4-36所示。单击"确定"按钮,"图层"面板如图4-37所示。

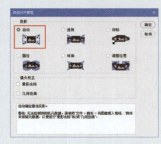 

图 4-36 设置参数　　　　图 4-37 "图层"面板

系统将基于内容对齐图层,图层也不会发生改变,图像效果如图4-38所示。

图 4-38 图像效果

疑难解答:"自动混合图层"命令

使用"自动混合图层"命令可缝合或组合图像,从而使图像获得平滑的过渡效果。

"自动混合图层"命令将根据需要对每个图层应用图层蒙版,以遮盖过度曝光或曝光不足的区域或内容差异,并创建无缝混合。

"自动混合图层"命令仅适用于RGB或灰度图像,不适用于智能对象、视频图层、3D图层或"背景"图层。可以使用"自动混合图层"命令混合同一场景中具有不同焦点区域的多幅图像,以获取具有扩展景深的复合图像。还可以采用类似的方法,通过混合同一场景中具有不同照明条件的多幅图像来创建复合图像。除了组合同一场景中的图像,还可以将图像缝合成一个全景图。

4.1.5 "图层"面板

"图层"面板中列有图像中的所有图层、图层组和添加的图层效果。可以使用"图层"面板来显示和隐藏图层、创建新图层,以及处理图层组,还可以在"图层"面板菜单中执行其他命令。

STEP 18 选中"图层6""图层7""图层8"图层,执行"图层>合并图层"命令,合并后的"图层"面板如图4-39所示。修改图层的"不透明度"为"40%",如图4-40所示。

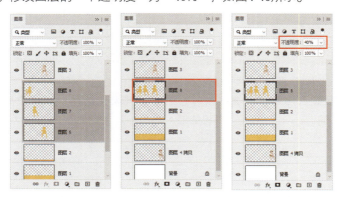

图 4-39 选中图层并合并图层　　图 4-40 修改图层的不透明度

疑难解答:"图层"面板

执行"窗口>图层"命令,打开"图层"面板,如图4-41所示。

选取滤镜类型:选择查看不同图层的类型,在"图层"面板中快速选择同类的图层。

图层混合模式:在下拉列表框中可以选择相应的图层混合模式。

打开或关闭图层过滤:选择打开或关闭图层过滤的相关选项。

不透明度:用于设置图层的不透明度,可以在文本框中输入数值,也可以单击右侧的下拉按钮,在打开的面板中拖动滑块调节数值。

锁定:用于保护图层中全部或部分的图像内容。

填充:用于设置图层的内部填充不透明度。

指示图层可见性:用于显示或隐藏图层。默认情况下,图层为可见图层,单击该按钮可将图层隐藏。

面板按钮:用于快速设置图层,单击不同的按钮执行不同的命令。

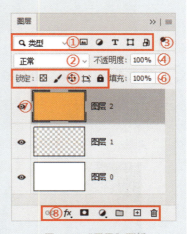

图 4-41 "图层"面板

STEP 19 复制"图层 8",得到"图层 8 拷贝"图层,按【Ctrl】键的同时单击图层缩览图,载入该图层选区,按【Alt+Delete】组合键为选区填充前景色为RGB(255、173、23),图像效果如图4-42所示。

STEP 20 设置图层的"不透明度"为100%,单击图层面板底部的"添加图层蒙版"按钮,"图层"面板如图4-43所示。

图 4-42 图像效果　　　　　　　　图 4-43 "图层"面板

STEP 21 使用"矩形选框工具"在图像中创建选区并为其填充黑色,图像效果如图4-44所示,按【Ctrl+D】组合键取消选区,"图层"面板如图4-45所示。使用相同的方法为"图层4 拷贝"图层制作阴影部分。

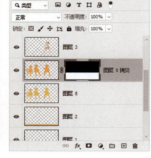

图 4-44 图像效果　　　　　　　　图 4-45 "图层"面板

技术看板：使用"混合模式"为人物制作文身

执行"文件>打开"命令,打开素材图像,使用"移动工具"将第二张素材图像移入设计文档中,图像效果如图4-46所示。选中"背景"图层并将其拖至"创建新图层"按钮上,得到"背景 拷贝"图层,"图层"面板如图4-47所示。

图 4-46 图像效果　　　　　　　　图 4-47 "图层"面板

打开"图层"面板,设置"图层 1"的混合模式为"正片叠底",图像效果如图4-48所示。使用【Ctrl+T】组合键调出文身图像的定界框,旋转图像角度如图4-49所示。

第 4 章 图层的应用

图 4-48 图像效果

图 4-49 旋转图像角度

将光标停在定界框内，单击鼠标右键，在弹出的下拉列表中选择"变形"选项，调整变形点的位置，如图4-50所示。

按【Enter】键确认变形操作，完成文身图像的制作，图像效果如图4-51所示。

图 4-50 调整变形点的位置

图 4-51 图像效果

4.1.6 形状图层

使用"矩形工具""椭圆工具""三角形工具"等形状工具并在其选项栏上选择"形状"选项后，在图像中绘制图形时就会在"图层"面板中自动产生一个形状图层。

选中"图层9"图层，单击工具箱中的"自定形状工具"按钮，在选项栏中设置工具模式为"形状"，单击"形状"按钮，在弹出的"形状"面板中选择如图4-52所示的形状。在画布中单击并拖动绘制形状，图像效果及"图层"面板如图4-53所示。

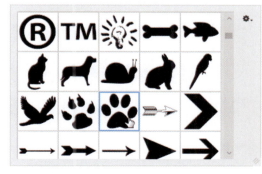
图 4-52 选择形状

图 4-53 图像效果及"图层"面板

113

疑难解答：形状图层的特性

形状图层的名称与使用的绘制工具息息相关，如果使用"钢笔工具"绘制形状时，形状图层会以"形状1"命名；如果使用"矩形工具""圆角矩形工具""椭圆工具""三角形工具""多边形工具""直线工具"绘制形状时，形状图层将以形状工具名称命名；如果使用"自定形状工具"绘制形状时，形状图层将以形状名命名。

在"路径"面板中可以看到当前所选形状图层中的路径内容。这个路径是临时存在的，一旦切换到其他图层，这个路径就会消失。

形状图层具有可以反复修改和编辑的特性。在"图层"面板中单击矢量蒙版缩览图，Photoshop就会在"路径"面板中自动选中当前路径，用户即可利用各种路径编辑工具进行编辑。

与此同时，也可以更改形状图层中的填充颜色。双击图层缩览图，弹出"拾色器（纯色）"对话框，可重新设置填充颜色。用户还可以删除形状图层中的路径，或者隐藏、关闭路径等。

> **提示**：形状图层不能直接使用的Photoshop众多功能，如色调和色彩调整，以及滤镜功能等，所以必须先将其转换成普通图层之后才可使用。转换的方法是，选择需要转换的形状图层，然后执行"图层>栅格化>形状"命令即可。如果执行"图层>栅格化>矢量蒙版"命令，则可将形状图层中的剪贴路径变成一个图层蒙版，从而使形状图层变成填充图层。

4.1.7 合并图层

一个图像中图层越多，占用的内存与暂存盘等系统资源就越大，这会导致计算机的运行速度变慢。用户可以将具有相同属性的图层合并，以减小文件的占用量。

STEP 23 使用"自定形状工具"继续绘制图形，使用【Ctrl+T】组合键调出定界框，旋转形状的角度，如图4-54所示。使用相同的方法在画布中绘制形状，选中所有形状图层并将其合并，设置图层"不透明度"为30%，如图4-55所示。

图4-54 旋转形状的角度　　　　　图4-55 合并形状图层并设置不透明度

STEP 24 双击图层的名称进入图层名称编辑状态，更改图层名称为"爪印（猫）"图层，如图4-56所示。单击工具箱中的"矩形工具"按钮，在画布中绘制颜色为RGB（255、173、23）的矩形形状，如图4-57所示。

第 4 章 图层的应用

图 4-56 更改图层名称　　　　图 4-57 绘制矩形

疑难解答：合并图层的多种方法

合并多个图层或组：当需要合并两个或多个图层时，首先在"图层"面板中选中多个图层，然后执行"图层>合并图层"命令，或者单击"图层"面板右上角的面板菜单按钮，在打开的菜单中选择"合并图层"选项，即可完成图层的合并。

向下合并图层：要将一个图层与它下面的图层合并，可以选择该图层，然后执行"图层>向下合并"命令，合并后的图层将以下方图层的名称进行命名。

合并可见图层：要将所有可见图层合并为一个图层，可以执行"图层>合并可见图层"命令，合并后的图层将以合并前选择的图层的名称进行命名。

拼合图像：执行"图层>拼合图像"命令，Photoshop会将所有可见图层合并到"背景"图层中。如果有隐藏的图层，则会弹出一个提示对话框，询问是否删除隐藏图层。

▶ **技术看板：锁定图层**

打开一个PSD格式的素材文件，在打开的"图层"面板中选中"图层 1"图层，如图4-58所示。单击"图层"面板上的"锁定全部"按钮，可将图层锁定，如图4-59所示。

图 4-58 选中图层　　　　图 4-59 锁定图层

4.1.8　文字图层

文字图层是指使用"文字工具"建立的图层。在图像中输入文字，就会自动生成一个文字图层。

STEP 25 执行"窗口>字符"命令，打开"字符"面板，设置参数如图4-60所示。单击工具箱中的"横排文字工具"按钮，在画布上单击并输入文字，"图层"面板会自动创建文字图层，如图4-61所示。

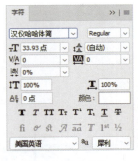

图 4-60 设置参数

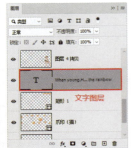

图 4-61 创建文字图层

疑难解答：文字图层的特点

文字图层含有文字内容和文字格式，可以单独保存在文件中，并且可以反复修改和编辑。文字图层中的图层缩览图中有一个"T"符号。

文字图层的名称默认以当前输入的文字作为图层名称，便于识别。

在文字图层上不能使用众多工具进行着色和绘图，如画笔、历史记录画笔、艺术历史记录画笔、铅笔、直线、图章、渐变、橡皮擦、模糊、锐利、涂抹、加深、减淡和海绵工具等。

Photoshop中的许多命令都不能直接应用于文字图层，如"填充"命令及所有"滤镜"命令等。

STEP 26 使用相同的方法，完成其余文字内容的制作，文字效果如图4-62所示。文字内容制作完成后，儿童相册的最终效果如图4-63所示。

图 4-62 文字效果

图 4-63 儿童相册的最终效果

提示：如果要对文字图层使用Photoshop的工具和命令，必须先将文字图层转换成普通图层。执行"图层>栅格化>图层"命令或执行"图层>栅格化>文字"命令，就可以将文字图层转换为普通图层。

文字图层转换为普通图层后，将无法还原为文字图层，此时将失去文字图层的反复编辑和修改功能，所以在转换时要慎重考虑。必要时先复制一份，然后再将文字图层转换为普通图层。

即使文字图层不能使用众多的工具和命令，但可以执行"编辑>变换"子菜单中的命令，利用它们对文字进行旋转、翻转、倾斜和扭曲等操作。

制作简单唯美的相册

在制作相册时，为了突出相框和照片的质感，可以适当地为图像中的一些图层添加不同的图层样式，使相框和照片看起来更加精致。同时，可以利用图层样式和前后不同的图层排列方式使图像更具层次感。图4-64所示为制作完成的简单唯美相册。

图 4-64 制作完成的简单唯美相册

4.2.1 添加图层样式

图层样式是Photoshop中最具吸引力的功能之一，使用它可以为图像添加阴影、发光、斜面、叠加和描边等效果，从而创建具有真实质感的金属、塑料、玻璃和岩石等效果。

STEP 01 执行"文件>新建"命令，在弹出的"新建文档"对话框中，设置参数如图4-65所示。
STEP 02 单击"创建"按钮。单击"图层"面板底部的"创建新图层"按钮，使用"油漆桶工具"为画布填充颜色为RGB（192、205、146），如图4-66所示。

图 4-65 设置参数

图 4-66 填充颜色

疑难解答：添加图层样式

在Photoshop中可以在"图层样式"对话框中完成10种图层样式的添加，如果在图层中添加了样式，则该样式名称前面的复选框将显示 ☑ 标记。下面介绍几种打开"图层样式"对话框的方法。

执行"图层>图层样式"子菜单中的样式命令，打开"图层样式"对话框，并进入相应效果的设置面板。

在"图层"面板中单击"添加图层样式"按钮，在打开的下拉列表框中选择任意一种样式，即可打开"图层样式"对话框，并进入到相应效果的设置面板。

双击相应图层缩览图的空白区域，也可以打开"图层样式"对话框。在对话框左侧选择要添加的图层样式，即可切换到该样式的设置面板。

4.2.2 斜面和浮雕

"斜面和浮雕"样式是Photoshop中最复杂的一种图层样式,使用它可以为图层添加高光与阴影等,模拟现实生活中的各种浮雕效果。

STEP 03 执行"图层>图层样式"命令,在弹出的子菜单中选择"斜面和浮雕"选项,弹出"图层样式"对话框,在对话框右侧设置参数如图4-67所示。继续选择"纹理"选项,设置参数如图4-68所示。

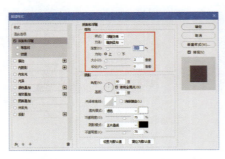
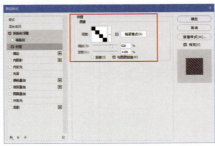

图4-67 设置"斜面和浮雕"样式参数　　　　图4-68 设置"纹理"样式参数

疑难解答:"斜面和浮雕"样式中各选项的含义

样式:在该下拉列表框中可以选择"斜面和浮雕"的样式,共有"外斜面""内斜面""浮雕效果""枕状浮雕""描边浮雕"五种样式可供选择。

方法:用来选择创建浮雕的方法,下拉列表框中提供了"平滑""雕刻清晰""雕刻柔和"三种方法。

角度/高度:"角度"选项用于设置光源的照射角度;"高度"选项用于设置光源的高度。

光泽等高线:选择一个等高线样式,为斜面和浮雕表面添加光泽,创建具有光泽的金属外观浮雕效果。

消除锯齿:可以消除由于设置了"光泽等高线"而产生的锯齿。

高光模式:用于设置高光的混合模式、颜色和不透明度。

阴影模式:用于设置阴影的混合模式、颜色和不透明度。

➡ 技术看板:显示和隐藏图层效果

打开一个PSD格式的素材文件,图像效果如图4-69所示。打开"图层"面板,单击"圆角矩形 2"图层下方的"切换所有图层效果可见性"按钮,图像效果和"图层"面板如图4-70所示。

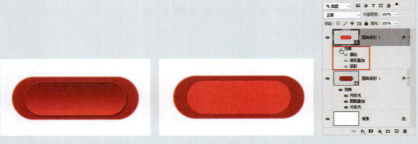

图4-69 图像效果　　　　图4-70 图像效果和"图层"面板

单击"圆角矩形1"图层下方的"切换单一图层效果可见性"按钮，如图4-71所示。单击完成后，图层的"图案叠加"效果被隐藏，图像效果如图4-72所示。再次单击"切换单一图层效果可见性"按钮，则可显示该图层效果。

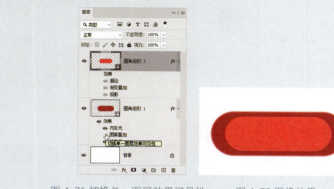

图 4-71 切换单一图层效果可见性　　　图 4-72 图像效果

4.2.3 渐变叠加

使用"渐变叠加"样式可以在图层内容上填充一种渐变颜色，通过设置"混合模式""不透明度"等选项，达到控制叠加的效果。

STEP 04 继续在"图层样式"对话框中选择"渐变叠加"选项，设置颜色从RGB（291、231、177）渐变到RGB（192、205、146），设置参数如图4-73所示，单击"确定"按钮。

STEP 05 新建图层，使用"矩形选框工具"在画布中绘制选区，设置前景色为RGB（86、142、90），使用【Alt+Delete】组合键为选区填充前景色，如图4-74所示。

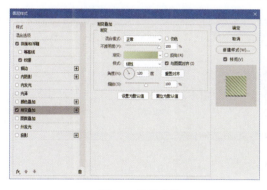 

图 4-73 设置参数　　　　　　　图 4-74 为选区填充前景色

4.2.4 投影

"投影"样式是最简单的图层样式，使用它可以创建出类似日常生活中物体投影的效果，使其产生立体感。执行"图层>图层样式>投影"命令，为图像添加"投影"效果。

STEP 06 打开"图层"面板，单击面板底部的"添加图层样式"按钮，在弹出的下拉列表中选择"投影"选项，弹出"图层样式"对话框，设置参数如图4-75所示。单击"确定"按钮，图像效果如图4-76所示。

119

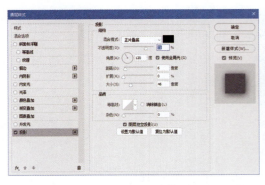

图4-75 设置参数　　　　　　　　　图4-76 图像效果

> **疑难解答："投影"样式中各选项的含义**
>
> 设置阴影颜色：单击颜色块，可以在打开的拾色器中设置投影颜色。
> 不透明度：用于调整投影的不透明度。
> 角度：用于设置投影应用图层时的光照角度，可以在文本框中输入数值或者拖动圆形内的指针进行调整。指针指向的方向为光源的方向，相反方向为投影的方向。
> 使用全局光：选择该复选框，可以保持所有光照的角度一致；取消选择该复选框时可以为不同的图层分别设置光照角度。
> 杂色：拖动滑块或输入数值可以为投影添加杂色。值很大时，投影会变为点状。
> 图层挖空投影：选择该复选框可以控制半透明图层中投影的可见性。如果当前图层的填充不透明度小于100%，则半透明图层中的投影不可见。

➡ **技术看板：使用"光泽"图层样式**

　　新建一个空白文档，使用"矩形工具"在画布中创建矩形，形状颜色为RGB（255、82、1），如图4-77所示。
　　打开"图层"面板，单击面板底部的"添加图层样式"按钮，在弹出的下拉列表中选择"光泽"选项，弹出"图层样式"对话框，设置光泽颜色为RGB（255、195、11），设置参数如图4-78所示。

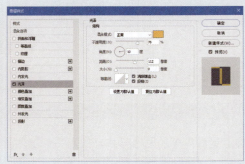

图 4-77 创建形状　　　　　　　　　图 4-78 设置参数

　　继续选择"图案叠加"选项，设置参数如图4-79所示。单击"确定"按钮，图像效果如图4-80所示。

第 4 章 图层的应用

图 4-79 设置参数　　　　　　图 4-80 图像效果

> **提示**：应用"光泽"图层样式可以在图层内部根据图层的形状应用阴影，创建出金属表面的光泽效果。该样式可通过选择不同的"等高线"来改变光泽的样式。

STEP 07 使用【Ctrl+D】组合键取消选区，执行"滤镜>扭曲>波浪"命令，弹出"波浪"对话框，设置参数如图4-81所示。单击"确定"按钮，图像变形效果如图4-82所示。

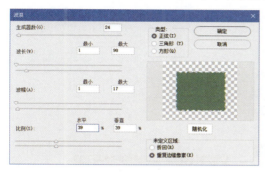

图 4-81 设置参数　　　　　　图 4-82 图像变形效果

4.2.5　颜色叠加

使用"颜色叠加"图层样式可以根据用户的需求在图层上叠加指定的颜色。

STEP 08 按【Ctrl+T】组合键调出定界框，旋转图像的角度，如图4-83所示。打开"图层"面板，单击鼠标右键，在弹出的下拉列表中选择"复制图层"选项，并使用【Ctrl+T】组合键旋转图像的角度，如图4-84所示。

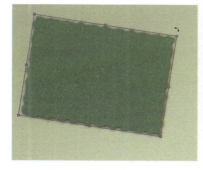

图 4-83 旋转图像的角度　　　　图 4-84 复制图层并旋转图像的角度

121

> 提示："颜色叠加""渐变叠加""图案叠加"样式效果类似于使用"纯色""渐变""图案"填充图层，只不过它们是通过图层样式的形式进行内容叠加的。综合使用三种叠加方式可以制作出好的图像效果。

➤ 技术看板：使用"图案叠加"图层样式

打开一张PSD格式的素材文件，如图4-85所示。打开"图层"面板，选中形状图层，单击面板底部的"添加图层样式"按钮，在弹出的下拉列表中选择"描边"选项，弹出"图层样式"对话框，设置参数如图4-86所示。

图 4-85 打开素材文件

图 4-86 设置参数

继续在"图层样式"对话框中选择"图案叠加"选项，设置参数如图4-87所示。单击"确定"按钮，按钮效果如图4-88所示。

图 4-87 设置参数

图 4-88 按钮效果

4.2.6 内发光

使用"内发光"样式可以制作沿图层内容的边缘向内部射光的效果。

STEP 09 单击"图层"面板底部的"添加图层样式"按钮，在弹出的下拉列表中选择"颜色叠加"选项，弹出"颜色叠加"对话框，设置参数如图4-89所示。继续选择"内发光"选项，设置参数如图4-90所示。

图 4-89 设置参数

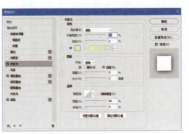
图 4-90 设置参数

第 4 章 图层的应用

疑难解答:"内发光"图层样式

混合模式:用于设置发光效果与下面图层的混合方式,默认为"滤色"。

不透明度:用于设置发光效果的不透明度。

杂色:可以在发光效果中添加随机的杂色,使光晕呈现颗粒感。

设置发光颜色:"杂色"选项下面的颜色块和颜色条用于设置发光颜色。单击色块,在弹出的"拾色器"对话框中选择发光颜色;或者单击渐变条,在弹出的"渐变编辑器"对话框中编辑发光渐变色。

方法:用于控制轮廓发光的准确程度。选择"柔和"选项,会得到模糊的发光效果,保证发光与背景过渡柔和;选择"精确"选项,可以得到精确的边缘。

源:用于控制发光光源的位置,包括"居中""边缘"两种位置。

阻塞:用于在模糊之前收缩内发光的杂色边界。

STEP 10 单击"确定"按钮,图像效果如图4-91所示。打开一张素材图像,使用"移动工具"将其拖至设计文档中,调整图像的位置和大小,如图4-92所示。

图 4-91 图像效果

图 4-92 调整图像的位置和大小

STEP 11 再次打开一张素材图像,将其拖至设计文档中,图像效果如图4-93所示。单击工具箱中的"魔术橡皮擦工具"按钮,在素材图像中的白色处单击将其删除,如图4-94所示。

图 4-93 图像效果

图 4-94 删除白色部分

提示:在制作发光效果时,如果发光物体或文字的颜色较深,发光颜色应选择明亮的颜色;反之,如果发光物体或文字的颜色较浅,则发光颜色应选择偏暗的颜色。总之,发光物体的颜色与发光颜色要有一个较强的反差,才能突出发光的效果。

技术看板:使用"外发光"图层样式

新建一个500像素×300像素的空白文档,使用"圆角矩形工具"在画布中创建形状,设置填充颜色为从RGB（255、82、1）到RGB（255、110、6）的线性渐变。使用"横排文字工具"在画布中输入文字，完成登录按钮的制作，图像效果如图4-95所示。

打开"图层"面板，单击面板底部的"添加图层样式"按钮，在弹出的下拉列表中选择"外发光"选项，弹出"图层样式"对话框，设置参数如图4-96所示。

完成对文字图层外发光效果的添加，文字效果如图4-97所示。

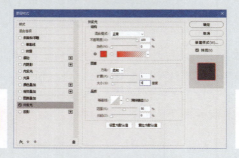

图 4-95 图像效果　　　　　图 4-96 设置参数　　　　　图 4-97 文字效果

> **提示**："外发光"样式与"内发光"样式基本相同，使用"外发光"样式可以使图像沿着边缘向图像外部产生发光的效果。

4.2.7　复制和粘贴图层样式

如果要将一个图层的样式复制到其他图层，首先选择需要复制样式的图层，执行"图层>图层样式>拷贝图层样式"命令。然后选择需要添加图层样式的图层，执行"图层>图层样式>粘贴图层样式"命令，即可将效果复制到该图层中。

STEP 12 在打开的"图层"面板中，选中"图层 2"图层，单击鼠标右键，在弹出的下拉列表中选择"拷贝图层样式"选项，如图4-98所示。

STEP 13 继续选中"图层 4"图层，单击鼠标右键，在弹出的下拉列表中选择"粘贴图层样式"选项，如图4-99所示，调整图像的大小和角度。

 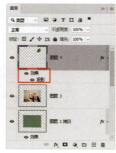 

图 4-98 拷贝图层样式　　　　图 4-99 粘贴图层样式

疑难解答：清除图层样式

如果要删除单个图层样式，可以用鼠标直接拖动该效果名称至"图层"面板底部的"删除图层"按钮上。如果要删除该图层的所有图层样式，可以将"效果"图标拖至"图层"面板底部的"删除图层"按钮上；或者执行"图层>图层样式>清除图层样式"命令。

STEP 14 移动"图层 4"图层到"图层 2 拷贝"图层的下方,"图层"面板如图4-100所示。使用相同的方法完成相似内容的制作,图像效果如图4-101所示。

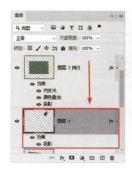

图 4-100 "图层"面板　　　　　图 4-101 图像效果

4.2.8　创建图层组

图层组类似于文件夹,可以将图层按照类别放在不同的图层组内。当关闭图层组后,在"图层"面板中将只显示图层组的名称。

STEP 15 执行"图层>新建>组"命令,弹出"新建组"对话框,设置参数如图4-102所示。选中除"背景"图层和"图层 1"图层以外的所有图层,将其移入"图像"图层组中,如图4-103所示,单击图层组前面的 图标,图层组将被收起。

图 4-102 设置参数　　　　　图 4-103 选中图层并移入组中

> **疑难解答:创建图层组的方法**
>
> 创建图层组有两种方法:一是直接单击"图层"面板中的"创建新组"按钮,就可以在当前图层上方创建图层组;二是执行"图层>新建>组"命令,弹出"新建组"对话框,输入图层组名称并设置其他选项,单击"确定"按钮,即可创建图层组。
>
> 如果要将多个图层创建在一个图层组内,可以先选择这些图层,然后执行"图层>图层编组"命令或按【Ctrl+G】组合键,即可将它们创建在一个图层组内。

> **提示**:执行"图层>新建>从图层建立组"命令,弹出"从图层新建组"对话框,设置图层组的名称、颜色和模式等属性,可以将所选图层创建在设置了特定属性的图层组内。

STEP 16 单击工具箱中的"横排文字工具"按钮,打开"字符"面板,设置字符颜色为RGB(41、82、44),设置其余参数如图4-104所示。在画布中输入文字,文字效果如图4-105所示。

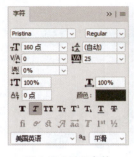

图 4-104 设置参数　　　　　　图 4-105 文字效果

> 提示:当需要取消图层组而保留图层时,可以选择该图层组,执行"图层>取消图层编组"命令或按【Shift+Ctrl+G】组合键,即可取消图层组。

4.2.9　描边

使用"描边"样式可以为图像边缘绘制不同样式的轮廓,如颜色、渐变或图案等。此功能类似于"描边"命令,但它可以修改,因此使用起来更加方便。使用该样式对于硬边形状,如文字等特别有用。

STEP 17 打开"图层"面板,单击图层面板底部的"添加图层样式"按钮,在弹出的下拉列表中选择"描边"选项,弹出"图层样式"对话框,设置描边颜色为RGB(105、112、80),设置参数如图4-106所示。

STEP 18 继续选择"内发光"选项,设置发光颜色为RGB(255、255、190),设置参数如图4-107所示。

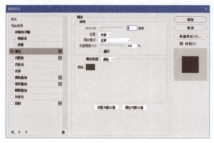
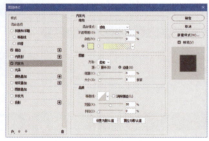

图 4-106 设置参数　　　　　　图 4-107 设置参数

疑难解答:"描边"设置面板

打开"图层样式"对话框,选择"描边"复选框,用户可在此设置描边的"颜色""大小""不透明度"等属性。

大小:设置描边宽度。

位置:设置描边的对齐位置,该下拉列表框中包括"内部""外部""居中"三个选项。

混合模式:设置描边的混合模式。

不透明度:设置描边的不透明度。

填充类型:设置描边的内容,包括"颜色""渐变""图案"三种填充类型。

4.2.10 内阴影

Photoshop提供的"内阴影"样式可以在紧靠图层内容的边缘内添加阴影，从而使图层产生凹陷的效果。在设计中，阴影效果的使用非常多，无论是图书封面，还是报纸、杂志、海报，都能看到有阴影效果的文字。

STEP 19 继续在打开的"图层样式"对话框中选择"内阴影"选项，设置参数如图4-108所示。继续选择"外发光"选项，设置参数如图4-109所示。

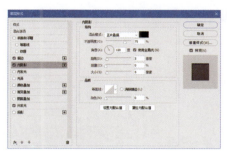
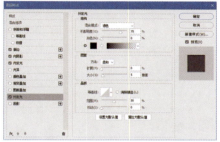

图 4-108 选择"内阴影"选项并设置参数　　图 4-109 选择"外发光"选项并设置参数

> **疑难解答："内阴影"设置面板**
>
> "内阴影"与"投影"的选项设置方式基本相同。它们的不同之处在于"投影"是图层对象背后产生的阴影，通过"扩展"选项来控制投影边缘的渐变程度，从而产生投影的视觉效果；而"内阴影"则是通过"阻塞"选项来控制的。"阻塞"可以在模糊之前收缩内阴影的边界，与"大小"选项相关联，"大小"值越高，设置的"阻塞"范围就越大。

距离：设置阴影的位移。

阻塞：进行模糊处理前缩小图层蒙版。

大小：确定阴影大小。

等高线：在阴影模式下为图层增加不透明度的变化。

STEP 20 继续在"图层样式"对话框中选择"投影"选项，设置参数如图4-110所示。单击"确定"按钮，图像的最终效果如图4-111所示。

图 4-110 设置参数　　图 4-111 图像的最终效果

➡ **技术看板：使用"样式"面板制作文字效果**

新建一个空白文档，单击工具箱中的"横排文字工具"按钮，在画布中输入文字，如图4-112所示。为文字添加"投影"图层样式，文字效果和"图层"面板如图4-113所示。

图 4-112 输入文字　　　　　图 4-113 文字效果和"图层"面板

执行"窗口>样式"命令，打开"样式"面板，单击选中某一样式，如图4-114所示，文字将会应用此样式，文字效果如图4-115所示。

图 4-114 选中某一样式　　　　　图 4-115 文字效果

疑难解答："样式"面板

在Photoshop中，"样式"面板提供了预设样式，选择一个图层，然后单击"样式"面板中的一个样式，即可为所选图层添加该样式。单击面板右上角的 ≡ 按钮，打开面板菜单。

选择要应用样式的图层，单击"样式"面板中需要应用的样式按钮，即可快速将样式应用到指定图层。最近使用的样式将被显示在"样式"面板的顶部，方便用户再次使用。

4.3　制作简单的合成照片

设计师在编辑作品时，有时会设计几套不同的方案供客户选择。当作品需要展示时，可以选择使用"图层复合"面板切换方案，图4-116所示为原始照片，图4-117所示为合成后的照片。

图 4-116 原始照片　　　　　图 4-117 合成后的照片

4.3.1 智能对象

使用"智能对象"可以允许来自图像或者图层的内容在Photoshop程序之外被编辑，常见的是用Illustrator软件编辑矢量图。如果在其他程序中编辑智能对象，当编辑完成返回Photoshop后，编辑的结果会应用到该图像中。

STEP 01 执行"文件>打开"命令，在弹出的"打开"对话框中选中图像，单击"打开"按钮，图像效果如图4-118所示。执行"窗口>字符"命令，打开"字符"面板，设置相应参数，使用"横排文字工具"在画布上输入文字，如图4-119所示。

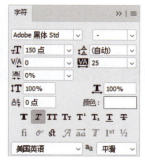

图 4-118 图像效果　　　　　　　　　图 4-119 设置字符参数并输入文字

STEP 02 打开放置素材图像的文件夹，选中素材图像将其拖至设计文档中，按【Enter】键确认，如图4-120所示。

STEP 03 打开"图层"面板，单击鼠标右键，在弹出的下拉列表中选择"栅格化图层"选项，或者执行"图层>栅格化>智能对象"命令，如图4-121所示。

图 4-120 打开智能文件　　　　　　　图 4-121 栅格化智能对象

疑难解答：智能对象

智能对象是一个嵌入在当前文件中的文件，它可以是位图，也可以是在Illustrator中创建的矢量图像。在Photoshop中对智能对象进行处理时，不会直接应用对象的源数据，因此，不会给源数据造成任何实质性的破坏。

创建智能对象：在Photoshop中选择所需要的图层（或多个图层和图层组），然后执行"图层＞智能对象＞转换为智能对象"命令，即可将图层转换为智能对象。

编辑智能对象：在"图层"面板中选中相应的智能对象，执行"图层＞智能对象＞编辑内容"命令，或者直接双击智能对象的缩览图，即可将智能对象内容在新窗口或新软件中打开。

创建非链接的智能对象：选择滤镜智能图层，执行"图层＞智能对象＞通过拷贝新建智能对象"命令。新智能对象与原智能对象各自独立，编辑其中任何一个将对其他智能对象无影响。

替换智能对象内容：选择将要被替换的智能对象，执行"图层＞智能对象＞替换内容"命令，在弹出的对话框中找到要替换的文件，单击"置入"按钮，新内容就会被置入到智能对象中，链接的智能对象也会被更新。

导出智能对象内容：在"图层"面板中选择要导出的智能图层，然后执行"图层＞智能对象＞导出内容"命令，弹出"另存为"对话框，选择存储的位置和文件名，即可将其导出。

图层堆栈模式：用户可以执行"图层＞智能对象＞堆栈模式"命令，在子菜单中选择相应的混合模式编辑图像。

4.3.2 "图层复合"面板

"图层复合"是"图层"面板状态的快照，它记录了当前文件中图层的可见性、位置和外观（包括图层的不透明度、混合模式及图层样式等），通过图层复合可以快速地在文档中切换不同版面的显示。

STEP 04 执行"窗口>图层复合"命令，打开"图层复合"面板，单击"图层复合"面板上的"创建新的图层复合"按钮，弹出"新建图层复合"对话框，设置参数如图4-122所示。单击"确定"按钮，"图层复合"面板如图4-123所示。

图 4-122 设置参数

图 4-123 "图层复合"面板

STEP 05 切换到"图层"面板中，将"4302"图层隐藏，如图4-124所示。执行"文件>打开"命令，打开素材图像，使用"移动工具"将其拖至设计文档中，如图4-125所示。

图 4-124 隐藏图层　　　　　图 4-125 打开图像

STEP 06 切换到"图层复合"面板中，单击"图层复合"面板上的"创建新的图层复合"按钮，弹出"新建图层复合"对话框，设置参数如图4-126所示。单击"确定"按钮，创建一个新的图层复合案例，如图4-127所示。

图 4-126 设置参数

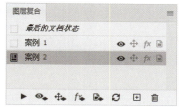
图 4-127 创建一个新的图层复合案例

疑难解答:"图层复合"面板

执行"窗口>图层复合"命令,打开"图层复合"面板,在"图层复合"面板中可以创建、编辑、显示和删除图层复合,如图4-128所示。

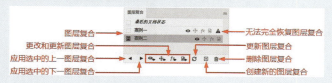
图 4-128 "图层复合"面板

无法完全恢复图层复合:如果在"图层"面板中进行了删除图层、合并图层、将图层转换为背景,或者转换颜色模式等操作,有可能会影响到其他图层复合所涉及的图层,甚至不能够完全恢复图层复合,在这种情况下,图层复合名称右侧会出现警告标志。

STEP 07 通过图层复合记录了两套设计方案,在"图层复合"面板中的"案例1""案例2"的名称前单击,显示出应用图层复合图标,图像窗口中将会显示此图层复合记录的快照,如图4-129所示。

图 4-129 图层复合快照效果

STEP 08 可以在"图层复合"面板中单击"应用选中的上一图层复合""应用选中的下一图层复合"按钮循环切换,如图4-130所示。

图 4-130 图层复合快照效果

4.3.3 盖印图层

盖印图层是一种类似于合并图层的操作，它可以将多个图层的内容合并为一个目标图层，同时保持其他图层完好。如果想要得到某些图层的合并效果，而又要保持原图层完整，盖印图层是最佳的解决办法。

按【Ctrl+Alt+Shift+E】组合键可以将当前图层下方的所有可见图层盖印至一个新的图层中，原图层内容保持不变，如图4-131所示。

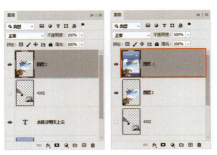

图 4-131 盖印图层

疑难解答：盖印图层
盖印单个图层：选择一个图层，按【Ctrl+Alt+E】组合键，可以将该图层中的图像盖印到下面图层中，原图像内容保持不变。在Photoshop中，盖印多个图层有两种情况：一是不包括"背景"图层的盖印；二是包括"背景"图层的盖印。 盖印多个图层：选中多个图层，按【Ctrl+Alt+E】组合键，可以创建一个包含所有盖印图层内容的新图层，原图层内容保持不变。进行盖印的图层可以是连续的，也可以是不连续的。 盖印可见图层：选择任意图层，按【Shift+Ctrl+Alt+E】组合键，可以将当前所有可见图层（包括"背景"图层）盖印至一个新的图层中，原图层内容保持不变，新盖印的图层出现在被选中图层的上面。 盖印图层组：在"图层"面板中选择图层组，按【Ctrl+Alt+E】组合键，可以将组中的所有图层盖印到一个新的图层中，原图层组和组中的图层内容保持不变。

第 5 章　图像的修饰和美化

在日常工作中，经常要对图像进行修饰与润色，Photoshop 提供了一些修饰、润色图像的工具，熟练掌握这些工具能够快速地对图像进行修复、润色处理，从而提高工作效率。

Photoshop 2021中文版
入门、精通与实战

5.1 修复破损图像

　　如果图像出现了"人物脸上有明显的疤痕和痘印"或"衣物破损"等现象，可以通过"修补工具""污点修复画笔工具"来消除人物皮肤上的疤痕和痘印；使用"仿制图章工具"来修复破损的衣物，经过修复的图像效果如图5-1所示。

图 5-1 图像效果

5.1.1 污点修复画笔工具

　　使用"污点修复画笔工具"可以快速去除图像中的污点、划痕和其他不理想的部分。它可以使用图像或图案中的样本像素进行绘画，并将样本像素的纹理、光照、透明度和阴影与所修复的像素匹配，还可以自动从所修饰区域的周围取样。

STEP 01 打开素材图像，使用【Ctrl+J】组合键复制图像，得到"图层 1"图层，如图5-2所示。执行"图像>自动色调"命令，图像效果如图5-3所示。

图 5-2 复制图像得到"图层 1"　　　　图 5-3 图像效果

STEP 02 单击工具箱中的"污点修复画笔工具"按钮，将笔触调整到15~25，在画布中人物的面部处连续单击，修复如图5-4所示的人物皮肤。

STEP 03 继续使用"污点修复画笔工具"在人物面部上涂抹，修复后的效果如图5-5所示。

图 5-4 修复人物皮肤　　　　图 5-5 修复后的效果

疑难解答:"污点修复画笔工具"选项栏

"污点修复画笔工具"选项栏如图5-6所示。

图5-6 "污点修复画笔工具"选项栏

模式:用来设置修复图像时使用的混合模式。除"正常""正片叠底""滤色"等模式外,该工具还包含一个"替换"模式,选择"替换"模式时,可以保留画笔描边边缘处的杂色、胶片颗粒和纹理效果。

类型:用来设置修复的方法。①单击"内容识别"按钮,当对图像的某一区域进行覆盖填充时,由软件自动分析周围图像的特点,将图像进行拼接组合后填充在该区域并进行融合,从而达到快速无缝的拼接效果。②单击"创建纹理"按钮,可以使用选区中的所有像素创建一个用于修复该区域的纹理,如果纹理不起作用,可以尝试再次拖过区域。③单击"近似匹配"按钮,可以使用选区边缘周围的像素来查找要用作选定区域修补的图像区域。

对所有图层取样:选择该复选框,可以从所有可见图层中对数据进行取样;取消选择该复选框,则只从当前图层中取样。

技术看板:"红眼工具"的使用方法

打开素材图像,使用【Ctrl+J】组合键复制图层,得到"图层1"图层,如图5-7所示。单击工具箱中的"红眼工具"按钮,单击画布中人物左眼的红色部分,如图5-8所示。

图5-7 复制图层　　　　　　图5-8 单击画布中人物左眼的红色部分

单击完成后,图像中人物左眼的红色部分被修正为正常瞳色,如图5-9所示。使用相同的方法修正人物右眼的红眼部分,修复后的图像效果如图5-10所示。

图5-9 左眼的红色部分被修正为正常瞳色　　图5-10 修复后的图像效果

提示:在光线较暗的环境下,使用数码相机拍摄人物会出现红眼现象。这是由于闪光灯闪光时使人眼的瞳孔瞬时放大,视网膜上的血管被反射到底片上,从而产生红眼现象。

5.1.2 仿制图章工具

使用"仿制图章工具"可以将图像中的像素复制到其他图像或同一图像的其他部分，可以在同一图像的不同图层间进行复制，对于复制图像或覆盖图像中的缺陷十分重要。

STEP 04 单击工具箱中的"仿制图章工具"按钮，按住【Alt】键并在图像中单击进行取样，如图5-11所示。单击需要修复的区域，使笔刷范围内的图像被修复，如图5-12所示。

图 5-11 单击取样

图 5-12 修复图像

疑难解答："仿制图章工具"选项栏

"仿制图章工具"选项栏如图5-13所示。

图 5-13 "仿制图章工具"选项栏

切换仿制源面板：单击该按钮，可以打开"仿制源"面板。

对齐：选择该复选框，将对像素进行连续取样。

样本：如果要从当前图层及其下方的可见图层取样，可以选择"当前和下方图层"选项；如果仅从当前图层取样，请选择"当前图层"选项；如果要从所有可见图层取样，请选择"所有图层"选项。

STEP 05 连续单击需要修复的区域，图像的修复效果如图5-14所示。使用相同的方法完成黄色草帽右侧边缘内容的修复，图像效果如图5-15所示。

图 5-14 修复效果

图 5-15 图像效果

疑难解答："仿制源"面板

无论是"仿制图章工具"还是"修复画笔工具"，都可以通过"仿制源"面板进行设置。执行"窗口>仿制源"命令，打开"仿制源"面板，如图5-16所示。

"仿制源"按钮：在使用"仿制图章工具""修复画笔工具"时，按住【Alt】键在图像上单击，可以设置取样点。单击不同的"仿制源"按钮，可以设置不同的取样点，最多可以设置五个。

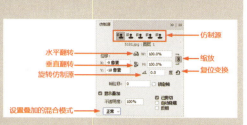

图 5-16 "仿制源"面板

位移：指定"X"（水平位移）和"Y"（垂直位移）的数值，可以在相对于取样点的精确位置进行绘制。

水平翻转：单击该按钮，可水平翻转仿制源。

垂直翻转：单击该按钮，可垂直翻转仿制源。

缩放：输入"W"（水平缩放比例）和"H"（垂直缩放比例）的数值，可缩放仿制源。

旋转仿制源：在该文本框中输入旋转的角度，可以旋转仿制源。

复位变换：单击该按钮，可以将样本源复位到其初始的大小和方向。

帧位移/锁定帧：在"帧位移"文本框中输入帧数，可以使用与初始取样的帧相关的特定帧进行绘制。输入正值时，要使用的帧在初始取样的帧之后；输入负值时，要使用的帧在初始取样的帧之前。如果选择"锁定帧"复选框，则总是使用与初始取样相同的帧进行绘制。

显示叠加：选择该复选框并指定叠加选项，可以在使用"仿制图章工具""修复画笔工具"时，更好地查看叠加及下面的图像。

不透明度：用来设置叠加图像的不透明度。

已剪切：选择该复选框，可以将叠加剪切到画笔大小。

自动隐藏：选择该复选框，可以在应用绘画描边时隐藏叠加。

反相：选择该复选框，可以反相叠加中的颜色。

设置叠加的混合模式：用户可以在该下拉列表框中设置叠加的混合模式，共有"正常""变暗""变亮""差值"四种模式。

技术看板："魔术橡皮擦工具"的使用方法

打开一张素材图像，图像效果如图5-17所示。单击工具箱中的"魔术橡皮擦工具"按钮，单击画布中的白色背景，即可擦除画布中所有的白色背景，如图5-18所示。

图 5-17 图像效果

图 5-18 擦除白色背景

疑难解答:"魔术橡皮擦工具"选项栏

使用"魔术橡皮擦工具"可以擦除图像中的颜色,该工具的独特之处在于使用它可以擦除一定容差值内的相邻颜色。擦除颜色后背景色不会取代擦除颜色,而是变成透明图层。"魔术橡皮擦工具"选项栏如图5-19所示。

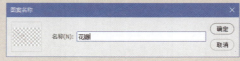

图 5-19 "魔术橡皮擦工具"选项栏

容差:用来设置可擦除的颜色范围。低容差值会擦除颜色值范围内与单击点像素非常相似的像素,高容差值可擦除范围更广的像素。

消除锯齿:选择该复选框,可以使擦除区域的边缘变得平滑。

连续:选择该复选框,只擦除与单击点像素邻近的像素;取消选择该复选框时,可擦除图像中所有相似的像素。

➡ 技术看板:"图案图章工具"的使用方法

打开一张名称为"2.png"的素材图像,如图5-20所示。执行"编辑>定义图案"命令,弹出"定义图案"对话框,输入名称,如图5-21所示。

图 5-20 打开素材图像   图 5-21 输入名称

再次打开一张素材图像,如图5-22所示。新建一个图层,单击工具箱中的"图案图章工具"按钮,在选项栏中选择刚刚定义好的图案,在画布中沿着人物的服饰进行涂抹,如图5-23所示。

图 5-22 打开素材图像   图 5-23 涂抹图案

疑难解答:"图案图章工具"选项栏

使用"图案图章工具"可以利用Photoshop提供的图案或自定义的图案进行绘画。"图案图章工具"选项栏如图5-24所示。

图 5-24 "图案图章工具"选项栏

图案：单击该图案右侧的下拉按钮，打开"图案"拾色器，可以选择使用一种图案。

对齐：选择该复选框，可以保持填充图案与原始起点的连续性，即使多次单击，也可以连接填充。取消选择该复选框，则每次单击都将重新开始填充图案。

印象派效果：选择该复选框，可以为图案添加模糊的印象派效果。取消选择该复选框，绘制出的图案将清晰可见。

按【Ctrl+T】组合键调出定界框，缩小图像，如图5-25所示。单击工具箱中的"橡皮擦工具"按钮，擦除图中人物身上多余的花瓣，如图5-26所示。

图 5-25 缩小图像　　　　　图 5-26 擦除人物身上多余的花瓣

疑难解答："橡皮擦工具"选项栏

使用"橡皮擦工具"可以擦除图像颜色，如果在"背景"图层或锁定了透明区域的图像中使用该工具，被擦除的部分会显示为背景色；处理其他图层时，可擦除涂抹区域的任何像素。"橡皮擦工具"选项栏如图5-27所示。

图 5-27 "橡皮擦工具"选项栏

模式：用于设置橡皮擦的种类。该下拉列表框中包括"画笔""铅笔""块"三个选项。

不透明度：用来设置工具的擦除强度。"不透明度"为100%时表示完全擦除像素，较低的不透明度将擦除部分像素。将"模式"设置为"块"选项时，不能使用"不透明度"选项。

流量：用于控制工具的涂抹速度。

抹到历史记录：选择该复选框，在"历史记录"面板中选择一个状态或快照，在擦除时可以将图像恢复为指定状态。

5.1.3 修补工具

使用"修补工具"可以用其他区域或图案中的像素来修复选中的区域。与"修复画笔工具"一样，"修补工具"会将样本像素的纹理、光照和阴影与源像素进行匹配，但使用"修补工具"需要建立选区来定位修补范围。

STEP 06 单击工具箱中的"修补工具"按钮,在画布中人物的头发上建立选区,如图5-28所示。向下和向右移动选区,修补效果如图5-29所示。

图 5-28 创建选区　　　　　　　　　图 5-29 修补效果

疑难解答:"修补工具"选项栏

"修补工具"选项栏的"修补"下拉列表框中包含"正常""内容识别"两个选项。当选择"正常"选项时,将显示"源""目标""透明"等选项,如图5-30所示。

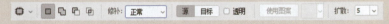

图 5-30 "修补工具"选项栏

源:选择该选项时,将选区拖至要修补的区域松开鼠标后,该区域的图像会修补原来的选项。

目标:选择该选项时,将选区拖至其他区域时,可以将原区域内的图像复制到该区域。

透明:选择"透明"复选框,可以使修补的图像与原图像产生透明的叠加效果。当在"修补"下拉列表框中选择"内容识别"选项时,将显示"结构""颜色"等选项,如图5-31所示。

图 5-31 "修补工具"选项栏

结构:在文本框中输入1~7的某个值,以指定修补的近似程度。如果输入7,则修补内容将严格遵循现有图像的图案;如果输入1,则修补内容将不会严格遵循现有图像的图案。

颜色:在文本框中输入0~10的某个值,以指定Photoshop在多大程度上对修补内容应用算法颜色混合。如果输入0,将禁用颜色混合;如果输入10,将应用最大颜色混合。

STEP 07 使用【Ctrl+D】组合键取消选区,图像效果如图5-32所示。使用相同的方法完成相似内容的操作,修复后的图像效果如图5-33所示。

图 5-32 图像效果　　　　　　　　　图 5-33 修复后的图像效果

STEP 08 执行"滤镜>锐化>USM锐化"命令,弹出"USM锐化"对话框,设置参数如图5-34所示。单击"确定"按钮,图像的最终效果如图5-35所示。

图 5-34 设置参数　　　　　图 5-35 图像的最终效果

技术看板:"内容感知移动工具"的使用方法

打开一张素材图像,如图5-36所示。使用【Ctrl+J】组合键复制图层,单击工具箱中的"内容感知移动工具"按钮,在画布中沿金鱼的边缘单击并拖曳鼠标光标创建选区,如图5-37所示。

图 5-36 打开素材图像　　　　　图 5-37 创建选区

创建选区后,使用"内容感知移动工具"移动选区,如图5-38所示。移至合适位置后,松开鼠标并取消选区确认移动,移动后的图像效果如图5-39所示。

图 5-38 移动选区　　　　　图 5-39 移动后的图像效果

疑难解答:"内容感知移动工具"选项栏

使用"内容感知移动工具"可以将图像中的对象移至图像的其他位置,并在对象原来的位置自动填充附近的图像。单击工具箱中的"内容感知移动工具"按钮,选项栏如图5-40所示。

图 5-40 "内容感知移动工具"选项栏

模式:用来设置移动选区内对象的方式,该下拉列表框中包括"移动""扩展"两个选项。

选择"移动"选项时,选区内的对象将被移动到鼠标指定的位置,对象原来的位置将自动填充附近的图像。选择"扩展"选项时,选区内的对象将被移动到鼠标指定的位置,而原来位置上的对象不会发生变化。

投影时变换:选择该复选框,将允许旋转和缩放选区。

调整图像的进深感

修饰和美化图像还可以使用"模糊工具""锐化工具""涂抹工具",使用这些工具修饰图像的局部细节特别方便——在图像中单击并拖动鼠标光标即可完成。图5-41所示为调整进深感后的图像效果。

图 5-41 调整进深感后的图像效果

5.2.1 模糊工具

"模糊工具"的操作非常简单,在有杂点或折痕的地方按住鼠标左键并拖曳涂抹即可。

STEP 01 打开一张素材图像,使用【Ctrl+J】组合键复制图层,得到"图层1"图层,如图5-42所示。单击工具箱中的"模糊工具"按钮,调整笔触大小,如图5-43所示。

图 5-42 复制图层

图 5-43 调整笔触大小

> **疑难解答:"模糊工具"选项栏**
>
> 单击工具箱中的"模糊工具"按钮,其选项栏如图5-44所示。
>
> 图 5-44 "模糊工具"选项栏
>
> 使用"模糊工具"可以柔化图像的边缘,减少图像的细节。该工具经常被用于修正扫描图像,因为在扫描图像时很容易出现一些杂点或折痕,如果使用"模糊工具"稍加修饰,就可以使杂点与周围像素融合在一起,使图像看上去比较平顺。

> 技术看板："修复画笔工具"的使用方法

　　打开一张素材图像,使用【Crtl+J】组合键复制图层,如图5-45所示。
　　单击工具箱中的"修复画笔工具"按钮,笔触大小为40像素,按【Alt】键在人物皮肤上单击进行取样,再单击人物图像中的瑕疵,如图5-46所示。图像被修复,图像修补效果如图5-47所示。

图 5-45 复制图层　　　　图 5-46 单击人物图像中的瑕疵　　　　图 5-47 图像修补效果

　　提示:"修复画笔工具"与"仿制图章工具"类似,也可以利用图像或图案中的样本像素来修复图像。但该工具可以从被修饰区域的周围取样,使用图像或图案中的样本像素进行绘画,并将样本的纹理、光照、透明度和阴影等与所修复的像素匹配,从而去除照片中的污点和划痕,修复后的效果不会产生人工修复的痕迹。

STEP 02 使用"模糊工具"在画布中的花朵处进行涂抹,如图5-48所示。调整笔触大小,继续在画布中的根茎处进行涂抹,如图5-49所示。

图 5-48 在花朵处进行涂抹　　　　图 5-49 在根茎处进行涂抹

5.2.2 锐化工具

　　使用"锐化工具"可以增强图像中相邻像素之间的对比,提高图像的清晰度。

STEP 03 单击工具箱中的"锐化工具"按钮,在人物的脸部和颈部进行涂抹,图5-50所示为涂抹前的图像效果,图5-51所示为涂抹后的图像效果。

图 5-50 涂抹前的图像效果　　　　图 5-51 涂抹后的图像效果

> **疑难解答:"锐化工具"选项栏**
>
> 单击工具箱中的"锐化工具"按钮,其选项栏如图5-52所示。
>
>
>
> 图 5-52 "锐化工具"选项栏
>
> 使用"锐化工具"在图像模糊的地方按住鼠标左键并拖曳涂抹即可完成锐化操作。选择选项栏中的"保护细节"复选框,可以在锐化的过程中很好地保护图像的细节。

STEP 04 继续在人物的手指部分进行涂抹,图像效果如图5-53所示。新建图层并设置前景色为白色,使用"画笔工具"在图像左上方单击进行绘制,如图5-54所示。

图 5-53 图像效果　　　　　　　　图 5-54 绘制图像

> **小技巧**:使用"模糊工具"时,按住【Alt】键可以临时切换到"锐化工具"的使用状态,松开【Alt】键则返回"模糊工具"的使用状态。同样,使用相同的方法,可以将"锐化工具"临时转换为"模糊工具"。

➡ 技术看板:使用"背景橡皮擦工具"擦除图像的背景

打开一张素材图像,如图5-55所示。

单击工具箱中的"背景橡皮擦工具"按钮,在选项栏中设置"容差"值为30%,将光标移至花朵周围,按下鼠标左键拖曳即可擦除背景,如图5-56所示。

图 5-55 打开素材图像　　　　　　图 5-56 擦除背景

> **提示**:"背景橡皮擦工具"是一种智能橡皮擦,它具有自动识别对象边缘的功能,可采集画笔中心的色样,并删除在画笔内出现的这种颜色,使擦除区域变成透明区域。

继续使用相同的方法将花朵的背景擦除，效果如图5-57所示。

图 5-57 擦除背景图像效果

疑难解答："背景橡皮擦工具"选项栏

"背景橡皮擦工具"是一种智能橡皮擦，它具有自动识别对象边缘的功能，可采集画笔中心的色样，并删除在画笔内出现的这种颜色，使擦除区域变成透明区域。"背景橡皮擦工具"选项栏如图5-58所示。

图 5-58 "背景橡皮擦工具"选项栏

取样：用来设置取样方式。①按下"取样：连续"按钮后，在拖动鼠标时可连续对颜色取样。如果光标中心的十字线碰触到需要保留的对象，也会将其擦除。②按下"取样：一次"按钮后，只擦除包含第一次单击点颜色的区域。③按下"取样：背景色板"按钮后，只擦除包含背景色的区域。

限制：用来设置擦除时的限制模式。该下拉列表框中包括"不连续""连续""查找边缘"三个选项。选择"不连续"选项时，可擦除出现在光标下任何位置的样本颜色。选择"连续"选项时，只擦除包含样本颜色并且相互连接的区域。选择"查找边缘"选项时，可擦除包含样本颜色的连接区域，同时更好地保留形状边缘的锐化程度。

容差：用来设置颜色的容差范围。数值越大，擦除的颜色范围就越大；数值越小，则只能擦除与样本颜色非常相似的颜色。

保护前景色：选择该复选框，可以防止擦除与当前工具箱中前景色相匹配的颜色。也就是说，如果图像中的颜色与工具箱中的前景色相同，那么这种颜色将受到保护，不会被擦除。

5.2.3 涂抹工具

使用"涂抹工具"可以拾取单击点的颜色，并沿拖移的方向展开这种颜色，模拟出类似手指拖过湿油漆时的效果。

STEP 05 单击工具箱中的"涂抹工具"按钮，调整笔触大小，在画布中的左上角处单击拖曳光标，为图像制作光照效果，如图5-59所示。修改图层的"不透明度"为80%，图像效果如图5-60所示。

图 5-59 制作光照效果　　　　图 5-60 图像效果

疑难解答:"涂抹工具"选项栏

单击工具箱中的"涂抹工具"按钮,其选项栏如图5-61所示。选择"手指绘画"复选框,可以在涂抹时添加前景色;取消选择该复选框,则使用每个描边起点处光标所在位置的颜色进行涂抹。

图 5-61 "涂抹工具"选项栏

5.3 对图像进行润色

在Photoshop的工具箱中有一组修饰工具,包括"减淡工具""加深工具""海绵工具",其作用是修饰图像。利用这些工具可以改善图像色调、色彩的饱和度,使图像看起来更加平衡、饱满。润色后的图像效果如图5-62所示。

图 5-62 图像效果

5.3.1 减淡工具

"减淡工具"是色调工具,使用该工具可以改变图像特定区域的曝光度,使图像变亮。

STEP 01 打开一张素材图像,使用【Ctrl+J】组合键复制图层,得到"图层 1"图层,如图5-63所示。单击工具箱中的"减淡工具"按钮,调整笔触为200像素,在图像中涂抹人物的肌肤、衣服和头纱等部分,图像效果如图5-64所示。

图 5-63 复制图层

图 5-64 图像效果

疑难解答:"减淡工具"选项栏

使用"减淡工具"可以提高图像特定区域的曝光度,使图像变亮。单击工具箱中的"减淡工具"按钮,其选项栏如图5-65所示。

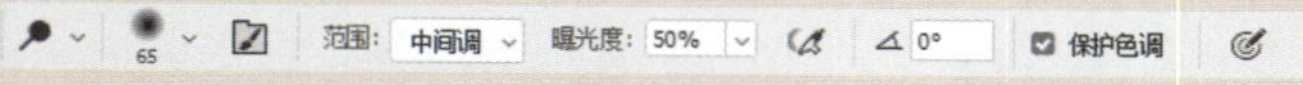

图 5-65 "减淡工具"选项栏

范围:可以选择不同的色调进行修改。该下拉列表框中包括"阴影""中间调""高光"三个选项:①选择"阴影"选项,可以处理图像的暗色调;②选择"中间调"选项,可以处理图像的中间调,即灰色的中间范围色调;③选择"高光"选项,可以处理图像的亮部色调。

曝光度:为减淡工具指定曝光。该值越高,效果越明显。

启用喷枪样式的建立效果:单击该按钮,可为画笔开启喷枪功能。

保护色调:选择该复选框,可以保护图像的色调不受影响。

技术看板:使用"历史记录画笔工具"实现面部磨皮

打开一张素材图像,使用【Ctrl+J】组合键复制图层,如图5-66所示。单击工具箱中的"模糊工具"按钮,在人物脸部进行涂抹,图像效果如图5-67所示。

图 5-66 复制图层

图 5-67 图像效果

执行"窗口>历史记录"命令,打开"历史记录"面板,单击"通过拷贝的图层"历史记录前的按钮,将其指定为绘画源,如图5-68所示。单击工具箱中的"历史记录画笔工具"按钮,在人物的眼睛、嘴巴和鼻子处进行涂抹,完成面部磨皮,如图5-69所示。

图 5-68 指定绘画源　　　　　图 5-69 完成面部磨皮

疑难解答："历史记录画笔工具"选项栏

使用"历史记录画笔工具"可以将图像还原到编辑过程中的某一步骤状态，或者将部分图像恢复原样。该工具需要配合"历史记录"面板使用。"历史记录画笔工具"选项栏如图5-70所示。

图 5-70 "历史记录画笔工具"选项栏

5.3.2 加深工具

使用"加深工具"可以降低图像特定区域的曝光度，使图像变暗。单击工具箱中的"加深工具"按钮，其选项栏中的各选项与"减淡工具"的使用方法一致，这里就不再赘述。

STEP 02 单击工具箱中的"加深工具"按钮，在选项栏中设置"范围"为"高光"，笔触大小为250像素，在画布右上角的树叶处进行涂抹，如图5-71所示。继续在画布左下角的树叶处进行涂抹，如图5-72所示。

图 5-71 在画布右上角的树叶处进行涂抹　　图 5-72 在画布左下角的树叶处进行涂抹

小技巧："减淡工具""加深工具"的功能与"亮度/对比度"命令中的"亮度"功能基本相同，不同的是使用"亮度/对比度"命令可以对整个图像的亮度进行控制，而"减淡工具""加深工具"可根据用户的需要对指定的图像区域进行亮度控制。

➢ 技术看板：使用"渐隐"命令为人物面部磨皮

打开一张素材图像，如图5-73所示。打开"图层"面板，将"背景"图层拖至"创建新图层"按钮上，得到"背景 拷贝"图层，如图5-74所示。执行"滤镜>模糊>高斯模糊"命令，弹出"高斯模糊"对话框,设置参数如图5-75所示。

图5-73 打开图像　　　　图5-74 复制图层　　　　图5-75 设置参数

单击"确定"按钮,图像效果如图5-76所示。执行"编辑>渐隐高斯模糊"命令,弹出"渐隐"对话框,设置参数如图5-77所示。

图5-76 图像效果　　　　　　　图5-77 设置参数

疑难解答:"渐隐"命令

使用"渐隐"命令可以更改滤镜、绘画工具、橡皮擦工具或颜色调整的不透明度和混合模式。执行"编辑>渐隐"命令,弹出"渐隐"对话框,如图5-78所示。

应用"渐隐"命令类似于在一个单独的图层上应用滤镜效果,然后再使用图层"不透明度""混合模式"设置图像效果。

图5-78 "渐隐"对话框

单击"确定"按钮,图像效果如图5-79所示。打开"图层"面板,单击面板底部的"添加图层蒙版"按钮,为图层添加图层蒙版。设置前景色为黑色,使用"画笔工具"在除人物脸部的部分进行涂抹,如图5-80所示。

图5-79 图像效果　　　　图5-80 在除人物脸部的部分进行涂抹

149

> **技术看板**：使用"内容识别填充"命令去除图像中的人物

打开一张素材图像，在工具箱中单击"对象选择工具"按钮，单击选项栏中的"选择主体"按钮，创建如图5-81所示的人物选区。

使用"对象选择工具"将人物垂直的发丝添加到选区中，执行"选择>修改>扩展"命令，在弹出的"扩展选区"对话框中设置参数，如图5-82所示。

图 5-81 创建人物选区　　　　　图 5-82 添加选区并设置参数

单击"确定"按钮，选区效果如图5-83所示。执行"编辑>内容识别填充"命令，进入内容识别填充工作区，如图5-84所示。

图 5-83 选区效果　　　　　图 5-84 进入内容识别填充工作区

> **提示**：使用"内容识别填充"命令可以创建交互式编辑体验，从而达到无缝填充效果。用户可以利用内容识别技术填充图像中选定部分的取样区域，获取更改的实时全分辨率预览，以及将结果输出到新图层。

系统自动为选区填充图像内容，在"内容识别填充"面板中勾选"缩放""镜像"复选框，完成后单击"确定"按钮，再按【Ctrl+D】组合键取消选区，图像效果如图5-85所示。"图层"面板如图5-86所示。

图 5-85 图像效果　　　　　图 5-86 "图层"面板

> **疑难解答："内容识别填充"命令**
>
> 显示取样区域：选择该复选框，可将取样区域或已排除区域显示为文档窗口中图像的叠加。
>
> 不透明度：设置文档窗口中所显示叠加的不透明度。
>
> 颜色：为文档窗口中所显示的叠加指定颜色。
>
> 指示：显示取样或已排除区域中的叠加。
>
> 自动：选择此选项可以使用类似于填充区域周围的内容，如图5-87所示。
>
> 矩形：选择此选项可以使用填充区域周围的矩形区域，如图5-88所示。
>
> 自定：选择此选项可以手动定义取样区域。使用"取样画笔工具"添加到取样区域，如图5-89所示。
>
>
>
> 图5-87 自动填充区域　　　　图5-88 矩形填充区域　　　　图5-89 自定填充区域
>
> 对所有图层取样：选择该复选框，可以从文档的所有可见图层对源像素进行取样。
>
> 重置取样区域：单击该按钮，将取样区域恢复至默认状态。
>
> 颜色适应：允许调整对比度和亮度以取得更好的匹配度。此设置用于填充包含渐变颜色或纹理变化的内容。
>
> 旋转适应：允许旋转内容取得更好的匹配度。此设置用于填充包含旋转或弯曲图案的内容。
>
> 缩放：选择该复选框，可以调整内容大小以取得更好的匹配度。此选项非常适用于填充包含具有不同大小或透视的重复图案的内容。
>
> 镜像：选择该复选框，可以水平翻转内容以取得更好的匹配度。此选项用于水平对称的图像。
>
> 重置到默认填充设置：单击该按钮，将填充设置恢复到默认数值。
>
> 输出到：将"内容识别填充"应用于当前图层、新图层或复制图层。

5.3.3 海绵工具

使用"海绵工具"能够非常精确地增加或减少图像的饱和度。在灰度模式图像中，"海绵工具"通过远离灰阶或靠近中间灰色来增加或降低对比度。

STEP 03 单击工具箱中的"海绵工具"按钮，在选项栏中设置笔触大小为150像素，在花朵处进行涂抹，图像效果如图5-90所示。使用"减淡工具""加深工具"对人物部分进行细微地涂抹，最终效果如图5-91所示。

图 5-90 图像效果　　　　　　　　图 5-91 最终效果

疑难解答："海绵工具"选项栏

单击工具箱中的"海绵工具"按钮，其选项栏如图5-92所示。

图 5-92 "海绵工具"选项栏

模式：可以选择更改色彩的方式。该下拉列表框中包括"去色""加色"两个选项：①选择"去色"选项，可以降低图像的饱和度；②选择"加色"选项，可以增加图像的饱和度。

流量：可以为"海绵工具"指定流量。该值越高，工具的强度越大，效果越明显。

自然饱和度：选择该复选框，可以在增加饱和度时，防止颜色过度饱和而出现溢色。

技术看板："历史记录艺术画笔工具"的使用方法

打开一张素材图像，如图5-93所示。打开"图层"面板，单击面板底部的"创建新图层"按钮，新建"图层 1"图层，设置前景色为黑色，使用【Alt+Delete】组合键为图层填充前景色，如图5-94所示。

图 5-93 打开图像　　　　　　　　图 5-94 填充前景色

打开"历史记录"面板，确认历史记录源为原始图像，如图5-95所示，单击工具箱中"历史记录艺术画笔工具"按钮，在画布中进行涂抹，图像效果如图5-96所示。

图 5-95 确认历史记录源　　　　　　图 5-96 图像效果

第 5 章 图像的修饰和美化

疑难解答："历史记录艺术画笔工具"选项栏

"历史记录艺术画笔工具"使用指定的历史记录或快照中的源数据，以风格化描边进行绘画。通过选择不同的绘画样式、大小和容差选项，可以用不同的色彩和艺术风格模拟绘画的纹理。"历史记录艺术画笔工具"选项栏如图5-97所示。

图 5-97 "历史记录艺术画笔工具"选项栏

样式：用于设置绘画描边的形状。在该下拉列表框中有10个选项可供选择。

区域：用于设置绘画描边所覆盖的区域。该值越大，覆盖的区域越大，描边的数量也越多。

容差：用于限定可应用绘画描边的区域。低容差值允许在图像中的任何地方绘制无数条描边；高容差值会将绘画描边限定在与源状态或快照中颜色明显不同的区域。

技术看板：调整图像的构图

打开一张素材图像，在"图层"面板中将"背景"图层拖至"创建新图层"按钮上，得到"背景 拷贝"图层，如图5-98所示。

使用"对象选择工具"创建选区，如图5-99所示。

图 5-98 打开并复制图像　　　　　　图 5-99 创建选区

执行"选择>存储选区"命令，在弹出的"存储选区"对话框中设置参数，如图5-100所示，单击"确定"按钮后保存选区。

按【Ctrl+D】组合键取消选区，隐藏"背景"图层，执行"编辑>内容识别缩放"命令，拖动控制点改变图片的宽度，刚刚存储的选区将不受影响，如图5-101所示。

图 5-100 设置参数　　　　　图 5-101 改变图片的宽度

153

继续打开一张人物素材图像，将"背景"图层转换为普通图层，执行"编辑>内容识别缩放"命令，在选项栏中单击"保护肤色"按钮，拖动控制点改变图片的宽度，图像中的人物将不受影响，如图5-102所示。

图 5-102 改变图片的宽度

> **小技巧**：执行"编辑>变换"子菜单的相应命令虽然可以实现对图像的各种变形操作，但是如果操作时没有保证宽高比，图像将出现严重变形。执行"编辑>内容识别缩放"命令，单击选项栏中的"保护肤色"按钮，再对图像执行变换操作，可以看到人物不受该操作的影响。

➡ 技术看板：使用"操控变形"命令改变蟹腿轨迹

打开一个PSD文件，如图5-103所示。在打开的"图层"面板中选中"图层 1"图层，如图5-104所示。

图 5-103 打开文件　　　　　　图 5-104 选中"图层 1"图层

> **提示**："操控变形"命令不能应用到"背景"图层上，所以要想使用"操控变形"命令，可以双击"背景"图层将其转换为"图层0"，或者在一个独立图层中使用该命令。

> **小技巧**：选择一个图钉，单击鼠标右键，在弹出的快捷菜单中选择"删除图钉"选项，可以将其删除；也可以在按住【Alt】键的同时单击图钉，完成删除操作；单击并按住【Delete】键也可以将其删除。

执行"编辑>操控变形"命令，图像效果如图5-105所示。在图像中连续单击添加图钉，图钉位置如图5-106所示。

图 5-105 图像效果　　　　　　图 5-106 图钉位置

依次单击选中四个图钉并拖曳图钉更改蟹腿的轨迹，如图5-107所示。完成后按【Enter】键确认，变形后的图像效果如图5-108所示。

图 5-107 更改蟹腿的轨迹　　　　　　图 5-108 图像效果

疑难解答："操控变形"命令

执行"编辑>操控变形"命令，可以对图像进行多样化的变形操作。使用该命令可以精确地将任何图形元素重新定位或变形，"操控变形"选项栏如图5-109所示。

图 5-109 "操控变形"选项栏

模式：有三种模式供选择，分别是正常、刚性和扭曲。①正常：变形效果准确，过渡柔和；②刚性：变形效果精确，缺少柔和过渡；③扭曲：可以在变形时创建透视效果。

密度：有三种类型供选择，分别是正常、较少点和较多点。①正常：网格数量适度；②较少点：网格点较少，变形效果生硬；③较多点：网格点较多，变形效果柔和。

扩展：输入数值可以控制变形效果的衰减范围。设置较大数值则变形效果边缘平滑，设置较小数值则变形边缘生硬。

显示网格：选择该复选框时显示网格，取消选择该复选框时不显示网格。

图钉深度：当图钉重叠时，可以通过单击按钮调整图钉的顺序，以实现更好的变形效果。

旋转：选择"自动"选项，在拖动图钉时，可以自动对图像内容进行旋转处理；选择"固定"选项，则可以在文本框中输入准确的旋转角度。

第 6 章　图像与图形的绘制

　　Photoshop 不仅提供了多种绘画工具，还提供了一些专门用于创建和编辑矢量图形的工具。

　　使用矢量工具不仅可以绘制复杂的图形，还可以实现路径与选区之间的转换，在对图像进行类似抠图等复杂操作时，虽然会比较麻烦，但可以提高图像处理的精确度。

6.1 绘制购物车图标

在产品UI设计中，简洁明了的扁平化图标更容易让用户记住并使用。在设计扁平化图标的过程中需要大量使用Photoshop中的形状工具，这样可以方便、快捷地完成设计任务。

接下来使用"钢笔工具"和各种路径编辑工具完成购物车图标的绘制，完成后的图标效果如图6-1所示。

图 6-1 图标效果

6.1.1 认识和绘制路径

在Photoshop中，路径功能是其矢量设计功能的充分体现。路径是指勾勒出来的由一系列点连接起来的线段或曲线，用户可以沿着这些线段或曲线进行颜色填充或描边，从而绘制出图像。

> **疑难解答：认识路径**
>
> 路径是可以转换为选区或者使用颜色填充和描边的轮廓，它的种类包括：有起点和终点的开放式路径，如图6-2所示；没有起点和终点的闭合式路径，如图6-3所示；由多个相对独立的路径组成，每个独立的路径称为"子路径"，如图6-4所示。
>
> 路径是由直线路径段或曲线路径段组成的，它们通过锚点进行连接。锚点分为两种：一种是平滑点；另一种是角点。连接平滑点可以形成平滑的曲线，如图6-5所示；连接角点可以形成直线或者转角曲线，如图6-6和图6-7所示。曲线路径段上的锚点有方向线，方向线的端点为方向点，主要用于调整曲线的形状。

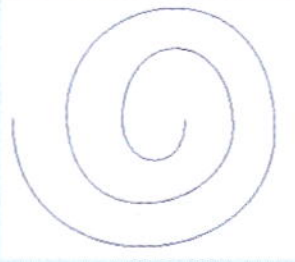

图 6-2 开放式路径 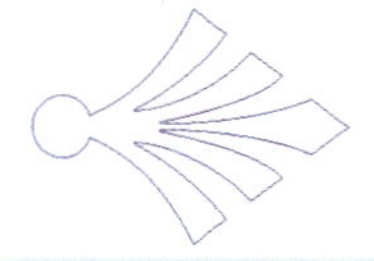　图 6-3 闭合式路径 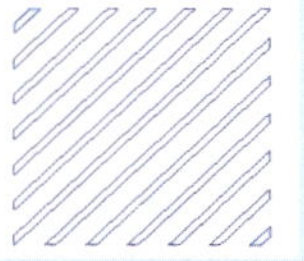　图 6-4 多条路径 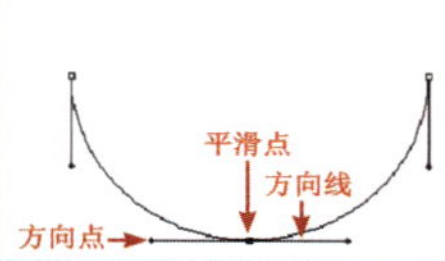　图 6-5 平滑的曲线 　图 6-6 角点连接直线 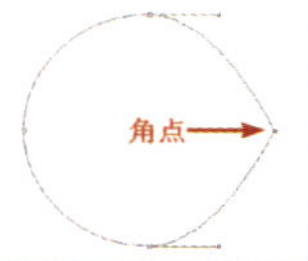　图 6-7 转角曲线

STEP 01 执行"文件>新建"命令，在弹出的"新建文档"对话框中设置参数，进入文档，在打开的"图层"面板中单击面板底部的"创建新图层"按钮，如图6-8所示。

STEP 02 单击工具箱中的"钢笔工具"按钮，在选项栏中设置工具模式为"路径"，使用"钢笔工具"在画布中连续单击绘制路径，如图6-9所示。

  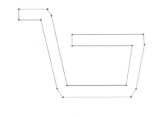

图 6-8 新建文档和图层　　　　　　　　图 6-9 绘制路径

疑难解答："钢笔工具"选项栏

单击工具箱中的"钢笔工具"按钮，设置工具模式为"路径"，其选项栏如图6-10所示。

图 6-10 "钢笔工具"选项栏

工具模式：在该下拉列表框中包括"形状""路径""像素"三个选项。"像素"选项只有在使用矢量形状工具时才可以使用。

建立：单击不同的按钮，可以将绘制的路径转换为不同的对象类型。①单击"选区"按钮，将弹出"建立选区"对话框，如图6-11所示。在其中可以设置选区的羽化范围及创建方式，选择"新建选区"单选按钮，单击"确定"按钮，可将当前路径完全转换为选区，如图6-12所示。②单击"蒙版"按钮，可以沿当前路径边缘创建矢量蒙版。③单击"形状"按钮，可以沿当前路径创建形状图层并为该图层填充前景色。

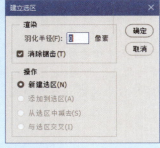 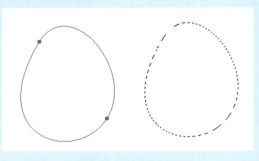

图 6-11 "建立选区"对话框　　　　　图 6-12 将当前路径完全转换为选区

路径操作：用户可以在该下拉列表框中选择不同的路径操作方式，以实现更丰富的路径效果。在"路径"工作模式下可以选择"合并形状""减去顶层形状""与形状区域相交""排除重叠形状"四种操作方式，如图6-13所示。完成路径操作后，可以通过选择"合并形状组件"选项将形状合并为一个路径。

路径对齐方式：用于设置路径的对齐与分布方式。单击该按钮，即可打开对齐与分布面板，如图6-14所示。使用"路径选择工具"选择两个或两个以上的路径，在该面板中选择不同的选项，路径将按照不同的方式进行排列分布。

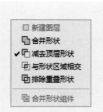

图 6-13 "路径"模式下的四种操作方式　　图 6-14 对齐与分布面板

　　路径排列方式：同时绘制多个路径时，可以通过选择不同的选项调整路径的排列顺序。

　　设置其他钢笔路径选项：单击该按钮，将打开"路径选项"面板。用户可在其中设置路径的"粗细""颜色"。选择"橡皮带"复选框，在绘制路径时移动光标会显示一个路径状的虚拟线，它显示了该段路径的大致形状。

　　自动添加/删除：选择该复选框，"钢笔工具"将具有添加/删除锚点的功能。

▶ 技术看板：使用"钢笔工具"绘制直线路径

　　单击工具箱中的"钢笔工具"按钮，在选项栏中设置工具模式为"路径"。将鼠标光标移至画布中，当光标变为 ▲. 状态时，单击即可创建一个锚点，如图6-15所示。

　　将光标移至下一个位置进行单击，创建第二个锚点，两个锚点会连接成一条由角点定义的直线路径，如图6-16所示。

　　使用相同的方法，在其他位置单击创建第二条直线，如图6-17所示。将光标移至第一个锚点的上方，当光标变为 ▲。状态时，单击即可闭合路径，如图6-18所示。

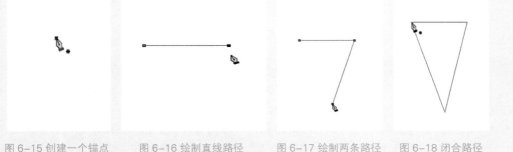

图 6-15 创建一个锚点　　图 6-16 绘制直线路径　　图 6-17 绘制两条路径　　图 6-18 闭合路径

　　小技巧：如果要结束一段开放式路径的绘制，可以按住【Ctrl】键并单击画布的空白处，也可以单击工具箱中的其他工具，或按【Esc】键，均可以结束当前路径的绘制。

▶ 技术看板：使用"钢笔工具"绘制曲线路径

　　单击工具箱中的"钢笔工具"按钮，在选项栏中设置工具模式为"路径"。将鼠标移至画布中单击并向右拖动鼠标创建一个平滑点，如图6-19所示。

　　将光标移至下一个位置单击并向左拖动鼠标，创建第二个平滑点，如图6-20所示。使用相同的方法，继续创建平滑点，绘制一段平滑的曲线，如图6-21所示。

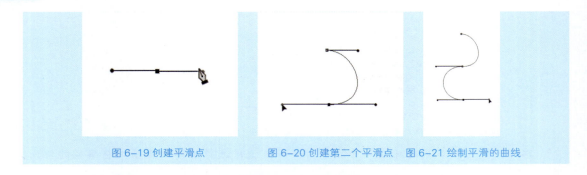

图 6-19 创建平滑点　　　　图 6-20 创建第二个平滑点　　图 6-21 绘制平滑的曲线

6.1.2 选择与编辑路径

　　初次绘制的路径往往不符合要求，如路径的位置或形状不合适等。这就需要对路径进行调整和编辑。在Photoshop中，用于编辑路径的工具有"添加锚点工具""删除锚点工具""转换点工具""路径选择工具""直接选择工具"。

STEP 03 单击工具箱中的"转换点工具"按钮，单击选中某个锚点并向左或向右拖曳，将角点转换为平滑点，如图6-22所示。

STEP 04 使用相同的方法完成其余锚点类型的转换，如图6-23所示。

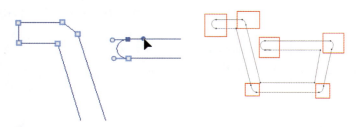

图 6-22 转换锚点类型　　　　　图 6-23 完成其余锚点类型的转换

> **疑难解答：选择与移动锚点、路径**
>
> 　　在Photoshop中，经常使用"路径选择工具""直接选择工具"选择路径或锚点。"路径选择工具"主要用于选择和移动整个路径，使用该工具选择路径后，路径的所有锚点均为选中状态，其为实心方点，可直接对路径进行移动操作，如图6-24所示。
>
> 　　使用"直接选择工具"选择路径不会自动选中路径中的锚点，锚点为空心状态，如图6-25所示。选中相应的锚点，即可移动它们的位置。
>
> 　　按住【Alt】键，使用"直接选择工具"单击路径，可以选中路径和路径中的所有锚点；也可以拖动鼠标，在要选取的路径周围拖出一个选择框，如图6-26所示，松开鼠标，该路径就被选中了，如图6-27所示。框选的方法更适用于选择多个路径。

图 6-24 使用"路径选择工具"　　图 6-25 使用"直接选择工具"　　图 6-26 拖出选择框　　图 6-27 选中部分路径和锚点

STEP 05 单击工具箱中的"添加锚点工具"按钮,在画布中的路径上连续单击添加锚点,如图6-28所示。单击工具箱中的"直接选择工具"按钮,单击选中锚点,移动锚点至如图6-29所示的位置。

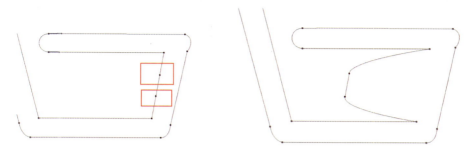

图6-28 添加锚点　　　　　　　　　图6-29 移动锚点位置

疑难解答:添加与删除锚点

　　Photoshop提供了三种添加或删除锚点的工具:"钢笔工具""添加锚点工具""删除锚点工具"。默认情况下,当"钢笔工具"定位到所选路径上方时,将变成"添加锚点工具";当"钢笔工具"定位到锚点上方时,将变成"删除锚点工具"。

　　单击工具箱中的"添加锚点工具"按钮,将光标移至需要添加锚点的路径上并单击,即可添加锚点,如果单击并拖动鼠标可直接拖出需要的弧度,如图6-30所示。单击工具箱中的"删除锚点工具"按钮,将光标移至需要删除的锚点上并单击,即可删除当前锚点,如图6-31所示。

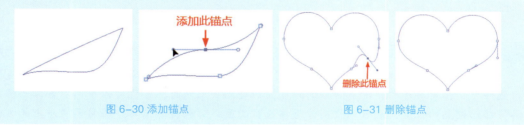

图6-30 添加锚点　　　　　　　　　图6-31 删除锚点

STEP 06 继续在路径上添加两个锚点,使用"转换点工具""直接选择工具"调整锚点类型并移动位置,图像效果如图6-32所示。单击工具箱中的"椭圆工具"按钮,在选项栏中选择"路径"选项,在画布中单击并拖曳绘制正圆形路径,如图6-33所示。

图6-32 图像效果　　　　　　　　　图6-33 绘制正圆形路径

疑难解答：转换锚点类型

用户可以使用"转换点工具"对角点和平滑点进行转换。若要将平滑点转换为角点，直接使用"转换点工具"单击该锚点即可；若要将角点转换为平滑点，则使用"转换点工具"单击并拖动锚点，将路径调整为需要的形状，如图6-34所示。

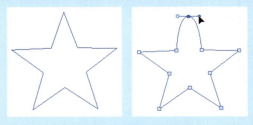

图 6-34 将角点转化为平滑点

STEP 07 单击工具箱中的"路径选择工具"按钮，在路径上单击选中整个路径，移动路径到合适的位置，如图6-35所示。

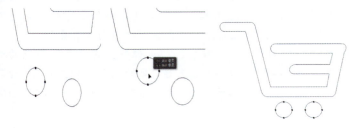

图 6-35 选中整个路径并移动到合适的位置

疑难解答：调整路径形状

对于由角点组成的路径，调整路径形状时，使用"直接选择工具"移动每个锚点的位置即可。但是对于由平滑点组成的路径，调整路径形状时，不仅可以使用"直接选择工具"移动锚点的位置，还可以使用"直接选择工具""转换点工具"调整平滑点上的方向线和方向点。

在曲线路径段上，每个锚点都有一个或两个方向线，移动方向点可以调整方向线的长度和方向，从而改变曲线的形状；移动平滑点上的方向线，可以调整该点两侧的曲线路径；移动角点上的方向线，可以调整与方向线同侧的曲线路径段。

使用"直接选择工具"拖动平滑点上的方向线时，方向线始终保持为直线状态，锚点两侧的路径段都会发生改变；使用"转换点工具"拖动方向线时，则可以单独调整平滑点任意一侧的方向线，而不会影响另外一侧的方向线和路径段，如图6-36所示。

 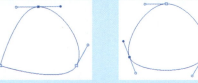

原路径　　　　使用"转换点工具"调整　　使用"直接选择工具"调整

图 6-36 调整路径形状

技术看板：路径的变换操作

使用"路径选择工具"选择路径，执行"编辑>变换路径"命令，在该命令的子菜单中，包括各种变换路径命令，如图6-37所示。

执行变换路径命令时，当前路径上会显示出定界框、中心点和控制点，如图6-38所示。路径的变换方法与变换图像的方法相同，这里就不再赘述。

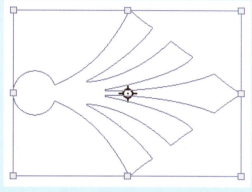

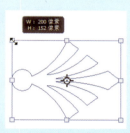

图 6-37 子菜单　　　　　　　　图 6-38 执行变换路径命令

技术看板：输出路径

打开素材图像，单击工具箱中的"钢笔工具"按钮，在画布上创建需要显示的工作路径，如图6-39所示。

执行"窗口>路径"命令，打开"路径"面板。双击工作路径，弹出"存储路径"对话框，设置参数，单击"确定"按钮，将工作路径保存为路径，如图6-40所示。

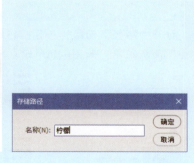

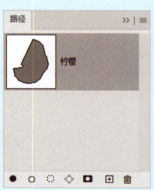

图 6-39 创建路径　　　　　图 6-40 将工作路径保存为路径

选中"柠檬"，单击"路径"面板右上角的 ≡ 按钮，在打开的面板菜单中选择"剪贴路径"选择，弹出"剪贴路径"对话框，设置参数如图6-41所示。

单击"确定"按钮，完成"剪贴路径"对话框的设置。执行"文件>存储为"命令，弹出"另存为"对话框，将图像存储为"输出路径.tif"，如图6-42所示。单击"保存"按钮，弹出"TIFF选项"对话框，单击"确定"按钮，完成剪贴路径的输出，该文件在其他排版软件中将只显示路径内的图像。

图 6-41 设置参数　　　　　图 6-42 存储图像

6.1.3 "路径"面板

"路径"命令主要用于保存和管理路径。在日常工作中，绘制的路径都保存在"路径"面板中，包括工作路径、路径和当前的矢量蒙版等。

STEP 08 执行"窗口>路径"命令，打开"路径"面板，单击面板右上角的 ≡ 图标，在弹出的下拉菜单中选择"面板选项"，弹出"路径面板选项"对话框，设置参数如图6-43所示。单击"确定"按钮，"路径"面板如图6-44所示。

图 6-43 设置参数　　　图 6-44 "路径"面板

> **疑难解答："路径"面板**
>
> 执行"窗口>路径"命令，打开"路径"面板，如图6-45所示。单击"路径"面板右上角的面板菜单按钮，打开"路径"面板菜单，如图6-46所示。
>
>
>
> 图 6-45 "路径"面板　图 6-46 "路径"面板菜单
>
> 路径：单击"路径"面板底部的"创建新路径"按钮可直接创建新路径。双击新建的路径，可以更改路径名称，路径名称默认为"路径1""路径2"……依次递增。
>
> 工作路径：如果不单击"创建新路径"按钮而是直接在画布中绘制路径，创建的路径就是工作路径。

形状路径：在选项栏中设置工具模式为"形状"，绘制图形，在"路径"面板中就会自动生成一个形状路径。

用前景色填充路径：单击该按钮，Photoshop将以前景色填充路径内的区域。

用画笔描边路径：单击该按钮，可以按设置的"画笔工具"和前景色沿着路径进行描边。

将路径作为选区载入：单击该按钮，可以将当前路径转换为选区范围。

从选区生成工作路径：单击该按钮，可以将当前选区范围转换为工作路径。

添加图层蒙版：单击该按钮，可以为当前图层添加图层蒙版。

创建新路径：单击该按钮，可以创建一个新路径。

删除当前路径：单击该按钮，可以在"路径"面板中删除当前选定的路径。

技术看板：创建新路径的方法

在"路径"面板中创建路径，有两种方法：第一种是直接单击"路径"面板上的"创建新路径"按钮创建新路径，如图6-47所示，通过这种方法创建的路径，名称默认为"路径*"；第二种方法是按住【Alt】键的同时单击"创建新路径"按钮，在弹出的"新建路径"对话框中为其命名，单击"确定"按钮，即可创建新路径，如图6-48所示。

图 6-47 创建路径

图 6-48 通过"新建路径"对话框创建路径

技术看板：填充路径

新建一个空白文档，填充其背景色为任意颜色。打开一张素材图像，使用"移动工具"将素材图像拖入设计文档中，调整其大小及位置，如图6-49所示。打开"图层"面板并选中"背景"图层，单击面板底部的"创建新图层"按钮，如图6-50所示。

图 6-49 打开图像

图 6-50 新建图层

单击工具箱中的"矩形工具"按钮,在画布中创建矩形路径,如图6-51所示。打开"路径"面板,设置前景色为白色,单击面板底部的"用前景色填充路径"按钮,为路径填充颜色,如图6-52所示。

图 6-51 创建矩形路径　　　　　图 6-52 为路径填充颜色

技术看板:描边路径

接上一个"填充路径"案例,单击工具箱中的"橡皮擦工具"按钮,打开"画笔设置"面板,设置参数如图6-53所示。

打开"路径"面板,单击面板右上角的≡按钮,在弹出的下拉菜单中选择"描边路径"选项,弹出"描边路径"对话框,设置参数如图6-54所示。单击"确定"按钮,图像效果如图6-55所示。

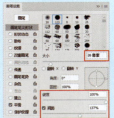
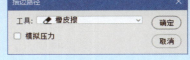

图 6-53 设置参数　　　　图 6-54 设置参数　　　　图 6-55 图像效果

小技巧:在"描边路径"对话框中可以选择不同的工具,如画笔、铅笔、橡皮擦、仿制图章等。如果选择"模拟压力"复选框,则可以使描边的线条产生粗细变化。如果直接单击"用画笔描边路径"按钮,系统将采用默认的设置对所选路径进行描边操作。

单击工具箱中的"横排文字工具"按钮,打开"字符"面板,设置参数如图6-56所示。在画布中添加文字,最终效果如图6-57所示。

图 6-56 设置参数　　　　　图 6-57 最终效果

6.1.4 路径与选区之间的相互转换

路径和选区可以相互转换，将路径转换为选区，是路径的一个重要用途。在选区范围比较复杂的情况下，通常先绘制路径，再将路径转换为选区。

STEP 09 单击"路径"面板右上角的≡按钮，在弹出的下拉列表中选择"存储路径"选项，弹出"存储路径"对话框，设置参数如图6-58所示，单击"确定"按钮。

STEP 10 单击工具箱中的"钢笔工具"按钮，设置"路径操作"为"合并形状"，并单击选项栏中的"建立选区"按钮，弹出"建立选区"对话框，如图6-59所示。

图 6-58 设置参数　　　　　　　图 6-59 "建立选区"对话框

> **提示**：在"建立工作路径"对话框中，"容差"的取值范围为0.5~10像素。容差值越小，转换后路径上的锚点越多，路径越精准；反之，路径上的锚点越少，路径越不精准。但如果容差值过小，如设置为0.5像素，虽然可以保留选区中的所有细节，但可能导致路径上的锚点过多，转换成的路径过于复杂，建议一般情况下采用2.0像素。

STEP 11 单击"确定"按钮，选区效果如图6-60所示。或者单击"路径"面板底部的"将路径作为选区载入"按钮，也可以将路径转换为选区。将前景色与背景色恢复为默认值，按【Ctrl+Delete】组合键为选区填充黑色，如图6-61所示。

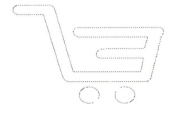

图 6-60 选区效果　　　　　　　图 6-61 填充选区

> **疑难解答：路径与选区的相互转换**
>
> 将路径转换为选区：单击"路径"面板下方的"将路径作为选区载入"按钮，即可将路径转换为选区。此外，用户也可以单击面板右上方的≡按钮，在打开的面板菜单中选择"建立选区"选项。在弹出的"建立选区"对话框中设置参数，单击"确定"按钮，即可完成转换操作。

将选区转换为路径：当画布中已经有一个选区，单击"路径"面板中的"从选区生成工作路径"按钮，即可将其转换为工作路径；也可以单击"路径"面板右上角的≡按钮，在打开的面板菜单中选择"建立工作路径"选项，弹出"建立工作路径"对话框，单击"确定"按钮，即可完成。

6.1.5 使用形状工具

使用任意形状工具绘制的形状，即为"矢量图形"。Photoshop中的矢量图形可以在不同分辨率的文件中交换使用，不会受分辨率影响而出现锯齿。

STEP 12 按【Ctrl+D】组合键取消选区，单击工具箱中"圆角矩形工具"按钮，在选项栏中设置圆角矩形的半径为80像素，在画布中单击并拖曳绘制形状，如图6-62所示。

STEP 13 调整图层的顺序和购物车的颜色，继续使用"椭圆工具"绘制圆形形状，两款图标外观的最终效果如图6-63所示。

图 6-62 创建圆角矩形　　　　　图 6-63 图标外观的最终效果

疑难解答："圆角矩形工具"选项栏

使用"圆角矩形工具"可以绘制圆角矩形，在画布中单击并拖动鼠标即可绘制圆角矩形。单击工具箱中的"圆角矩形工具"按钮，其选项栏如图6-64所示。

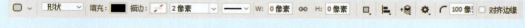

图 6-64 "圆角矩形工具"选项栏

半径：用来设置所绘制的圆角矩形的圆角半径，该值越大，圆角越广。图6-65所示为设置不同的"半径"值所绘制的圆角矩形效果。

图 6-65 设置不同的"半径"值所绘制的圆角矩形效果

6.2 制作儿童摄影图像

Photoshop为用户提供了多种绘画工具，包括"画笔工具""铅笔工具""颜色替换工具""混合器画笔工具"。不同的绘画工具结合"画笔"面板，可以绘制出不同效果的图像。

接下来通过使用各种绘制工具和形状工具完成照片成长树的制作，图像效果如图6-66所示。

图 6-66 图像效果

6.2.1 使用"椭圆工具"

Photoshop中的形状工具包括"矩形工具""圆角矩形工具""椭圆工具""三角形工具""多边形工具""直线工具""自定形状工具"。使用形状工具可以快速绘制不同的形状图形。

STEP 01 执行"文件>新建"命令，弹出"新建文档"对话框，设置参数如图6-67所示，单击"创建"按钮。单击工具箱中的"渐变工具"按钮，在选项栏中单击渐变预览条，设置颜色从RGB（106、182、234）到白色进行渐变，如图6-68所示。

STEP 02 使用"渐变工具"在画布中填充从上到下的线性渐变，如图6-69所示。

图 6-67 设置参数

图 6-68 设置渐变颜色

图 6-69 填充线性渐变

STEP 03 执行"文件>打开"命令，在弹出的"打开"对话框中选择两张素材图像，使用"移动工具"依次将素材图像拖入设计文档中，使用【Ctrl+T】组合键调整第二张图像的大小和位置，如图6-70所示。

图 6-70 打开图像并调整其大小和位置

169

STEP 04 单击工具箱中的"椭圆工具"按钮,在画布中单击并拖曳创建圆形,如图6-71所示。使用【Ctrl+T】组合键调出定界框,调整形状的大小,如图6-72所示。

图 6-71 创建圆形

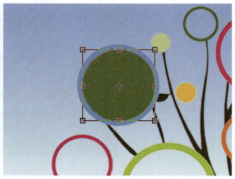

图 6-72 调整形状的大小

疑难解答:"椭圆工具"选项栏

使用"椭圆工具"可以绘制椭圆形和正圆形,在画布中单击并拖动鼠标即可绘制。单击工具箱中的"椭圆工具"按钮,其选项栏如图6-73所示。

它的选项设置与"矩形工具"的选项设置基本相同,用户可以创建不受约束的椭圆,或者创建固定大小和固定比例的图形。

图 6-73 "椭圆工具"选项栏

STEP 05 打开一张素材图像,使用相同的方法将图像移入设计文档中。使用【Ctrl+T】组合键等比例缩小图像,如图6-74所示。执行"图层>创建剪贴蒙版"命令,图像效果如图6-75所示。

图 6-74 等比例缩小图像

图 6-75 图像效果

技术看板:使用"矩形工具"绘制云朵

新建一个背景颜色为渐变蓝色的文档,文档大小为533像素×481像素。

单击工具箱中"矩形工具"按钮,设置前景色为白色,在画布中单击,弹出"创建矩形"对话框,设置参数如图6-76所示。单击"确定"按钮,完成矩形形状的绘制,如图6-77所示。

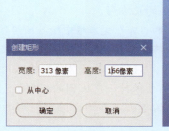

图 6-76 设置参数　　　　　图 6-77 完成矩形形状的绘制

单击工具箱中的"椭圆工具"按钮,在画布中单击,弹出"创建椭圆"对话框,设置椭圆的大小为191像素×211像素,单击"确定"按钮,将椭圆移至如图6-78所示的位置。

使用相同的方法多次创建椭圆形状,依次将椭圆形状摆放到合适的位置,完成云朵图像的制作,如图6-79所示。

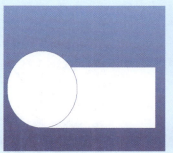

图 6-78 创建椭圆形状并移动位置　　　　　图 6-79 完成云朵图像的制作

疑难解答:"矩形工具"选项栏

使用"矩形工具"可以绘制矩形或正方形,在画布中单击并拖动鼠标即可创建矩形。单击工具箱中的"矩形工具"按钮,其选项栏如图6-80所示。

图 6-80 "矩形工具"选项栏

工具模式:与"钢笔工具"不同的是,形状工具可以使用其下拉列表框中的"像素"模式,如图6-81所示。在该模式下创建的图像将是像素图,并且自动填充前景色,不会产生路径。

路径选项:单击"路径"按钮,将打开"路径选项"面板,用户可以在该面板中设置绘制矩形形状的方式,如图6-82所示。

图 6-81 工具模式　　　　　图 6-82 路径选项

不受约束：选中该单选按钮，可以在画布中绘制任意大小的矩形。

方形：选中该单选按钮，只能绘制任意大小的正方形。

固定大小：选中该单选按钮，可以在它右侧的"W"文本框中输入所绘制矩形的宽度，在"H"文本框中输入所绘制矩形的高度，然后在画布中单击，即可绘制出固定尺寸大小的矩形。

比例：选中该单选按钮，在它右侧的"W""H"文本框中分别输入所绘制矩形的宽度和高度的比例，可以绘制出任意大小但宽度和高度保持一定比例的矩形。

从中心：选中该单选按钮，鼠标在画布中的单击点即为所绘制矩形的中心点，绘制时矩形由中心向外扩展。

6.2.2 使用"钢笔工具"绘制形状

"钢笔工具"是Photoshop中极为强大的矢量绘图工具，使用该工具可以绘制任意开放或封闭的路径或形状。

STEP 06 单击工具箱中的"钢笔工具"按钮，在选项栏中设置工具模式为"形状"，在画布中连续单击添加锚点，如图6-83所示。继续使用"钢笔工具"在画布上单击，最后一个锚点与第一个锚点重合，使形状闭合，形状效果如图6-84所示。

图 6-83 添加锚点　　　　　　　　图 6-84 形状效果

疑难解答："钢笔工具"选项栏

选择不同的"工具模式"，"钢笔工具"选项栏中的选项也会发生相应的变化。图6-85所示为选择"形状"模式时的"钢笔工具"选项栏。

图 6-85 选择"形状"模式时的"钢笔工具"选项栏

填充：用来设置形状的填充类型。单击填充色块，打开"填充类型"面板，如图6-86所示。单击"拾色器"按钮，弹出"拾色器（填充颜色）"对话框，在其中可以设置颜色，如图6-87所示。

描边：用来设置形状的描边类型。该选项与"填充"设置方法一致，既可以是纯色描边，也可以是渐变、图案描边。

描边宽度：用来设置形状描边的宽度，数值范围为0～288像素。

描边类型：用来设置形状描边的类型。单击下拉按钮打开"描边选项"面板，如图6-88所示。在其中可以设置描边线型，以及对齐方式、端点和角点的形状等。单击"更多选项"按钮，弹出"描边"对话框，在其中还可以设置虚线的长度及间隔等选项，如图6-89所示。

第 6 章 图像与图形的绘制

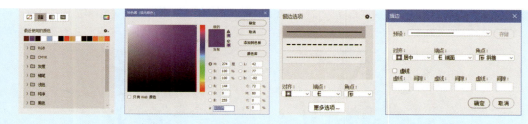

图 6-86 "填充类型"面板　　图 6-87 设置颜色　　图 6-88 "描边选项"面板　　图 6-89 "描边"对话框

形状宽度/高度：显示第一条直线的宽度及当前锚点距离上一个锚点的高度。

对齐边缘：勾选该复选框，可将矢量形状边缘与像素网格对齐。

技术看板：使用"添加锚点工具"绘制心形形状

新建一个空白文档，执行"视图>显示>网格"命令，如图6-90所示。

在选项栏中设置"工具模式"为"形状"，使用"钢笔工具"在画布中连续单击添加三个锚点，创建三角形，如图6-91所示。

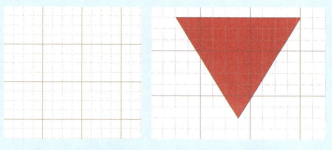

图 6-90 显示网格　　　　　　图 6-91 创建三角形

单击工具箱中的"添加锚点工具"按钮，在画布中单击添加锚点，如图6-92所示。

使用"转换点工具"调整锚点的方向线，继续使用"直接选择工具"调整锚点位置的角度，图像效果如图6-93所示。

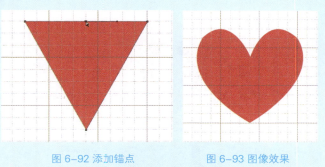

图 6-92 添加锚点　　　　　　图 6-93 图像效果

6.2.3　编辑形状图层

在Photoshop中，用户可以使用两种方法修改已经绘制好的形状颜色。

第一种是选择任意形状创建工具，在其选项栏中对选定形状的"填充"颜色和"描边"颜色进行修改；第二种是在"图层"面板中双击相应形状图层的缩览图，在弹出的"拾色器（纯色）"对话框或"渐变填充"对话框中修改颜色。

STEP 07 单击工具箱中的"转换点工具"按钮,在画布上单击并向左或向右拖曳光标拉出方向线,将角点转换为平滑点,如图6-94所示。使用"转换点工具"将其余三个角点转换为平滑点,如图6-95所示。

图 6-94 转换锚点类型　　　　　　　图 6-95 转换其余锚点类型

STEP 08 单击工具箱中的"直接选择工具"按钮,调整方向线的角度和长度,如图6-96所示。继续打开一张素材图像,使用"移动工具"将其拖至设计文档中。

STEP 09 按【Ctrl+T】组合键等比例缩放图像。打开"图层"面板,单击鼠标右键,在弹出的下拉列表中选择"创建剪贴蒙版"选项,图像效果和"图层"面板如图6-97所示。

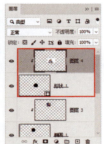

图 6-96 调整方向线的角度和长度　　　　图 6-97 图像效果和"图层"面板

STEP 10 根据前面讲解的制作照片的方法,将成长树上剩余的照片制作完成,如图6-98所示。打开"图层"面板,创建新组,将除"图层1""背景"图层以外的所有图层移入组中,重命名为"照片墙",如图6-99所示。

图 6-98 完成其余照片的制作　　　　图 6-99 "图层"面板

6.2.4 "画笔设置"面板

在使用"画笔工具"绘制图像时,可以对画笔的基本样式进行设置,如使用预设画笔工具。除此之外,用户还可以根据自己的需要在"画笔设置"面板中自定义画笔笔触。

STEP 11 新建图层,单击工具箱中的"画笔工具"按钮,在选项栏中单击"切换'画笔设置'面板"按钮,选择并设置笔刷的各项参数,如图6-100所示。继续单击"形状动态""散布"选项,在右侧的面板中设置各项参数,如图6-101所示。

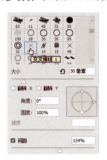
图 6-100 选择并设置笔刷的各项参数

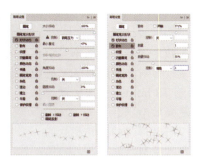
图 6-101 设置各项参数

疑难解答:"画笔预设"选取器面板

单击工具箱中的"画笔工具"按钮,在选项栏中单击"笔触大小"右侧的下拉按钮,打开"画笔预设"选取器面板,如图6-102所示。在"画笔预设"选取器面板中,用户可以选择不同形状的画笔。

Photoshop提供了多种类型的画笔,为了方便用户选取画笔,可以单击"画笔预设"选取器面板右上方的菜单按钮,在打开的下拉菜单中选择相应的选项,如图6-103所示。

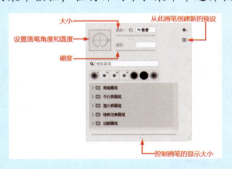
图 6-102 "画笔预设"选取器面板

图 6-103 下拉菜单

疑难解答:"画笔设置"面板

在"画笔设置"面板中提供了许多预设的画笔,通过在"画笔设置"面板中对各参数进行设置,可以修改现在的画笔并能设置出更多新的画笔形式。

在Photoshop中,"画笔设置"面板具有重要的作用,它不仅可以设置绘画工具的具体绘画效果,还可以设置修饰工具的笔尖种类、大小和硬度。通过"画笔设置"面板可以设置用户需要的各种画笔。

执行"窗口>画笔设置"命令,或者按【F5】键,或者单击"画笔工具"选项栏中的"切换'画笔设置'面板"按钮,都可以打开"画笔设置"面板,如图6-104所示。

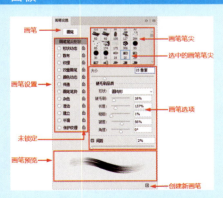
图 6-104 "画笔设置"面板

画笔：单击该按钮，可以打开"画笔"面板。该面板中的画笔预设与"画笔设置"面板中的"画笔笔尖形状"保持一致，当通过"画笔预设"选取器面板单击替换当前画笔预设时，"画笔"面板中的"画笔笔尖形状"也会发生相应的变化。

画笔设置：选择"画笔设置"中的选项，面板中会显示该选项的详细内容，通过设置可以改变画笔的大小和形状。

未锁定：显示未锁定图标时，表示当前画笔的笔尖形状属性为未锁定状态。

选中的画笔笔尖：当前选择的画笔笔尖四周会有蓝色边框显示。

画笔笔尖：显示了Photoshop提供的预设画笔笔尖。选择一个笔尖后，可在"画笔预览"选项中预览该笔尖的形状。

画笔选项：可以调整画笔的具体参数。

画笔预览：可预览当前设置的画笔效果。

创建新画笔：如果对某个预设的画笔进行了调整，单击该按钮，可以在弹出的"新建画笔"对话框中将其保存为一个新的预设画笔。

6.2.5 使用"画笔工具"

在Photoshop中，"画笔工具"的应用比较广泛，使用它既可以绘制比较柔和的线条，就像使用毛笔画出的线条一样；也可以绘制比较坚硬的线条，就像使用碳素笔画出的线条一样。

STEP 12 设置前景色为白色，使用"画笔工具"在画布中单击并拖曳光标，可以在图像中绘制一些零散的星星，如图6-105所示。在"图层"面板中更改图层的不透明度为50%，如图6-106所示。

图 6-105 绘制星星

图 6-106 更改图层的不透明度

> **小技巧**：使用"画笔工具"时，在英文状态下，按【[】键可以减小画笔的直径，按【]】键可以增加画笔的直径；对于实边圆、柔边圆和书法画笔，按【Shift+[】组合键可以减小画笔的硬度，按【Shift+]】组合键则可以增加画笔的硬度。按键盘中的数字键可以调整工具的不透明度，例如，按【1】键时，不透明度为10%；按【5】键时，不透明度为50%；按【75】键时，不透明度为75%；按【0】键时，不透明度为100%。

疑难解答："画笔工具"选项栏

使用"画笔工具"不仅可以绘制图像，还可以修改蒙版和通道。单击工具箱中的"画笔工具"按钮，选项栏中会出现相应的选项，如图6-107所示。

图 6-107 "画笔工具"选项栏

设置绘画的对称选项：单击此按钮，从打开的下拉列表框中任意选择圆形、径向、螺旋线和曼陀罗等预设对称类型。用户可以定义一个或多个对称轴，根据对称轴来绘制完全对称的画笔描边图案效果，如图6-108所示。

图 6-108 根据对称轴来绘制完全对称的画笔描边图案效果

STEP 13 新建图层，单击工具箱中的"画笔工具"按钮，调整画笔笔触大小为400像素，在画布左上角绘制白色图像，如图6-109所示。使用"涂抹工具"在画布中进行涂抹，图像效果如图6-110所示。

图 6-109 绘制白色图像　　　　　　　图 6-110 图像效果

> **小技巧**：使用"画笔工具"时，在画布中单击，然后按住【Shift】键单击画面中任意一点，两点之间会以直线连接。按住【Shift】键还可以绘制水平线、垂直线或以45°角为增量的直线。

STEP 14 执行"滤镜>模糊>高斯模糊"命令，弹出"高斯模糊"对话框，设置参数如图6-111所示，单击"确定"按钮。使用"移动工具"移动图像位置，图像效果如图6-112所示。

图 6-111 设置参数　　　　　　　图 6-112 图像效果

STEP 15 打开一张素材图像，使用"魔术橡皮擦工具"将图像中的白色背景擦除，如图6-113所示。

使用"移动工具"将素材图像移至设计文档中,按【Ctrl+T】组合键调整图像的大小、角度和位置,最终效果如图6-114所示。

图 6-113 擦除背景　　　　　　　　　　图 6-114 最终效果

> **技术看板:"颜色替换工具"的使用方法**

打开一张素材图像,如图6-115所示。按【Ctrl+J】组合键复制"背景"图层,得到"图层 1"图层,如图6-116所示。

图 6-115 打开一张图像　　　　　　　　图 6-116 复制图层

单击工具箱中的"颜色替换工具"按钮,设置前景色为RGB(60、19、13),在选项栏中选择"取样:连续"选项,在图像中除人物以外处进行涂抹,效果如图6-117所示。

按【Ctrl+J】组合键复制"图层1"图层,得到"图层1拷贝"图层,如图6-118所示。

图 6-117 图像效果　　　　　　　　　　图 6-118 复制图层

设置"前景色"为RGB(144、0、255),将"背景色"设置为人物裙子的颜色即RGB(140、1、38),单击选项栏中的"取样:背景色板"按钮,如图6-119所示。使用"颜色替换工具"在图像中人物裙子部分进行涂抹,最终效果如图6-120所示。

图 6-119 设置颜色　　　　　图 6-120 最终效果

疑难解答："颜色替换工具"选项栏

使用"颜色替换工具",可以用前景色替换图像中的颜色。单击工具箱中的"颜色替换工具"按钮,选项栏中会出现相应的选项,如图6-121所示。

图 6-121 "颜色替换工具"选项栏

模式:用来设置替换的颜色属性,包括"色相""饱和度""颜色""明度"选项。

取样:用来设置颜色取样的方式。

限制:选择"不连续"选项,表示替换出现在光标下任何位置的样本颜色;选择"连续"选项,表示替换与光标下颜色邻近的颜色;选择"查找边缘"选项,表示替换包含样本颜色的连接区域,同时更好地保留形状边缘的锐化程度。

容差:用来设置工具的容差。

消除锯齿:选择该复选框,可以为校正区域定义平滑的边缘,从而消除锯齿。

技术看板:使用"混合器画笔工具"

打开一张素材图像,使用"多边形套索工具"在画布中连续单击创建选区,如图6-122所示。单击工具箱中的"混合器画笔工具"按钮,在图像中取样颜色,继续在"画笔设置"面板中设置参数,如图6-123所示。

图 6-122 创建选区　　　　　图 6-123 设置参数

使用"混合器画笔工具"在选区内涂抹图像,使图像中的草地拥有油画质感,图像效果如图6-124所示。使用相同的方法依次在图像中的各个部分创建选区并涂抹,完成田园油画图像的制作,如图6-125所示。

图 6-124 图像效果

图 6-125 完成田园油画图像的制作

疑难解答："混合器画笔工具"选项栏

使用"混合器画笔工具"可以在一个混色器画笔笔尖上定义多个颜色，以逼真的混色进行绘画。或者使用干的混色器画笔混合照片颜色，可以将它转化为一幅美丽的图画。单击工具箱中的"混合器画笔工具"按钮，"混合器画笔工具"选项栏如图6-126所示。

图 6-126 "混合器画笔工具"选项栏

当前画笔载入：在该下拉列表框中选择相应的选项，可以对载入的画笔进行相应的设置。

自动载入：每次描边后载入画笔。

清理：每次描边后清理画笔。

有用的混合画笔组合：设置画笔的属性，在该下拉列表框中提供了多个预设的混合画笔设置。选择其中任意一个选项，在绘画区域涂抹即可混合颜色。

潮湿：设置从画布中摄取的油彩量。

载入：设置画笔上的油彩量。

混合：设置描边的颜色混合比。

 制作精美书签

  Photoshop中的形状工具包括"矩形工具""圆角矩形工具""三角形工具""椭圆工具""多边形工具""直线工具""自定形状工具"。使用形状工具可以快速绘制不同的形状图形。

  接下来使用"直线工具""自定形状工具""多边形工具"制作精美书签，图像效果如图6-127所示。

图 6-127 图像效果

6.3.1 直线工具

使用"直线工具"可以绘制粗细不同的直线和带有箭头的线段,在画布中单击并拖动鼠标即可绘制直线或线段。

STEP 01 新建一个空白文档,设置参数如图6-128所示。打开一张素材图像,使用"移动工具"将素材图像拖入设计文档中,调整其大小,如图6-129所示。

图 6-128 新建空白文档　　图 6-129 素材图像

STEP 02 单击工具箱中的"直排文字工具"按钮,打开"字符"面板,设置参数如图6-130所示。使用"直排文字工具"在画布中输入文字,如图6-131所示。

图 6-130 设置参数　　图 6-131 输入文字

STEP 03 使用"横排文字工具"继续在画布中输入文字,设置参数如图6-132所示。单击工具箱中的"直线工具"按钮,选项栏中设置直线的粗细为3像素,在画布中绘制直线,如图6-133所示。

图 6-132 输入文字并设置参数　　图 6-133 绘制直线

> 提示：在形状工具和钢笔工具的选项栏中，工具模式中的"像素"选项，只有在使用矢量形状工具时才可以使用。

疑难解答："直线工具"选项栏

单击工具箱中的"直线工具"按钮，其选项栏如图6-134所示。

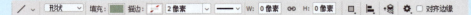

图 6-134 "直线工具"选项栏

粗细：以系统设置的厘米或像素为单位，确定直线或线段的宽度。

路径选项：单击选项栏上的"路径选项"按钮，打开"路径选项"面板，如图6-135所示。如果需要绘制带有箭头的线段，可以在"箭头"选项组中对相关选项进行设置。

起点/终点：选择"起点"或"终点"复选框后，可以在所绘制直线的起点或终点添加箭头。

宽度：用来设置箭头宽度与直线宽度的百分比，范围为10%~1000%。

长度：用来设置箭头长度与直线宽度的百分比，范围为10%~5000%。

凹度：用来设置箭头的凹陷程度，范围为－50%~50%。当该值为0%时，箭头尾部平齐，当该值大于0%时，向内凹陷；当该值小于0%时，向外凸出。

图 6-135 "路径选项"面板

> 提示：使用"直线工具"绘制直线时，如果按住【Shift】键的同时拖动鼠标，则可以绘制水平直线、垂直直线或以45°角为增量的直线。

6.3.2 自定形状工具

Photoshop中提供了大量的自定义形状，包括树、小船和花卉等，使用"自定形状工具"在画布上拖动鼠标即可绘制自定义形状的图形。

STEP 04 单击工具箱中的"自定形状工具"按钮，在选项栏中单击"形状"按钮，在打开的"形状"面板中选择如图6-136所示的形状，设置填充颜色为红色，描边颜色为无，在画布中进行绘制，如图6-137所示。

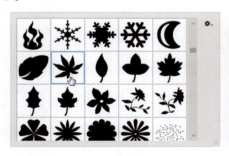

图 6-136 选择形状　　　　　　图 6-137 绘制形状

> 小技巧：在使用各种形状工具绘制矩形、椭圆、三角形、多边形、直线和自定形状时，按住键盘上的空格键并拖动鼠标可以移动形状的位置。

> ## 疑难解答:"自定形状工具"选项栏
>
> 单击"工具箱"中的"自定形状工具"按钮,其选项栏如图6-138所示。
>
>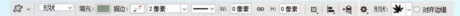
>
> 图 6-138 "自定形状工具"选项栏
>
> 单击选项栏上的"路径选项"按钮,打开"路径选项"面板,如图6-139所示,在该面板中可以设置自定形状工具的选项,它的设置方法与"矩形工具"的设置方法基本相同。单击"形状"右侧的下拉按钮,打开"形状"面板,可以从该面板中选择更多的形状,如图6-140所示。
>
>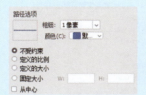
>
> 　　图 6-139 "路径选项"面板　　　图 6-140 "形状"面板
>
> **定义的比例**:选中该单选按钮,可以使绘制的形状保持原图形的比例关系。
>
> **定义的大小**:选中该单选按钮,可以使绘制的形状为原图形的大小。

STEP 05 打开"字符"面板,在面板中设置如图6-141所示的参数,继续使用"直排文字工具"在画布中输入文字,如图6-142所示。

　　图 6-141 设置参数　　　　　图 6-142 输入文字

STEP 06 使用相同的方法,在"字符"面板中设置参数,如图6-143所示。继续在画布中输入文字,如图6-144所示。

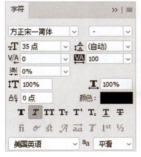 

　　图 6-143 设置参数　　　　　图 6-144 输入文字

技术看板：编辑形状图层

使用"钢笔工具"或其他形状工具绘制路径时，在选项栏中设置"工具模式"为"形状"，都会自动创建填充为前景色的形状图层，如图6-145所示。

想要更改形状图层的填充颜色，可以在任意矢量工具的选项栏中单击"填充"色块，即可打开如图6-146所示的"填充类型"面板，在打开的"填充类型"面板中可以更改填充颜色，也可以将填充颜色更改为渐变颜色和图案。

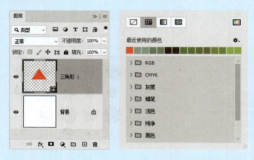

图 6-145 形状图层　　图 6-146 "填充类型"面板

提示：在Photoshop中通过对形状图层的编辑，读者可以更改形状的填充颜色，还可以修改形状的轮廓。

除了上述方法，还可以通过双击形状图层的缩览图来更改形状的填充颜色。Photoshop将根据图层的当前填充类型弹出相应的对话框。

如果当前形状图层的填充类型为纯色，双击形状图层的缩览图时，弹出"拾色器（纯色）"对话框，如图6-147所示，在该对话框中可以对形状图层进行纯色修改。

如果当前形状图层的填充类型为渐变，双击形状图层的缩览图时，弹出"渐变填充"对话框，在该对话框中同样可以对形状图层进行渐变修改，如图6-148所示。

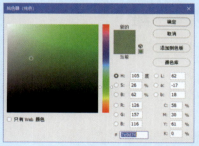
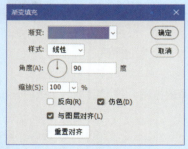

图 6-147 "拾色器（纯色）"对话框　　图 6-148 "渐变填充"对话框

如果当前形状图层的填充类型为图案，双击形状图层的缩览图时，弹出"图案填充"对话框，在该对话框中可以对形状图层进行图案修改，如图6-149所示。

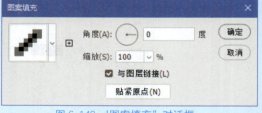

图 6-149 "图案填充"对话框

> 提示：修改形状轮廓的方法与编辑路径的方法一致，也可以使用"路径选择工具""转换点工具"等对其进行编辑，此处就不再赘述。

6.3.3 多边形工具

使用"多边形工具"可以绘制多边形或星形，在画布中单击并拖动鼠标即可按照预设的选项绘制多边形或星形。

STEP 07 单击工具箱中"多边形工具"按钮，在选项栏中设置边数为3，设置圆角值，其参数如图6-150所示。使用"多边形工具"在画布中绘制形状，如图6-151所示。

图 6-150 设置参数　　　　图 6-151 绘制形状

疑难解答："多边形工具"选项栏

单击工具箱中的"多边形工具"按钮，其选项栏如图6-152所示。

图 6-152 "多边形工具"选项栏

边：用来设置所绘制的多边形或星形的边数，它的范围为3~100。

半径：用来设置所绘制的多边形或星形的半径，即图形中心到顶点的距离。

路径选项：单击该按钮，打开"路径选项"面板，如图6-153所示。①比例：在输入框中输入星形比例，如图6-154所示；②平滑星形缩进：选择该复选框，绘制的多边形和星形将具有平滑的缩进，即用圆缩进代替直缩进，如图6-155所示；③从中心：选择该复选框，可以使绘制的星形的边平滑地向中心缩进。

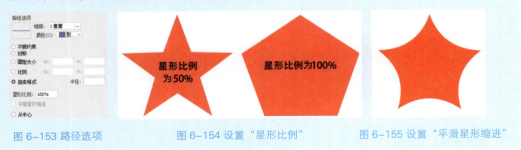

图 6-153 路径选项　　　图 6-154 设置"星形比例"　　　图 6-155 设置"平滑星形缩进"

STEP 08 使用【Ctrl+T】组合键调出定界框，单击鼠标右键，在弹出的下拉列表中选择"变形"选项，将多边形调整为如图6-156所示的形状。

STEP 09 打开"字符"面板,设置参数如图6-157所示,在画布中输入"香楠"二字,如图6-158所示。

  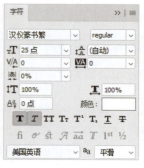 

图 6-156 调整形状　　　　　　　图 6-157 设置参数　　　　　　　图 6-158 输入文字

STEP 10 打开一张素材图像,使用"移动工具"将素材图像移至设计文档中,如图6-159所示。按【Ctrl+T】组合键调整图像的角度,打开"图层"面板,更改图层混合模式为"正片叠底",图像效果如图6-160所示。

图 6-159 打开素材图像　　　　　　　　　　图 6-160 图像效果

STEP 11 单击"图层"面板底部的"添加图层蒙版"按钮,为图层添加图层蒙版,如图6-161所示。单击工具箱中的"画笔工具"按钮,在选项栏中设置不透明度为50%,使用"画笔工具"在画布中进行涂抹,书签的最终效果如图6-162所示。

图 6-161 添加图层蒙版　　　　　　图 6-162 书签的最终效果

➡ 技术看板:使用"三角形工具"绘制图标

新建一个500像素×500像素的空白文档,使用"椭圆工具"绘制一个320像素×320像素的正圆形,如图6-163所示。

在选项栏中设置"路径操作"为"减去顶层形状",继续使用"椭圆工具"绘制一个300像素×300像素的正圆形,如图6-164所示。保持"路径操作"为"减去顶层形状"选项,使用"钢笔工具"绘制一个平行四边形的形状,如图6-165所示。

 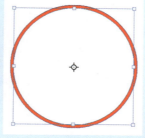 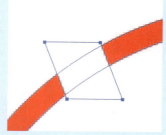

图 6-163 绘制正圆形　　　图 6-164 减去正圆　　　图 6-165 减去平行四边形

在选项栏中设置"路径操作"为"合并形状"选项,使用"椭圆工具"绘制两个正圆形,如图6-166所示。使用"椭圆形状"绘制一个正圆形状,如图6-167所示。

单击工具箱中的"三角形工具"按钮,在选项栏中设置半径为10像素,使用"三角形工具"绘制一个三角形,单击鼠标右键,在弹出的快捷菜单中选择"自由变换路径"选项,使三角形沿顺时针方向旋转90°,如图6-168所示。

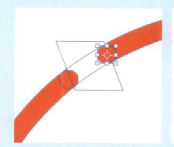  

图 6-166 添加正圆形　　　图 6-167 绘制正圆形　　　图 6-168 绘制三角形

使用"路径选择工具"并按住【Alt】键向任意方向拖曳复制三角形,在选项栏中设置"路径操作"为"减去顶层形状",如图6-169所示。直接拖曳定界框等比例缩小三角形,选中三角形中间的点并向外拖曳调整三角形的半径值,如图6-170所示。

使用相同的方法完成相似内容的绘制,图像效果如图6-171所示。

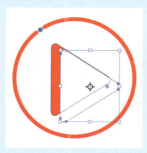  

图 6-169 复制三角形　　　图 6-170 调整半径值　　　图 6-171 图像效果

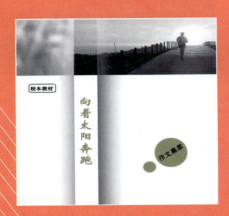

第 7 章　图像文字制作

本章主要讲解 Photoshop 中文字的处理方法。Photoshop 提供了多个文字创建工具，文字的编辑方法也非常灵活，用户可以对文字的各种属性进行精确设置，还可以对字体进行变形、查找与替换等操作。本章将详细介绍在 Photoshop 中创建文字和编辑文字的各种方法。

第 7 章 图像文字制作

 制作图书封面

　　一般情况下，图书封面由文字、图形和图片组成，通过对文字、图形和图片等内容进行排版与布局来丰富和完善图书封面。

　　接下来使用文字工具及一些图形制作一个图书封面，封面效果如图7-1所示。

图 7–1 封面效果

7.1.1　认识文字工具

　　Photoshop中的文字输入方式有横排文字输入法与直排文字输入法两种，文本的内容形式也分为两种，即"点文字"形式和"段落文字"形式。

> **疑难解答：文字工具组和文本的不同分类方式**
>
> 　　单击工具箱中的"横排文字工具"按钮或者按键盘上的【T】键，再用鼠标右键单击该按钮，即可展开文字工具组，共包括4种工具，如图7-2所示。其中"横排文字工具""直排文字工具"用来创建点文字，"横排文字蒙版工具""直排文字蒙版工具"用来创建文字选区。
>
>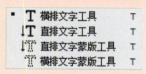
>
> 图 7-2 文字工具组
>
> 　　从文本的排列方式上划分，可分为横排文字和直排文字；从文字的类型上划分，可分为文字和文字蒙版；从创建的内容上划分，可分为点文字、段落文字和路径文字。

STEP 01　执行"文件>新建"命令，在弹出的"新建文档"对话框中设置各项参数，如图7-3所示，单击"创建"按钮。使用"矩形工具"在画布中绘制两个白色矩形，大小分别为488像素×150像素和48像素×668像素，如图7-4所示。

图 7-3 新建文档

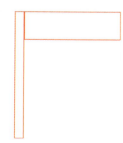

图 7-4 绘制两个矩形

STEP 02 选中"矩形 1""矩形 2"图层,按【Ctrl+G】组合键将其编组,如图7-5所示。继续打开一张素材图像,使用"移动工具"将素材图像拖至设计文档中,如图7-6所示。使用【Ctrl+T】组合键调出定界框,拖曳定界框调整图像的大小和位置。

图 7-5 编辑图层　　　　　　　　　　图 7-6 打开素材图像

STEP 03 打开"图层"面板,单击鼠标右键,在弹出的下拉列表中选择"创建剪贴蒙版"选项,如图7-7所示。选中"矩形 1"图层,单击面板底部的"添加图层蒙版"按钮,使用"渐变工具"在画布的书缝上填充黑白渐变,如图7-8所示。

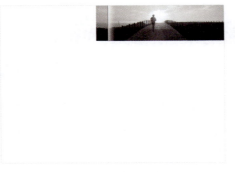

图 7-7 创建剪贴蒙版　　　　　　　　图 7-8 填充黑白渐变

STEP 04 选中"矩形 2"图层,单击面板底部的"添加图层样式"按钮,在弹出的下拉列表中选择"投影"选项,设置参数如图7-9所示。设置完成后单击"确定"按钮,图像效果如图7-10所示。

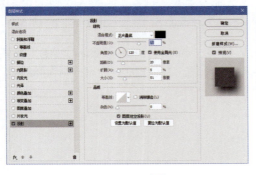

图 7-9 设置参数　　　　　　　　　　图 7-10 图像效果

STEP 05 使用相同的方法完成相似内容的操作,如图7-11所示。完成操作后,"图层"面板如图7-12所示。

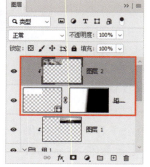

图 7-11 制作相似的内容　　　　　图 7-12 "图层"面板

7.1.2 "字符"面板

在"字符"面板中可以修改字符属性，如字体、字符大小、字距、对齐方式、颜色和行距等。

STEP 06 执行"窗口>字符"命令，打开"字符"面板，设置参数如图7-13所示。

STEP 07 单击工具箱中的"横排文字工具"按钮，在画布中单击插入输入点，在画布中输入文字，如图7-14所示。单击选项栏上的"提交"按钮，完成文字输入。

图 7-13 设置参数　　　　　图 7-14 输入文字

STEP 08 单击工具箱中的"圆角矩形工具"按钮，在选项栏中设置半径值为5像素，填充为无，描边为1像素，使用"圆角矩形工具"在画布中绘制形状，如图7-15所示。

STEP 09 继续单击工具箱中的"横排文字工具"按钮，在画布中单击拖曳出文本框，如图7-16所示。

图 7-15 绘制形状　　　　　图 7-16 拖曳出文本框

疑难解答："字符"面板

打开"字符"面板,该面板提供了比选项栏更多的选项,如图7-17所示。单击面板右上角的☰按钮,打开面板菜单,如图7-18所示。

设置两个字符间的字距微调:用于设置两个字符之间的字距微调,取值范围为—1000~1000。在该选项的下拉列表框中可以选择预设的字距微调值。

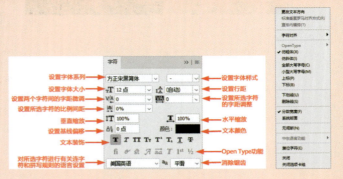

图 7-17 "字符"面板　　　　图 7-18 面板菜单

设置行距:用于设置所选字符串之间的行距。值越大,字符行距越大,如图7-19和图7-20所示。

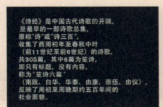

图 7-19 行距为自动　　　图 7-20 行距为 60

设置所选字符的字距调整:设置所选字符的比例间距,取值范围为0%~100%。数值越大,字符的间距越小。

设置所选字符的比例间距:用于设置字符间的间距。数值越大,则字符间距越大。

垂直缩放/水平缩放:对所选字符进行垂直或水平缩放。

设置基线偏移:使字符根据设置的参数上下移动位置。用户可在该文本框中输入数值,正值使文字向上移,负值使文字向下移。

文本装饰:用于设置文本装饰效果,共包括八个按钮,分别是仿粗体、仿斜体、全部大写字母、小型大写字母,以及可以将选中的文本中的英文字符设置为上标、下标、下划线和删除线。

Open Type功能:主要用于设置文字的各种特殊效果,共包括八个按钮,分别是标准连字、上下文替代字、自由连字、花饰字、文字替代字、标题替代字、序数字和分数字。

对所选字符进行有关连字符和拼写规则的语言设置:用于对所选字符进行有关连字符和拼写规则的语言设置,主要针对英文。

7.1.3　输入段落文字

段落文字就是在文本框中输入的字符串。在输入段落文字时,文字会基于文本框的大小自动换行。在处理大量文本时,可使用段落文字来完成。

STEP 10 打开"字符"面板,设置参数如图7-21所示。使用"横排文字工具"在画布的文本框中输入段落文字,文字效果如图7-22所示。

图 7-21 设置参数

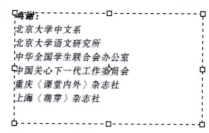
图 7-22 文字效果

> **小技巧**：在定界框内输入文本内容后，按【Ctrl+Enter】组合键即可创建段落文本。在定界框内，如果按住【Ctrl】键不放，然后将光标移至文本框内，拖动鼠标即可移动该定界框；按住【Ctrl】键并拖动控制点，可以等比例缩放文本框。在旋转文本框时，同时按住【Shift】键，可以以15°角为增量进行旋转。

7.1.4 输入直排文字

若要输入直排文字，可以使用"直排文字工具"在文档中单击设置插入点，在画布中输入文字，然后单击选项栏中的"提交"按钮，即可完成直排文字的输入。

STEP 11 单击工具箱中的"直排文字工具"按钮，在画布上单击设置插入点，如图7-23所示。打开"字符"面板，设置文字颜色为RGB（156、155、65），设置各项参数如图7-24所示。

图 7-23 设置插入点　　　　图 7-24 设置参数

STEP 12 在画布中输入文字，效果如图7-25所示。单击"文字工具"选项栏上的"提交所有当前编辑"按钮，提交文字输入。使用相同的方法输入其他文字，效果如图7-26所示。

图 7-25 输入文字　　　　图 7-26 输入其他文字

> 小技巧：当文字处于编辑状态时，可以输入并编辑文本。但要执行其他操作，要先提交当前文字。

➡ 技术看板：点文本与段落文本的相互转换

打开一个PSD文件，文字效果如图7-27所示。选中点文本所在的图层，执行"文字>转换为段落文本"命令，即可将点文本转换为段落文本，如图7-28所示。

图 7-27 文字效果

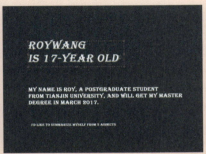
图 7-28 转换为段落文本

使用"横排文字工具"选中段落文本所在的图层，如图7-29所示。执行"文字>转换为点文本"命令，即可将段落文本转换为点文本，如图7-30所示。

图 7-29 选中段落文本

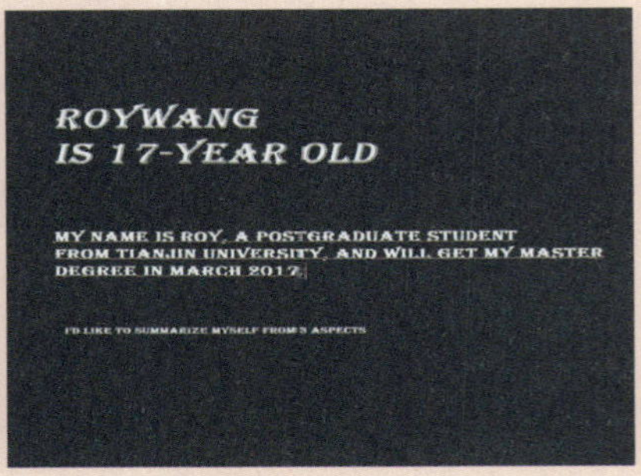

图 7-30 转换为点文本

疑难解答：点文本与段落文本的相互转换

点文本和段落文本可以相互转换。如果当前文本为点文本，用鼠标右键单击，在弹出的快捷菜单中选择"转换为段落文本"选项，即可将其转换为段落文本。如果当前文本为段落文本，用鼠标右键单击，在弹出的快捷菜单中选择"转换为点文本"选项，即可转换为点文本。

将段落文本转换为点文本时，所有溢出定界框的字符都会被删除。因此，为避免丢失文字，应首先调整定界框，使所有文字在转换前都显示出来。

7.1.5 输入横排文字

使用"横排文字工具"在文档中单击设置插入点，然后输入相应的字符。输入完成后单击选项栏中的"提交"按钮，提交文字。

STEP 13 使用"椭圆工具"在画布上绘制并填充颜色为RGB（163、162、83），如图7-31所示。单击工具箱中的"横排文字工具"按钮，打开"字符"面板，设置参数如图7-32所示。

图 7-31 绘制正圆形状　　　　图 7-32 设置参数

STEP 14 使用"横排文字工具"在画布中输入文字，文字效果如图7-33所示。单击选项栏上的"提交"按钮，完成文字输入。按【Ctrl+T】组合键调出定界框，拖曳定界框调整文字角度，图像效果如图7-34所示。

图 7-33 文字效果　　　　图 7-34 图像效果

7.1.6　选择全部文本

在对文本进行编辑之前，首先要选中相应的文字。在Photoshop中，用户既可以通过执行命令来选择文本，也可以通过快捷键选择文本。

STEP 15 使用相同的方法完成相似内容的操作，文字效果如图7-35所示。将光标移至段落文字文本框的左上角位置并单击，将文字变为可编辑状态，如图7-36所示。

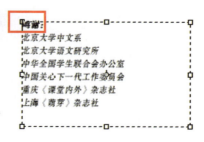

图 7-35 文字效果　　　　图 7-36 将文字变为可编辑状态

STEP 16 执行"选择>全部"命令，即可选择全部文字，如图7-37所示。打开"字符"面板，单击"仿斜体"按钮，取消文字的仿斜体效果，如图7-38所示。

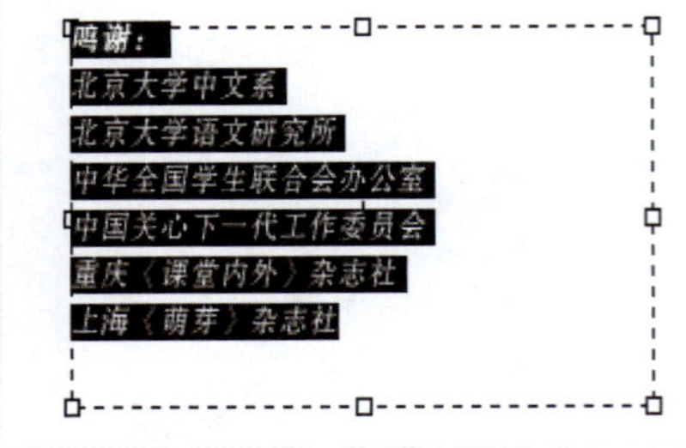

图 7-37 选择全部文字 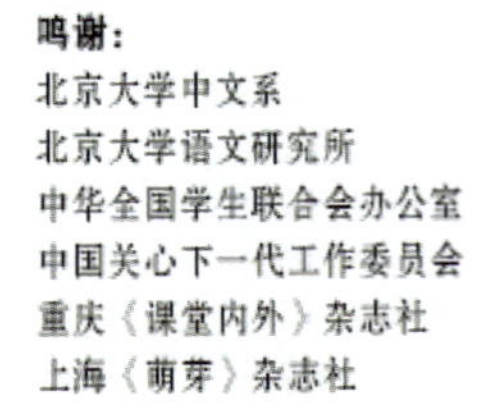　　　　　　　图 7-38 取消文字的仿斜体效果

> **小技巧**：在文字可编辑状态下，按【Ctrl+A】组合键可选择全部文本内容。在双击文字图层缩览图选中全部文字时，一定要双击该文字图层前面的缩览图，如果双击后面的名称部分会激活图层重命名操作。

STEP 17 完成对图像文字的调整，图书封面的最终效果如图7-39所示。

图 7-39 图书封面的最终效果

技术看板：选择部分文本

打开一个PSD文件，文字效果如图7-40所示。使用"横排文字工具"在文本内容中单击设置插入点，如图7-41所示。

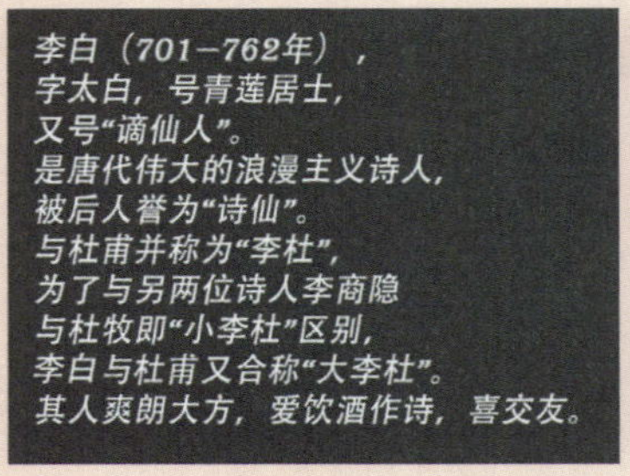

图 7-40 文字效果 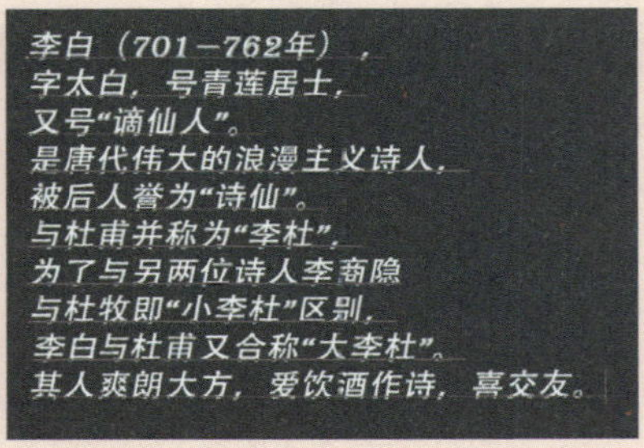　　　　　　　　图 7-41 设置插入点

向右拖动鼠标光标，可以看到部分文字被选中，如图7-42所示，完成后释放鼠标。
除此之外，在光标所在位置双击即可将光标所在位置的一句话选中，如图7-43所示。

第 7 章 图像文字制作

图 7-42 部分文字被选中

图 7-43 选中一句话

7.2 调整杂志封面的字体

在对文字工具有了初步的了解后，下面带领大家对文字工具进行进一步的学习和应用，以便可以在设计作品时方便、快捷地使用文字工具。

接下来使用文字工具调整杂志封面上的文字内容，完成后的图像效果如图7-44所示，封面展示效果如图7-45所示。

图 7-44 完成后的图像效果　　图 7-45 封面展示效果

7.2.1 使用文本工具选项栏

选择一种文本工具之后，在选项栏中会出现文字工具的相关设置，如字体、大小、文字颜色等。

STEP 01 打开一个名为"72101.psd"的素材文件，图像效果如图7-46所示。单击工具箱中的"横排文字工具"按钮，在画布上的文字内容处单击设置插入点，如图7-47所示。

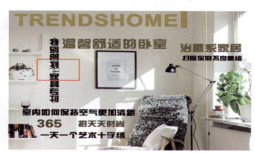
图 7-46 图像效果　　图 7-47 设置插入点

197

疑难解答:"文字工具"选项栏

单击工具箱中的"横排文字工具"或"直排文字工具"按钮,其选项栏如图7-48所示。

图 7-48 文字工具选项栏

切换文本取向:单击该按钮可切换文本的输入方向。

设置字体系列:用于设置文本的字体。在该下拉列表框中可选择安装在计算机中的字体。

设置字体样式:用于设置字符样式。该下拉列表框中的选项会随着所选字体的不同而变化,一般包括"Regular"(常规)、"Italic"(斜体)、"Bold"(粗体)和"Bold Italic"(粗斜体)等。

设置字体大小:用于设置字体的大小。

设置消除锯齿的方法:为消除文字锯齿选择一种方法。

设置文本对齐:用于设置文本的对齐方式,包括"左对齐文本""居中对齐文本""右对齐文本"。

设置文本颜色:用于设置文字的颜色。

创建文字变形:单击该按钮,可在弹出的"变形文字"对话框中为文本添加变形样式,创建变形文字。

切换字符和段落面板:单击该按钮,可以显示或隐藏"字符""段落"面板。

从文本创建3D:单击该按钮,可将当前图层中的文本转换为3D对象,同时进入3D工作区。

STEP 02 设置插入点后,在选项栏中单击"切换文本取向"按钮,可以看到图像中的直排文字已经被切换为横排文字,如图7-49所示。使用"移动工具"调整文字的位置,如图7-50所示。

图 7-49 切换文本取向　　　　　图 7-50 调整文字的位置

STEP 03 使用"横排文字工具"在文本内容上单击设置插入点,如图7-51所示。设置插入点后,在选项栏中单击"切换文本取向"按钮,可以看到图像中的横排文字已经被切换为直排文字,如图7-52所示。

第 7 章 图像文字制作

图 7-51 设置插入点

图 7-52 切换文本取向

> **技术看板：栅格化文字图层**

打开一个名为"72102.psd"的素材文件，在打开的"图层"面板中选择任意文字图层，如图7-53所示。执行"文字>栅格化文字图层"命令，将当前文字图层转换为普通的位图图层，如图7-54所示。

图 7-53 选择任意文字图层

图 7-54 将当前文字图层转换为位图图层

7.2.2 设置字体系列

在Photoshop默认设置下，文本工具选项栏中的"设置字体系列"下拉列表框中所显示的字体是以英文名称命名的。

STEP 04 执行"编辑>首选项>文字"命令，弹出"首选项"对话框，在该对话框中取消勾选"以英文显示字体名称"复选框，如图7-55所示。设置完成后单击"确定"按钮，在文字工具的选项栏中单击"设置字体系列"按钮，下拉列表如图7-56所示。

图 7-55 取消勾选"以英文显示字体名称"复选框

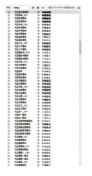
图 7-56 下拉列表

199

STEP 05 单击工具箱中的"横排文字工具"按钮,在画布中的文本内容上单击设置插入点,双击选中要更改的文字,如图7-57所示。单击选项栏中的"设置字体系列"按钮,在弹出的下拉列表中选择相应的字体,完成后的文字效果如图7-58所示。

图 7-57 选中要更改的文字　　　　　　　图 7-58 文字效果

> **小技巧**:单击"字符"面板右上角的≡按钮,在弹出的面板菜单中选择"全部大写字母"或者"小型大写字母"选项,也可以更改所选字符的大小写方式。

➡ 技术看板:字体预览大小

打开一个带有文字图层的PSD文件,执行"文字>字体预览大小"命令,在弹出的子菜单中包括无、小、中、大、特大和超大6个选项供用户选择,如图7-59所示。

该设置可影响"文字工具"选项栏与"字符"面板中"设置字体系列"选项的字体预览大小。图7-60、图7-61所示分别为选择"中""特大"选项时的字体预览效果。

图 7-59 子菜单　　　图 7-60 选择"中"选项时的字体预览效果　　图 7-61 选择"特大"选项时的字体预览效果

> **小技巧**:字体预览设置得越大,在"设置字体系列"下拉列表中的预览字体越直观清晰,这将给用户带来巨大的便利。同时,如果该值设置得过大,字体预览速度会明显受到影响。

7.2.3　设置字体样式

部分字体还允许对字体的样式进行设置,用户可以通过选项栏或"字符"面板中的"字体样式"选项对其进行更改。

STEP 06 使用"横排文字工具"选中需要更改的文字,如图7-62所示。单击"横排文字工具"选项栏上的"设置字体样式"下拉列表,或者单击"字符"面板中的"设置字体样式"下拉列表,可以看到下拉列表中有以下几种样式,如图7-63所示。

图 7-62 选中文字　　　　　　　　　图 7-63 "设置字体样式"下拉列表

疑难解答:设置字体和样式

单击文本工具选项栏中的"字体样式"下拉按钮,可以看到下拉列表框中有以下几种样式,如图7-64所示。

图 7-64 字体样式

下面是分别选择不同字体样式的文字效果,如图7-65所示。

图 7-65 不同字体样式的文字效果

技术看板:查找和替换文本

打开一个PSD文本,文字效果如图7-66所示。执行"编辑>查找和替换文本"命令,弹出"查找和替换文本"对话框,设置参数如图7-67所示。

图 7-66 文字效果　　　　　　　　图 7-67 设置参数

文本内容变为可编辑状态，如图7-68所示。由于"地"字为多音字，所以使用"查找下一个""更改"的方式将其替换为正确的文本内容，完成后单击"完成"按钮，如图7-69所示。

图 7-68 文本内容变为可编辑状态　　　　图 7-69 完成替换

> 提示：在"查找内容"文本框中输入要替换的内容，在"更改为"文本框中输入用来替换的内容，单击"更改"按钮，即可替换查找到的文本内容。

7.2.4　设置字体大小

在画布中选中任意文字，可在选项栏中的"设置字体大小"或"字符"面板中的"设置字体大小"文本框中更改文字的大小。

STEP 07 使用"横排文字工具"在画布中单击并拖曳选中如图7-70所示的文字。在"横排文字工具"选项栏的"设置字体大小"下拉列表框中或者在"字符"面板中的"设置字体大小"下拉列表中，选择相应的字体大小选项，如图7-71所示。

图 7-70 选中文字　　　　图 7-71 选择相应的字体大小选项

> 提示：在输入或编辑完文本后，除单击选项栏中的"提交"按钮确认操作之外，在工具箱中选择其他工具，或在"图层"面板中选择其他图层后，系统同样会自动提交。

➡ 技术看板：拼写检查

打开一个PSD文件，选中文字图层，文字效果如图7-72所示。

执行"编辑>拼写检查"命令，弹出"拼写检查"对话框，如果检测到错误的单词，Photoshop CC 2021会提供修改建议，单击选择正确的单词拼写，如图7-73所示。

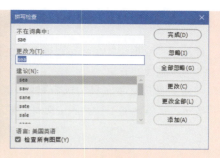

图 7-72 文字效果　　　　　图 7-73 "拼写检查"对话框

疑难解答："拼写检查"对话框

不在词典中：Photoshop会将查出的错误单词显示在"不在词典中"列表框内。

更改为：此处显示用来替换错误文本的正确单词，用户可在"建议"列表框中选择需要替换的文本，或直接输入正确单词。

建议：显示修改建议。

更改：单击"更改"按钮可使用正确的单词替换文本中错误的单词。

更改全部：如果要使用正确的单词替换文本中所有错误的单词，可单击"更改全部"按钮。

语言：选择的语言，可在"字符"面板中进行调整。

检查所有图层：选择该复选框可自动检测所有图层中的文本，取消选择该复选框将只检查所选图层中的文本。

完成：单击该按钮，将结束检查并关闭对话框。

忽略/全部忽略：单击"忽略"按钮，表示忽略当前的检查结果；单击"全部忽略"按钮，则忽略所有检查结果。

添加：用于将检测到的词条添加到词典中。如果被查找到的单词拼写正确，可单击该按钮，将其添加到Photoshop词典中。以后再查找到该单词时，Photoshop会自动视其为正确的拼写格式。

　　单击"更改"按钮，使用正确的单词替换文本中所有错误的单词，这时会弹出提示对话框，提示拼写检查完成，如图7-74所示，单击"确定"按钮，完成单词的拼写检查，文字效果如图7-75所示。

图 7-74 提示对话框　　　　　图 7-75 文字效果

提示：Photoshop提供了"拼写检查"功能，使用"拼写检查"可以对当前文本中的英文单词拼写进行检查，以确保单词拼写正确。

7.2.5 消除锯齿

使用"消除锯齿"命令可以使文字的边缘混合到背景中从而看不出锯齿。在文本工具选项栏中有七种消除锯齿的方法。

使用"横排文字工具"选中需要消除锯齿的文字,如图7-76所示。单击选项栏中的"消除锯齿"按钮,在弹出的下拉列表中选择"锐利"选项,如图7-77所示。

图 7-76 选中文字　　　　　图 7-77 选择"锐利"选项

疑难解答:"消除锯齿"命令

用户也可以执行"文字>消除锯齿"命令,在子菜单中选择一种消除锯齿的方法,如图7-78所示。

①无:不应用消除锯齿;②锐利:文字以锐利的效果显示;③犀利:文字以稍微锐利的效果显示;④浑厚:文字以厚重的效果显示;⑤平滑:文字以平滑的效果显示;⑥Windows LCD:优化字体效果,接近LCD设备网页中字体的显示效果;⑦Windows:优化字体效果,接近网页中字体的显示效果。

图 7-78 "消除锯齿"子菜单

7.2.6 文本对齐方式

在Photoshop中处理大量文本时,可以使用文本对齐方式来约束文本内容,这样可以减少操作时间,提高工作效率。文本工具选项栏中提供了三种文本对齐方式:居中对齐文本、左对齐文本和右对齐文本。

使用"横排文字工具"在画布中的文本内容上单击设置插入点,此时选项栏中的文本对齐方式为"居中对齐文本",文字效果如图7-79所示。选中文本图层,在选项栏中单击"左对齐文本"按钮,文字对齐效果如图7-80所示。

图 7-79 文字效果　　　　　图 7-80 文字对齐效果

第 7 章 图像文字制作

> **疑难解答："文字"菜单**
>
> 执行"文字>Open Type"命令，可以为当前文本图层或选中的文字选择Open Type功能。执行该命令的效果与使用"字符"面板下方的8个Open Type功能按钮实现的效果相同。
>
> 选中文字图层，执行"文字>创建3D文字"命令，即可将文字自动生成为3D模型。
>
> 执行"文字>语言选项"命令，打开如图7-81所示的子菜单，该子菜单中的选项主要用于对文本引擎和文字的行内对齐方式等属性进行相关设置。
>
> 执行"文字>更新所有文字图层"命令，文档内丢失的字体或字形将被全部更新为可用数据。
>
> 执行"文字>替换所有欠缺字体"命令，文档内缺失的字体将全部被更新为其他可用字体。
>
> 在文字处于编辑状态下时，执行"文字>粘贴Lorem Ipsum"命令，会在当前输入点粘贴一段名为"Lorem Ipsum"的文章。Lorem Ipsum是一篇常用于排版设计领域的拉丁文文章。执行该命令的主要目的是为了测试文章或文字在不同字形、版型下的效果，用户可以将它视为一种文本排版预览功能。

图 7-81 子菜单

7.3 制作精美音乐节海报

文字是每一个设计作品中不可或缺的一部分，随着Photoshop的不断改进，文字工具也越来越多样化。

接下来使用文字工具及素材图像完成一款音乐节海报的设计制作，制作完成后的图像效果如图7-82所示，海报展示效果如图7-83所示。

图 7-82 图像效果

图 7-83 海报展示效果

7.3.1 创建变形文字

使用"变形文字"命令可以对创建的文字进行变形处理，从而得到不同的文字效果，如将文字变形为拱形或扇形等。

Photoshop 2021中文版
入门、精通与实战

STEP 01 打开一个名为"73101.psd"的素材图像，如图7-84所示。单击工具箱中的"横排文字工具"按钮，打开"字符"面板，设置文本颜色为RGB（255、236、104），设置参数如图7-85所示。

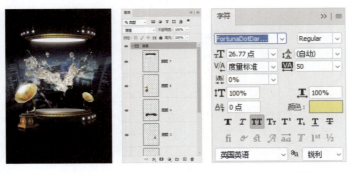

图 7-84 打开素材图像　　　　　图 7-85 设置参数

STEP 02 在画布中的文字内容上单击设置插入点，输入如图7-86所示的文字。单击选项栏中的"创建变形文字"按钮，弹出"变形文字"对话框，设置参数如图7-87所示。

图 7-86 输入文字　　　　　图 7-87 设置参数

小技巧：用户在"变形文字"对话框中设置参数时可以在画布中移动文字的位置，但是并不改变参数值。请注意它与"图层样式"对话框不同，在"图层样式"对话框中，在画布中拖动不会改变图像或图形的位置，而是改变对话框中的参数。

疑难解答：变形选项设置

单击"文本工具"选项栏上的"变形文字"按钮，弹出"变形文字"对话框，在该对话框中显示了文字的多种变形选项，包括文字的变形样式和变形程度。在"样式"下拉列表中有多种系统预设的变形样式，如图7-88所示为应用不同的文字变形样式的效果。

图 7-88 应用不同的文字变形样式的效果

水平/垂直：用于指定文本应用扭曲的方向。选中"水平"单选按钮，文本扭曲的方向为水平；选中"垂直"单选按钮，文本扭曲的方向为垂直。

弯曲：用于设置文本变形的弯曲程度。正值为向上弯曲，负值为向下弯曲。
水平扭曲/垂直扭曲：分别用于指定文本在水平方向和垂直方向的扭曲程度。

STEP 03 单击"确定"按钮，文字变形效果如图7-89所示。打开"图层"面板，单击面板底部的"添加图层样式"按钮，在弹出的下拉列表中选择"外发光""颜色叠加"选项，设置参数如图7-90所示。

图 7-89 文字变形效果

图 7-90 设置参数

疑难解答：重置变形与取消变形

使用"横排文字工具""直排文字工具"创建的文本，在没有将其栅格化或转换为形状前，可以随时重置与取消变形。

重置变形：选择一种文字工具，单击工具选项栏中的"创建文字变形"按钮，或执行"文字>文字变形"命令，弹出"变形文字"对话框，修改变形参数，或者在"样式"下拉列表框中选择另外一种样式，即可重置文字变形。

取消变形：在"变形文字"对话框的"样式"下拉列表框中选择"无"选项，然后单击"确定"按钮关闭对话框，即可取消文字变形。

STEP 04 设置完成后，单击"确定"按钮，文字效果如图7-91所示。使用相同的方法完成两次相似文字内容的输入，文字效果如图7-92所示。

图 7-91 文字效果

图 7-92 文字效果

小技巧：使用"横排文字蒙版工具""直排文字蒙版工具"创建文字选区时，在文本输入状态下同样可以进行变形操作，这样就可以得到变形的文字选区。

7.3.2 创建沿路径排列的文字

路径文字是指创建在路径上的文字，这种文字会沿着路径排列，而且当改变路径形状时，文字的排列方式也会随之该变，这种文字形式使得文字的处理方式变得更加灵活。

STEP 05 新建图层，单击工具箱中"钢笔工具"按钮，在选项栏中设置"工具模式"为"路径"，使用"钢笔工具"在画布中绘制路经，如图7-93所示。

STEP 06 单击工具箱中"横排文字工具"按钮，打开"字符"面板，设置文字颜色为RGB（255、236、104），设置参数如图7-94所示。

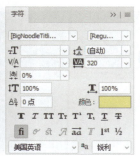

图 7-93 绘制路径　　　　　　　图 7-94 设置参数

STEP 07 单击工具箱中的"文字工具"按钮，将光标放在路径起点处，当光标变为如图7-95所示的状态时，单击添加文字插入点，输入文字即可沿着路径排列，如图7-96所示。

图 7-95 光标状态　　　　　　　图 7-96 输入文字

STEP 08 打开"图层"面板，单击面板底部的"添加图层样式"按钮，在弹出的下拉列表中选择"斜面和浮雕""内阴影""内发光""颜色叠加""投影"选项，设置参数如图7-97所示。完成图层样式的添加，文字效果如图7-98所示。

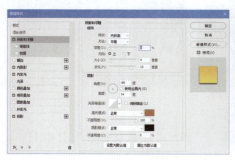

图 7-97 添加图层样式　　　　　图 7-98 文字效果

> 提示：路径文字创建完成后，用户还可以随时对其进行修改和编辑。由于路径文字的排列方式受路径的形状控制，所以移动或编辑路径就会影响文字的排列。

➡ 技术看板：移动与翻转路径文字

新建一个空白文档，使用"钢笔工具"在画布中创建路径，如图7-99所示。使用"横排文字工具"在路径上输入文字，如图7-100所示。

图 7-99 创建路径

图 7-100 在路径上输入文字

单击工具箱中的"直接选择工具"按钮或"路径选择工具"按钮，将光标定位到文字上，当光标变为 ⌶ 状态时，单击并沿着路径拖动光标可以移动文字，如图7-101所示。

单击并向路径的另一侧拖动文字，可以将文字翻转，如图7-102所示。

图 7-101 移动文字

图 7-102 翻转文字

➡ 技术看板：编辑文字路径

创建路径文字后，用户还可以直接修改路径的方向来影响路径的排列。使用"钢笔工具"在画布中创建路径，使用"横排文字工具"在路径上添加文字，如图7-103所示。

单击工具箱中的"直接选择工具"按钮，单击路径上的锚点将其选中，修改路径轮廓，文字会沿修改后的路径重新排列，如图7-104所示。

图 7-103 添加路径文字

图 7-104 文字沿路径重新排列

7.3.3 "字符样式"面板

执行"窗口>字符样式"命令,打开"字符样式"面板。单击该面板右上角的 ≡ 按钮,打开面板菜单。

STEP 09 打开一张素材图像,将其拖入设计文档中,如图7-105所示。

STEP 10 打开"字符样式"面板,单击面板底部的"创建新的字符样式"按钮,创建"字符样式1",如图7-106所示。

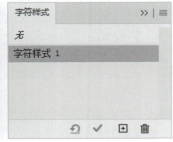

图 7-105 打开素材图像　　　　　　图 7-106 创建新的字符样式

STEP 11 双击"字符样式1"缩览图,弹出"字符样式选项"对话框,设置参数如图7-107所示,单击"确定"按钮。

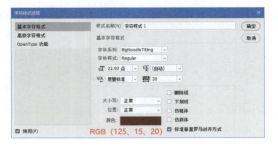

图 7-107 设置参数

疑难解答:"字符样式"面板

创建新的字符样式:单击该按钮,可以创建新的字符样式。

删除当前字符样式:单击该按钮,可以将当前选中的字符样式删除。

清除覆盖:如果对使用了某种字符样式的文字进行了更改,可使用该按钮恢复原有样式。

通过合并覆盖重新定义字符样式:如果对使用了某种字符样式的文字进行了更改,可使用该按钮更新相应的字符样式。

样式选项:选择该命令,将弹出"字符样式选项"对话框,在对话框中可对当前字符样式进行修改。

复制样式:用于复制当前字符样式。

载入字符样式:选择该选项,将弹出"载入"对话框,可载入外部文件的字符样式。

STEP 12 使用"横排文字工具"在画布上添加文字,如图7-108所示。再次打开"图层"面板,单击面板底部的"添加图层样式"按钮,在弹出的下拉列表中选择"斜面和浮雕""内阴影""内发光""渐变叠加""投影"选项,设置参数如图7-109所示。

 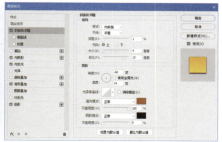

图 7-108 添加文字　　　　　　图 7-109 设置参数

STEP 13 单击"确定"按钮，文字效果如图7-110所示。使用相同的方法完成相似文字内容的制作，如图7-111所示。

图 7-110 文字效果　　　　　　图 7-111 制作相似文字内容

> 小技巧：当字符或段落使用了"字符样式"或"段落样式"后，如果需要对文字的样式进行更改，在"字符样式"面板或"段落样式"面板中更改这个样式，即可将使用该样式的所有文字样式统一更新，避免大量重复操作，节省时间。

7.3.4 "段落"面板

段落是指在输入文本时，末尾带有回车符的任何范围的文字。对于点文字来说，也许一行就是一个单独的段落；而对于段落文字来说，一段可能有多行。通过"段落"面板可以设置段落对齐、段前和段后间距等，段落格式的设置主要通过"段落"面板来实现。

STEP 14 打开"字符"面板，设置参数如图7-112所示。使用"横排文字工具"在画布中输入文字，如图7-113所示。

　　　图 7-112 设置参数　　　　　　　　图 7-113 输入文字

STEP 15 使用相同的方法为文字图层添加"图层样式",设置参数如图7-114所示,单击"确定"按钮,文字效果如图7-115所示。

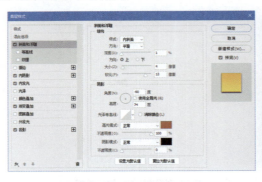

图 7-114 设置参数

图 7-115 文字效果

STEP 16 继续在"字符"面板中设置参数,如图7-116所示。执行"窗口>段落"命令,打开"段落"面板,设置参数如图7-117所示。

图 7-116 设置参数

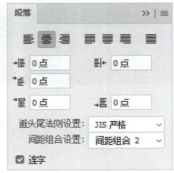

图 7-117 设置参数

疑难解答:"段落"面板

段落对齐:用于设置段落的对齐方式,包括左对齐文本、居中对齐文本、右对齐文本、最后一行左对齐、最后一行居中对齐、最后一行右对齐和全部对齐。

段落缩进:用于设置段落文字与文本框之间的距离,或者是段落首行缩进的文字距离。进行段落缩进处理时,只会影响选中的段落区域。

左缩进:用于设置段落文字的左缩进。横排文字从左边缩进,直排文字从顶端缩进。

右缩进:用于设置段落文字的右缩进。横排文字从右边缩进,直排文字从底部缩进。

首行缩进:用于设置首行文字的缩进。

段落间距:用于指定当前段落与上一段落或下一段落之间的距离。

连字:将文本强制对齐时,会将某一行末端的单词断开至下一行。选择该复选框,即可在断开的单词间显示连字标记。

对齐:选择面板菜单中的"对齐"选项,弹出"对齐"对话框,如图7-118所示,可以在其中设置"字间距""字符间距""字形缩放"等。

连字符连接:用于对"连字"方式进行设置。选择"连字"复选框后,选择面板菜单中的"连字符连接"选项,弹出"连字符连接"对话框,如图7-119所示。

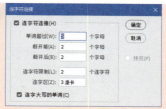

图 7-118 "对齐"对话框　　　图 7-119 "连字符连接"对话框

复位段落：可以快速将指定文本的格式复位为默认参数设置。

> **提示**：如果选择单个段落文本，使用文字工具在段落中单击，即可设置该段落的格式；如果使用文字工具选择包含多个段落的选区，将设置多个段落的格式。在"图层"面板中选择文字图层，可设置该图层中所有段落的格式。

➡ 技术看板：载入文字选区

新建一个空白文档，使用"直排文字工具"在画布中输入文字，如图7-120所示。

在打开的"图层"面板中选择文字图层，按下【Ctrl】键的同时单击"图层"面板中文字图层缩览图，即可载入当前文字选区，选区效果如图7-121所示。

图 7-120 输入文字　　　图 7-121 选区效果

7.3.5 "段落样式"面板

"段落样式"面板与"字符样式"面板的操作方法并无太大区别。

STEP 17 使用"横排文字工具"在画布中拖出文本框，如图7-122所示。执行"窗口>段落样式"命令，打开"段落样式"面板，单击面板底部的"创建新的段落样式"按钮，创建"段落样式1"，如图7-123所示。

图 7-122 文本框　　　图 7-123 创建"段落样式 1"

STEP 18 双击"段落样式1"缩览图，打开"段落样式选项"对话框，设置各项参数，如图7-124所示。

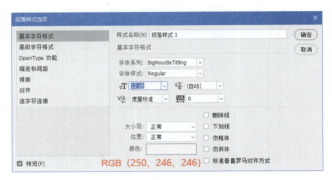

图7-124 设置各项参数

STEP 19 使用"横排文字工具"在文本框中输入文字，文字效果如图7-125所示。最后的图像效果如图7-126所示。

图7-125 文字效果　　　　　　　　图7-126 图像效果

技术看板：将文字转换为路径

打开一张素材图像，使用"直排文字工具"在画布中输入文字，如图7-127所示。使用【Ctrl+T】组合键调出定界框，修改文本的大小，如图7-128所示。

图7-127 输入文字　　　　　　图7-128 修改文本的大小

修改完成后，按【Enter】键确认。执行"文字>创建工作路径"命令，"路径"面板如图7-129所示。打开"图层"面板，新建图层，隐藏文字图层，路径效果如图7-130所示。

图7-129 "路径"面板　　　　　　图7-130 路径效果

单击工具箱中的"画笔工具"按钮，设置画笔笔触为4像素，设置背景色为白色。再次打开"路径"面板，单击面板底部的"用画笔描边路径"按钮，如图7-131所示。最终的文字效果如图7-132所示。

图7-131 单击"用画笔描边路径"按钮　　　图7-132 最终的文字效果

锁定"图层1"图层的透明像素，如图7-133所示。使用"渐变工具"为图层填充渐变色，图像效果如图7-134所示。

图7-133 锁定图层的透明像素　　　　　　图7-134 填充渐变颜色后的图像效果

➡ **技术看板：将文字转换为形状**

接上一个案例，打开"图层"面板，选中文字图层，如图7-135所示。

执行"文字>转换为形状"命令，可以将其转换为一个形状图层，图层效果如图7-136所示。

图 7-135 选中文字图层　　　　　图 7-136 转换为形状图层

第 8 章　滤镜的使用

在图像处理过程中，通过使用 Photoshop 中的滤镜，不需要太多复杂的操作就能在很短的时间内创造出千变万化的图像效果。

PHOTOSHOP 2021中文版
入门、精通与实战

8.1 制作水墨荷花效果

滤镜是一种用于调节聚集效果和光照效果的特殊镜头。在Photoshop中，滤镜是指通过分析图像中的每一个像素，用数学算法将其转换从而获得特定的形状、颜色、亮度等效果。通过滤镜强大的图像编辑功能，可以制作出让人耳目一新的作品。

> **疑难解答：滤镜的种类**
>
> 滤镜是Photoshop的重要组成部分，恰当地使用滤镜能够为作品增添色彩。通过使用滤镜无须耗费大量时间和精力，就可以快速制作出各种有趣的视觉效果，使设计作品产生意想不到的效果。
>
> 当需要对图层或选区进行特定变化，实现如马赛克、云彩、扭曲、球形化、浮雕化或波动等效果时，都可以使用滤镜。在Photoshop中，滤镜包括特殊滤镜、内置滤镜和外挂滤镜。
>
> **特殊滤镜：** 特殊滤镜包括滤镜库、液化滤镜和消失点滤镜，其功能强大且使用频繁，在"滤镜"菜单中的位置也有别于其他滤镜。
>
> **内置滤镜：** 内置滤镜包括多种多样的滤镜，分为九种滤镜组，广泛应用于纹理制作、图像效果修整、文字效果制作和图像处理等各个方面。
>
> **外挂滤镜：** 外挂滤镜并非是Photoshop自带的滤镜，而是需要用户单独安装。其种类繁多，效果奇妙，如KPT、Eye和Candy等都是有名的外挂滤镜。

接下来通过使用"最小值"滤镜、"喷溅"滤镜和"油画"滤镜，再配合文字工具和素材图像完成水墨荷花效果的制作。图8-1所示为原始荷花图像，图8-2所示为制作完成后的水墨荷花图像。

图 8-1 原始荷花图像　　　图 8-2 制作完成后的水墨荷花图像

8.1.1 使用"最小值"滤镜

使用"最小值"滤镜可以在指定的半径内，用周围像素的最低亮度值替换当前像素的亮度值。该滤镜具有伸展效果，可以扩展黑色区域，收缩白色区域，阻塞黑色区域。

STEP 01 打开一张素材图像，按【Ctrl+J】组合键复制图层，如图8-3所示。执行"图像>调整>黑白"命令，弹出"黑白"对话框，在"预设"下拉列表框中选择"较暗"选项，单击"确定"按钮，将图像调整为如图8-4所示的黑白图像。

第 8 章 滤镜的使用

图 8-3 打开图像并复制图层

图 8-4 调整为黑白图像

STEP 02 执行"图像>调整>反相"命令，连续按两次【Ctrl+J】组合键复制图层，选择"图层 1 拷贝 2"图层，设置混合模式为"颜色减淡"，图像效果和图层面板如图8-5所示。

STEP 03 按【Ctrl+I】组合键进行"反相"，使画布变为白色。执行"滤镜>其他>最小值"命令，在打开的"最小值"对话框中设置参数，单击"确定"按钮，"最小值"对话框和图像效果如图8-6所示。

图 8-5 图像效果和"图层"面板

图 8-6 "最小值"对话框和图像效果

技术看板：使用"高反差保留"滤镜

打开一张素材图像，在打开的"图层"面板中复制背景图层，如图8-7所示。执行"滤镜>其他>高反差保留"命令，弹出"高反差保留"对话框，设置参数如图8-8所示。

图 8-7 打开图像并复制图层

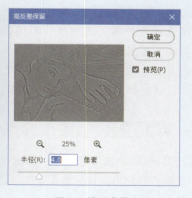

图 8-8 设置参数

单击"确定"按钮，设置图层的混合模式为"叠加"，如图8-9所示，调整后的图像效果如图8-10所示。

图8-9 设置混合模式

图8-10 调整后的图像效果

疑难解答:"其他"滤镜组

使用"其他"滤镜组可以自定义滤镜效果,还可以使用滤镜修改蒙版、在图像中使选区发生位移和快速调整颜色。执行"滤镜>其他"命令,即可展开"其他"子菜单,该滤镜组中包含六种滤镜,图8-11所示为这六种滤镜的应用效果。

图8-11 六种滤镜的应用效果

HSB/HSL:选择该滤镜可以生成饱和度映射通道,将其转换为图层蒙版,并以此为基础进行后续调整。

高反差保留:使用该滤镜可以删除图像中色调变化平缓的部分,保留色彩变化最大的部分,可用于从扫描图像中提取线画稿和大块黑色区域。

位移:使用该滤镜可以为图像中的选区指定水平或垂直移动量,而选区的原位置变成空白区域。

自定:该滤镜提供自定义滤镜效果的功能,它可以根据预定义的数学运算更改图像中每个像素的亮度值,这种操作与通道的加、减计算类似。可以存储创建的自定滤镜,并将其应用于其他图像。

最大值:使用该滤镜可以在指定的半径内,用周围像素的最高亮度值替换当前像素的亮度值。该滤镜具有应用阻塞的效果,可以扩展白色区域,阻塞黑色区域。

8.1.2 使用"喷溅"滤镜

执行"滤镜>滤镜库"命令,弹出"滤镜库"对话框,对话框左侧为预览区,中间为六组可供选择的滤镜,右侧为滤镜参数设置区。滤镜组包括"风格化""画笔描边""扭曲""素描""纹理""艺术效果"六组命令。

STEP 04 按【Ctrl+E】组合键向下合并图层,选择"图层 1"图层,执行"滤镜>滤镜库"命令,在打开的对话框中选择"画笔描边"组下的"喷溅"滤镜,设置参数如图8-12所示。

STEP 05 选择"图层 1 拷贝"图层,设置混合模式为"柔光",按【Ctrl+E】组合键向下合并图层,如图8-13所示。

图 8-12 设置参数　　　　　　图 8-13 设置图层混合模式并合并图层

疑难解答:重复使用滤镜

在未执行滤镜命令前,"滤镜"菜单第一个命令会显示"上次滤镜操作"。当执行一次滤镜命令后,"滤镜"菜单的第一行会出现刚才使用过的滤镜。执行该命令或按【Ctrl+F】组合键可快速重复执行相同设置的滤镜命令。

按【Ctrl+Shift+F】组合键,可以打开上一次执行的滤镜命令对话框,在其中对相关属性进行调整,单击"确定"按钮,即可完成调整。

STEP 06 执行"图像>调整>色阶"命令,打开"色阶"对话框,设置参数如图8-14所示。单击"确定"按钮,图像效果如图8-15所示。

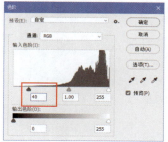

图 8-14 设置参数　　　　　　图 8-15 图像效果

STEP 07 执行"滤镜>滤镜库"命令,在打开的对话框中选择"纹理"组下的"纹理化"滤镜,设置参数后单击"确定"按钮,如图8-16所示。执行"图像>调整>照片滤镜"命令,打开"照片滤镜"对话框,设置参数如图8-17所示。

图 8-16 添加"纹理化"滤镜　　　　　　图 8-17 设置参数

STEP 08 单击"确定"按钮，图像效果如图8-18所示。执行"图像>调整>色阶"命令，在打开的"色阶"对话框中单击"在图像中取样已设置灰场"按钮，在图像中取样后，单击"确定"按钮，如图8-19所示。

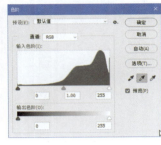

图 8-18 图像效果　　　　　　　　图 8-19 在图像中取样

疑难解答："滤镜库"对话框

执行"滤镜>滤镜库"命令，弹出"滤镜库"对话框，如图8-20所示。

①预览区：用于预览滤镜的效果。

②滤镜组："滤镜库"共包含六组滤镜，单击滤镜组名称左侧的三角形按钮，即可展开该滤镜组。

③参数设置：用来设置滤镜组中滤镜的相关参数。

④新建效果图层：单击该按钮，可创建一个滤镜效果图层，一个滤镜图层可以使用一种滤镜。

⑤删除效果图层：单击该按钮，可将指定的滤镜图层删除。

⑥预览缩放：可放大或缩小预览图像的显示比例。

⑦滤镜图层：在"滤镜库"对话框中选择任意一个滤镜后，该滤镜就会出现在对话框右下角的图层列表中。单击"新建效果图层"按钮，可以创建一个效果图层。创建效果图层后，可以选择另一个图层进行叠加。

图 8-20 "滤镜库"对话框

技术看板：使用"镜头校正"滤镜

打开一张素材图像，如图8-21所示。执行"滤镜>镜头校正"命令，弹出"镜头校正"对话框，选择"自定"选项卡，如图8-22所示。

图 8-21 打开图像　　　　　　　图 8-22 选择"自定"选项卡

拖动"垂直透视"滑块到-50，如图8-23所示，单击"确定"按钮，垂直透视校正后的图像效果如图8-24所示。

图 8-23 设置参数　　　　　图 8-24 垂直透视校正后的图像效果

> **小技巧**："镜头校正"滤镜用于修复常见的镜头缺陷，如桶形失真、枕形失真、色差及晕影等，也可以用来旋转图像，或修改由于相机垂直或水平倾斜导致的图像透视现象。
>
> 如果需要对大量图像执行"镜头校正"操作，可以通过执行"文件>自动>镜头校正"命令来完成，"镜头校正"对话框如图8-25所示。
>
> 在"镜头校正"对话框中，选择需要进行批量镜头校正的图片、合适的镜头校正配置文件及"校正选项"，单击"确定"按钮，Photoshop会快速而准确地完成所有图像的镜头校正工作。

图8-25 "镜头校正"对话框

8.1.3　使用"油画"滤镜

"风格化"滤镜组中包含九种滤镜，通过使用它们可以置换像素、查找并增加图像的对比度，产生绘图和印象派风格的效果。

STEP 09 按【Ctrl+J】组合键复制图层，执行"滤镜>风格化>油画"命令，弹出"油画"对话框，设置参数如图8-26所示，单击"确定"按钮。

STEP 10 打开"字符"面板，设置参数后使用"直排文字工具"在画布中添加文字。打开一张素材图像并将其拖至设计文档中，调整图像的大小，如图8-27所示。

图 8-26 设置参数　　图 8-27 添加图像并调整齐大小

疑难解答："风格化"滤镜组

打开一张素材图像，使用"风格化"滤镜组中的各个滤镜的效果如图8-28所示。

图8-28 使用"风格化"滤镜组中的各个滤镜的效果

查找边缘：自动搜索图像像素对比变化剧烈的边界，将高反差区变亮，低反差区变暗，其他区域则介于两者之间，硬边变为线头，而柔边变粗，形成一个清晰的轮廓。

等高线：查找图像中主要亮度区域的转换，在每个颜色通道中勾勒主要亮度区域的转换，使图像获得与等高线图中的线条类似的效果。

风：通过在图像中增加一些细小的水平线来模拟风吹的效果。

油画：可以快速地将一幅普通图像制作成油画效果。

浮雕效果：通过勾画图像或选区轮廓并降低周围色值来生成浮雕效果。

扩散：将图像中相邻像素按规定的方式有机移动，使图像扩散，形成一种透过磨砂玻璃观察图像的模糊效果。

拼贴：根据指定数值将图像分为块状，产生不规则的瓷砖拼凑效果。

曝光过度：可以产生图像正片和负片混合的效果，模拟过度曝光效果。

凸出：可以将图像分成一系列大小相同且有机重叠放置的立方体或锥体，产生特殊的三维效果。

照亮边缘：通过替换像素以及查找和提高图像对比度的方法，为选区生成绘画效果或印象派效果。

技术看板：使用"自适应广角"滤镜

打开一张素材图像，如图8-29所示。执行"滤镜>自适应广角"命令，打开"自适应广角"对话框，如图8-30所示。

图8-29 打开素材图像　　　　图8-30 "自适应广角"对话框

提示："自适应广角"滤镜主要用于修复枕形失真图像。执行"滤镜>自适应广角"命令，弹出"自适应广角"对话框。对话框中包含用于定义透视的选项卡、用于编辑图像的工具，以及一个可预览图像的工作区和一个用于查看细节的预览区。

单击"确定"按钮，可以看到校正后的效果如图8-31所示。使用"裁剪工具"裁剪图像，效果如图8-32所示。

图 8-31 校正后的效果

图 8-32 裁剪后的图像效果

> 技术看板：使用"消失点"滤镜

打开一张素材图像，如图8-33所示。执行"滤镜>消失点"命令，弹出"消失点"对话框，单击"创建平面工具"按钮，在图像中沿透视角度绘制如图8-34所示的平面。

图 8-33 打开素材图像

图 8-34 绘制平面

单击工具栏中的"图章工具"按钮，按【Alt】键在图像左侧单击进行取样，如图8-35所示。在刚刚创建平面区域的右侧单击仿制，并进行多次仿制，效果如图8-36所示，完成后单击"确定"按钮。

图 8-35 单击进行取样

图 8-36 仿制效果

> 疑难解答："消失点"对话框

图8-37所示为"消失点"对话框左侧的工具箱。

编辑平面工具:用于选择、编辑或移动平面的节点,以及调整平面的大小。

创建平面工具:创建透视平面时,定界框和网格会改变颜色,以指明平面的当前情况。

选框工具:在平面上单击并拖动鼠标可以选择平面上的图像。选择图像后,将光标放在选区内按住【Alt】键并拖动鼠标可以复制图像;按住【Ctrl】键拖动选区可以用源图像填充该区域。

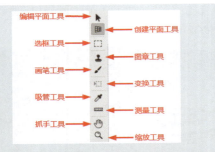

图 8-37 "消失点"对话框左侧的工具箱

图章工具:使用该工具时按住【Alt】键并在图像中单击可以设置取样点,在其他区域拖动鼠标可以复制图像;按住【Shift】键并单击可以将描边扩展到上一次单击处。

画笔工具:可在图像上绘制选定的颜色。

变换工具:通过移动定界框的控制点来缩放、旋转和移动浮动选区。

吸管工具:可拾取图像中的颜色作为绘画颜色。

测量工具:可在平面中测量项目的距离和角度。

抓手工具和缩放工具:用于移动画面和缩放窗口的显示比例。

8.2 精修数码影像人物照片

在信息技术飞速发展的今天,大众对美的要求越来越高,同时使得女性对自己的身材要求也随之提高,接下来通过使用"神经网络"滤镜、"液化"滤镜、"USM锐化"滤镜和"高斯模糊"滤镜修饰人物身形。图8-38所示为人物身形的原始效果,图8-39所示为调整后的人物身形。

图 8-38 原始效果　　图 8-39 调整后的人物身形

8.2.1 使用"神经网络"滤镜

Photoshop CC 2021新增了Neural Filters滤镜。Neural Filters滤镜的中文名称为"神经网络"滤镜或"AI"滤镜。

STEP 01 打开一张素材图像,单击工具箱中的"快速选择工具"按钮,单击选项栏中的"选择主体"按钮,按【Shift+Ctrl+I】组合键反选选区,效果如图8-40所示。

STEP 02 执行"滤镜>Neural Filters"命令，进入"神经网络"滤镜的工作区域，单击"Bate"滤镜按钮，继续单击"深度感知雾化"按钮，设置参数如图8-41所示。

图8-40 选区效果　　　　　　　图8-41 设置参数

STEP 03 单击"确定"按钮，按【Ctrl+D】组合键取消选区后继续按【Ctrl+E】组合键向下合并图层，图像效果如图8-42所示。新建"色彩平衡"调整图层，在弹出的"属性"面板中设置各项参数，如图8-43所示。

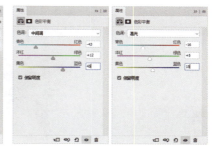

图8-42 图像效果　　　　　　　图8-43 设置参数

疑难解答："神经网络"滤镜

执行"滤镜>Neural Filters"命令，界面右侧为其"属性"面板，界面左侧为其工具箱。右侧的"属性"面板包含一个滤镜库，包括"精选"滤镜和"Bate"滤镜两个选项卡。

"精选"滤镜组中包含"皮肤平滑度"滤镜和"样式转换"滤镜，图8-44所示为应用了"皮肤平滑度"滤镜后的图像对比效果，图8-45所示为应用了"样式转换"滤镜后的图像对比效果。

"Bate"滤镜组中包含"智能肖像""妆容迁移""深度感知雾化""着色""超级缩放""移除JPEG伪影"等滤镜。

应用"智能肖像"滤镜可以为人物面部替换表情和修饰人物面貌，如图8-46所示。

应用"妆容迁移"滤镜可以将眼部和嘴部的类似妆容从一张图像应用到另一张图像，如图8-47所示。

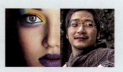

图8-44 应用"皮肤平滑度"滤镜　图8-45 应用"样式转换"滤镜　图8-46 应用"智能肖像"滤镜　图8-47 应用"妆容迁移"滤镜

应用"深度感知雾化"滤镜可以在物体的周围添加环境薄雾，以及调整周围的暖色效果，如图8-48所示。

应用"着色"滤镜可以为黑白相片重新上色,如图8-49所示。

应用"超级缩放"滤镜可以放大并裁切图像,然后再通过Photoshop添加细节以补偿损失的分辨率,如图8-50所示。

应用"移除JPEG伪影"滤镜可以移除压缩JPEG产生的伪影,如图8-51所示。

图8-48 应用"深度感知雾化"滤镜　图8-49 应用"着色"滤镜　图8-50 应用"超级缩放"滤镜　图8-51 应用"移除JPEG伪影"滤镜

8.2.2 使用"液化"滤镜

"液化"滤镜是一个强大的修饰图像和创建艺术效果的工具,使用该滤镜能够非常灵活地创建推拉、扭曲、旋转和收缩等变形效果,可以修改图像的任意区域。

STEP 04 回到"图层"面板,按【Ctrl+Shift+Alt+E】组合键盖印图层,得到"图层1"图层,如图8-52所示。

STEP 05 执行"滤镜>液化"命令,弹出"液化"对话框,在对话框中选择"向前变形工具",在"画笔工具选项"中设置参数,如图8-53所示。

图 8-52 盖印图层　　　　　　　　　图 8-53 设置参数

STEP 06 使用"向前变形工具"对人像的胳膊进行变形调整,图像对比效果如图8-54所示。继续使用"向前变形工具"对图像的其他部分进行变形,并设置参数如图8-55所示。

图 8-54 图像对比效果　　　　　　　图 8-55 设置参数

疑难解答:"液化"滤镜

执行"滤镜>液化"命令,弹出"液化"对话框,通过使用液化工具并设置液化参数,可实现对图像的调整操作,如图8-56所示。

图 8-56 "液化"对话框

在"液化"对话框中包含各种变形工具,选择这些工具后,在对话框中的图像上拖动鼠标即可进行变形操作。变形效果集中在画笔中心区域,并且会随着鼠标在某个区域中的重复拖动而得到增强。

技术看板:使用"Camera Raw"滤镜

打开一张素材图像,按【Ctrl+J】组合键复制图层。

执行"滤镜>Camera Raw"命令,弹出"Camera Raw"对话框,设置参数如图8-57所示,单击"确定"按钮,图像效果如图8-58所示。

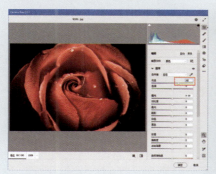 

图 8-57 设置参数　　　　　　　　图 8-58 图像效果

> 提示:Camera Raw是与Photoshop捆绑安装的一款专业调色软件。在之前版本的Photoshop中,用户需要打开Adobe Bridge,然后再从Adobe Bridge中启动Camera Raw。在Photoshop CC 2021中,用户可以直接将Camera Raw作为滤镜来使用。

8.2.3 使用"USM锐化"滤镜

使用"USM锐化"滤镜可以查找图像中颜色变化明显的区域,然后将其锐化,特别适用于锐化毛发。

STEP 07 设置完成后单击"确定"按钮，图像效果如图8-59所示。执行"滤镜>锐化>USM锐化"命令，在弹出的"UMS锐化"对话框中设置参数，如图8-60所示。

STEP 08 单击"确定"按钮，按【Alt+Ctrl+F】组合键再次执行"USM锐化"命令，图像效果如图8-61所示。

图 8-59 图像效果　　　　图 8-60 设置参数　　　　图 8-61 图像效果

疑难解答："锐化"滤镜组中的其他滤镜

"锐化"滤镜组中共包含了六种滤镜，通过增加相邻像素间的对比度来聚焦模糊的图像，使图像变得清晰。除了"USM锐化"滤镜，"锐化"滤镜组中的滤镜还包括：

"防抖"滤镜是指Photoshop会自动分析图像中适合使用防抖功能的区域，确定模糊的性质，并推算出整个图像适合的修正建议。执行"滤镜>锐化>防抖"命令，弹出"防抖"对话框。经过修正的图像会在"防抖"对话框中显示，如图8-62所示。

"锐化"滤镜通过增加像素间的对比度使图像变得清晰，锐化效果不是很明显。

"进一步锐化"滤镜用来设置图像的聚焦选区并提高其清晰度从而达到锐化效果。"进一步锐化"滤镜比"锐化"滤镜的效果更强烈，相当于用了2~3次"锐化"滤镜。这两种锐化命令都没有对话框。

"锐化边缘"滤镜与"USM锐化"滤镜一样，都可以查找图像中颜色发生明显变化的区域，然后将其锐化。"锐化边缘"滤镜只锐化图像的边缘。

"智能锐化"滤镜具有"USM锐化"滤镜不具备的锐化控制功能，通过该功能可设置锐化算法，或控制在阴影和高光区域中的锐化量。执行"滤镜>锐化>智能锐化"命令，弹出"智能锐化"对话框，如图8-63所示。

图 8-62 "防抖"对话框　　　　图 8-63 "智能锐化"对话框

8.2.4 使用"高斯模糊"滤镜

使用"高斯模糊"滤镜可以添加低频细节，使图像产生一种朦胧效果。

STEP 09 执行"滤镜>模糊>高斯模糊"命令，弹出"高斯模糊"对话框，设置参数如图8-64所示，单击"确定"按钮，"图层"面板和图像效果如图8-65所示。

图 8-64 设置参数　　　　　图 8-65 "图层"面板和图像效果

➡ 技术看板：使用"表面模糊"滤镜

打开一张素材图像，如图8-66所示。执行"滤镜>模糊>表面模糊"命令，弹出"表面模糊"对话框，设置参数如图8-67所示，单击"确定"按钮，图像效果如图8-68所示。

图 8-66 打开素材图像　　　图 8-67 设置参数　　　　图 8-68 图像效果

疑难解答："模糊"滤镜组中的其他滤镜

"模糊"滤镜组中共包含11种滤镜，使用它们可以削弱图像中相邻像素的对比度并柔化图像，使图像产生模糊的效果。

使用"表面模糊"滤镜能够在保留硬边缘的同时模糊图像，用于创建特殊效果并消除杂色。

使用"动感模糊"滤镜可以沿指定方向、指定强度模糊图像，形成残影效果。

使用"方框模糊"滤镜可以基于相邻像素的平均颜色来模糊图像。

使用"径向模糊"滤镜可以模拟缩放或旋转相机所产生的模糊效果。

使用"镜头模糊"滤镜可以产生窄的景深效果，以便使图像中的一些对象在焦点内，而使另一些区域对象变模糊。变模糊的图像部分和留在焦点上的部分取决于图层蒙版、保存的选择或应用的透明区域设置。

使用"平均"滤镜能够找出图像或选区的平均颜色,然后使用该颜色填充图像或选区以创建平滑的外观。例如,选择草坪区域,使用"平均"滤镜会将该区域更改为一块均匀的绿色部分。该滤镜没有对话框。

使用"特殊模糊"滤镜可以精确模糊图像,并指定半径、阈值和模糊品质。其中,设置"半径"可以确定滤镜搜索不同像素进行模糊的程度,设置"阈值"可以确定在消除之前不同的像素值的不同程度。也可以为整个选区设置模式(正常),或为颜色转变的边缘设置模式("仅限边缘""叠加边缘")。

使用"形状模糊"滤镜可以使用指定的形状创建特殊的模糊效果。

➡️ **技术看板:使用"场景模糊"滤镜**

打开一张素材图像,单击工具箱中的"快速选择工具"按钮,单击选项栏中的"选择主体"按钮,按【Shift+Ctrl+I】组合键反向选区,继续按【Ctrl+J】组合键复制图层,如图8-69所示。

执行"滤镜>模糊画廊>场景模糊"命令,弹出"场景模糊"工作区,在"模糊工具"面板中设置参数如图8-70所示。

图 8-69 复制图层

图 8-70 设置参数

提示:与其他命令不同,执行"场景模糊""光圈模糊""移轴模糊""路径模糊""旋转模糊"命令后不会弹出对话框,而是在界面右侧弹出"模糊工具""效果""动感效果""杂色"四个面板,并在界面上方出现一个选项栏。

选中"旋转模糊"复选框,继续在"动感效果"面板中设置各项参数,如图8-71所示,在选项栏中单击"确定"按钮,图像效果如图8-72所示。

图 8-71 设置参数

图 8-72 图像效果

第 8 章 滤镜的使用

> **疑难解答:"模糊画廊"滤镜组**
>
> 使用"模糊画廊"滤镜,可以通过直观的图像控件快速创建截然不同的照片模糊效果。"模糊画廊"滤镜组包含"场景模糊""光圈模糊""移轴偏移""路径模糊""旋转模糊"五种滤镜。
>
> 使用"场景模糊"滤镜可以在图像中应用一致模糊或渐变模糊,从而使画面产生一定的景深效果。
>
> "光圈模糊"与"场景模糊"的不同之处在于,"场景模糊"定义了图像中多个点之间的平滑模糊,而"光圈模糊"定义了在一个椭圆形区域内从一个聚焦点向四周递增的模糊效果。
>
> 使用"移轴模糊"滤镜可以在图像中创建焦点带,以获得带状的模糊效果。
>
> 使用"路径模糊"滤镜,可以沿路径创建运动模糊,还可以控制形状和模糊量。Photoshop可自动合成应用于图像的多路径模糊效果。
>
> 使用"旋转模糊"滤镜,可以在一个点或多点旋转和模糊图像。旋转模糊是等级测量的径向模糊。允许用户在设置中心点、模糊大小和形状及其他设置时,查看更改的实时预览。

8.3 制作贴图广告

接下来使用"云彩"滤镜、"分层云彩"滤镜、"晶格化"滤镜、"中间值"滤镜和"置换"滤镜,以及配合文字工具和形状工具,完成具有褶皱效果的企业宣传页制作,图像效果如图8-73所示。

图 8-73 酒店宣传页的图像效果

8.3.1 使用"云彩"滤镜

"云彩"滤镜可以使用前景色和背景色之间的随机像素值将图像生成柔和的云彩图案,它是唯一能在透明图层上产生效果的滤镜。

STEP 01 执行"文件>新建"命令,弹出"新建文档"对话框,设置参数如图8-74所示。单击"创建"按钮,新建空白文档。按【D】键恢复默认的前景色与背景色,执行"滤镜>渲染>云彩"命令,图像效果如图8-75所示。

图 8-74 设置参数

图 8-75 图像效果

相关链接："视频"滤镜组中的滤镜用来解决视频图像交换时系统产生的差异问题，使用它们可以处理从隔行扫描方式的设备中提取的图像。

"NTSC颜色"滤镜匹配图像色域适合NTSC视频标准色域，以使图像可以被电视接收，它实际的色彩范围比RGB图像小。当一个RGB图像要用于视频或多媒体时，可以使用该滤镜将由于饱和度过高而无法正确显示的色彩转换为NTSC系统可以显示的色彩。

"逐行"滤镜可以消除图像中的差异交错线，使在视频上捕捉的运动图像变得平滑。应用该命令时会弹出"逐行"对话框，如图8-76所示。

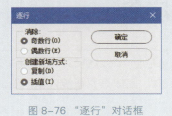
图 8-76 "逐行"对话框

8.3.2 使用"分层云彩"滤镜

使用"分层云彩"滤镜可以将"云彩"滤镜的数据和前景色颜色值混合，其方式与"插值"模式混合颜色的方式相同。

STEP 02 执行"滤镜>渲染>分层云彩"命令，图像效果如图8-77所示。执行"滤镜>风格化>浮雕效果"命令，弹出"浮雕效果"对话框，设置参数如图8-78所示。

图 8-77 图像效果

图 8-78 设置参数

> **疑难解答:"渲染"滤镜组中的其他滤镜**
>
> 使用"渲染"滤镜组可以在图像上创建3D形状贴图、云彩图案、折射图案和模拟的光反射效果。"渲染"滤镜组中共包含八种滤镜,图8-79所示为各种"渲染"滤镜的应用效果。
>
>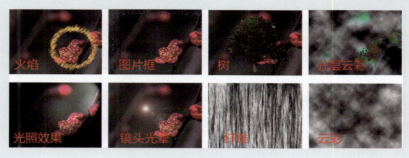
>
> 图 8-79 "渲染"滤镜的应用效果
>
> 火焰:使用该滤镜能快速制作不同风格的火焰效果。
> 图片框:使用该滤镜能快速制作图片框效果。
> 树:使用该滤镜能快速制作树效果。
> 光照效果:该滤镜的原理是通过光源、光色选择、聚焦和定义物体反射特性等在图像上产生光照效果,还可以使用灰度文件的纹理产生类似3D的效果。
> 镜头光晕:使用该滤镜可模拟亮光照射到相机镜头所产生的折射效果,用于表现玻璃、金属等反射的光芒,或用于增强日光和灯光的效果。
> 纤维:该滤镜可使用前景色和背景色随机产生编织纤维的外观效果。

STEP 03 单击"确定"按钮,图像效果如图8-80所示。执行"滤镜>模糊>高斯模糊"命令,弹出"高斯模糊"对话框,设置参数如图8-81所示。

图 8-80 图像效果

图 8-81 设置参数

8.3.3 使用"晶格化"滤镜

使用"晶格化"滤镜可以使图像中相近的像素集中到多边形色块中,产生类似结晶的颗粒效果。

STEP 04 单击"确定"按钮,图像效果如图8-82所示。执行"滤镜>像素化>晶格化"命令,弹出"晶格化"对话框,设置参数如图8-83所示。

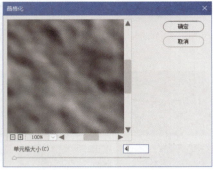

图 8-82 图像效果 　　　　　图 8-83 设置参数

➡ **技术看板：使用"点状化"滤镜**

打开一张素材图像，拖动"背景"图层到"创建新图层"按钮上，创建"背景 拷贝"图层，如图8-84所示。执行"滤镜>像素化>点状化"命令，弹出"点状化"对话框，设置参数如图8-85所示。

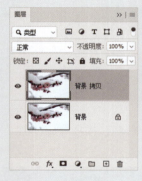

图 8-84 复制图层 　　　　　图 8-85 设置参数

单击"确定"按钮，按【D】键将前景色与背景色恢复到默认值，执行"图像>调整>阈值"命令，在弹出的对话框中设置阈值色阶值为255，图像效果如图8-86所示。选择"背景 拷贝"图层的混合模式为"滤色"，如图8-87所示。

图 8-86 图像效果 　　　　　图 8-87 选择混合模式为"滤色"

执行"滤镜>模糊>动感模糊"命令，在弹出的对话框中设置相应的参数，如图8-88所示。单击"确定"按钮，图像效果如图8-89所示。

第 8 章 滤镜的使用

图 8-88 设置参数

图 8-89 图像效果

疑难解答："像素化"滤镜组中的其他滤镜

"像素化"滤镜组中共包含七种滤镜，使用它们可以将图像分块或平面化，然后重新组合，创造出彩块、点状、晶块和马赛克等特殊效果。图8-90所示为各种"像素化"滤镜的应用效果。

图 8-90 "像素化"滤镜的应用效果

彩块化：使用该滤镜能够在保持原有图像轮廓的前提下，使纯色或相近颜色的像素结成像素块，产生手绘或类似抽象派的效果。

彩色半调：使用该滤镜可以使图像变为网点状效果。高光部分生成的网点较小，阴影部分生成的网点较大。

点状化：使用该滤镜可将图像中的颜色分散为随机分布的网点，产生点状化效果。

马赛克：使用该滤镜可将具有相似色彩的像素合成规则的方块，产生马赛克效果。

碎片：使用该滤镜可以把图像像素重复复制四次，再将其平均且相互偏移，使图像产生一种没有对准焦距的模糊效果。

铜版雕刻：使用该滤镜可以在图像中随机生成各种不规则的直线、曲线和斑点，使图像产生年代久远的金属板效果。

8.3.4 使用"中间值"滤镜

"中间值"滤镜利用平均化手段重新计算分布像素，即用斑点和周围像素的中间颜色作为两者之间的像素颜色来消除干扰，从而减少图像的杂色。

STEP 05 单击"确定"按钮，图像效果如图8-91所示。执行"文件>存储"命令，将文件保存为"素材.psd"。打开名为"风景.jpg"的素材文件，图像效果如图8-92所示。

图 8-91 图像效果　　　　　　图 8-92 图像效果

STEP 06 将风景图像移至"素材.psd"文档中，自动生成"图层 1"图层，按【Ctrl+T】组合键调整图像的大小，完成后按【Enter】键确认，"图层"面板如图8-93所示。执行"滤镜>杂色>中间值"命令，设置参数如图8-94所示。

图 8-93 "图层"面板　　　　图 8-94 设置参数

疑难解答："杂色"滤镜组中的其他滤镜

使用"杂色"滤镜组可以添加或去除图像中的杂色及带有随机分布色阶的像素。执行"滤镜>杂色"命令，展开子菜单，该滤镜组中共有五种滤镜。图8-95所示为各种"杂色"滤镜的应用效果。

图 8-95 各种"杂色"滤镜的应用效果

减少杂色：该滤镜通过不同的模糊效果影响整个图像或图像中的单个通道，保留边缘的同时减少杂色。

蒙尘与划痕：该滤镜通过更改相异的像素来减少杂色。主要用于搜索图片中的缺陷，再进行局部模糊并将其融入周围的像素中。对于去除扫描图像中的杂点和折痕效果非常明显。

去斑：该滤镜的主要作用是消除图像中的斑点，一般扫描的图像可以使用此滤镜对图像进行去斑。该滤镜能够在不影响整体轮廓的情况下，对细小、轻微的杂点进行柔化，从而达到去除杂点的效果。

添加杂色：该滤镜可将随机的杂点混合到图像中，模拟用高速胶片拍照的效果。

小技巧：造成图像杂色的情况主要有以下两种：一是明亮度杂色，这些杂色使图像看起来斑斑点点；二是颜色杂色，这些杂色通常看起来像是图像中的彩色伪像。如果在数码相机上采用很高的ISO设置、曝光不足或者用较慢的快门速度在黑暗区域中拍照，就可能出现杂色。扫描图像时，扫描传感器也可能导致图像出现杂色。通常，扫描的图像上会出现胶片的微粒图案。

8.3.5 使用"置换"滤镜

使用"置换"滤镜可以根据另一幅图像的亮度值使现有图像的像素重新排列并产生位移。

STEP 07 单击"确定"按钮，图像效果如图8-96所示。打开"图层"面板，设置"图层 1"图层的混合模式为"强光"，如图8-97所示。

图 8-96 图像效果　　　　　　　图 8-97 设置图层的混合模式

STEP 08 执行"滤镜>扭曲>置换"命令，弹出"置换"对话框，设置参数如图8-98所示，单击"确定"按钮，弹出"选取一个置换图"对话框，选择如图8-99所示的素材文件。

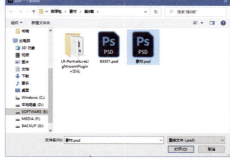

图 8-98 设置参数　　　　　　　图 8-99 选择素材文件

STEP 09 单击"打开"按钮，图像效果如图8-100所示。按【Ctrl+T】组合键调出定界框，等比例放大图像后按【Enter】键，效果如图8-101所示。

图 8-100 图像效果　　　　图 8-101 放大图像后的效果

STEP 10 单击工具箱中的"裁剪工具"按钮，在画布中单击并拖曳创建裁剪框，调整裁剪框至如图 8-102 所示的大小。调整完成后，单击选项栏中的"提交"按钮，图像效果如图 8-103 所示。

STEP 11 执行"文件>存储为"命令，打开"另存为"对话框，设置文件名为"置换滤镜.jpg"，单击"保存"按钮。

图 8-102 调整裁剪框　　　　图 8-103 图像效果

STEP 12 打开名为"制作贴图广告素材.psd"的素材文件，选择"矩形 1"图层，打开刚刚完成的"置换滤镜.jpg"图片，并将其移至设计文档中，如图 8-104 所示。

STEP 13 按【Ctrl+T】组合键等比例放大图像，调整完成后按【Enter】键确认操作。执行"图层>创建剪贴蒙版"命令，完成宣传页的制作，如图 8-105 所示。

图 8-104 打开素材文件并将"置换滤镜.jpg"图片移至设计文档中　　图 8-105 完成宣传页的制作

> **技术看板：使用"水波"滤镜制作水波纹理**
>
> 　　执行"文件>新建"命令，弹出"新建文档"对话框，设置参数如图 8-106 所示，单击"创建"按钮。进入文档后，执行"滤镜>渲染>镜头光晕"命令，弹出"镜头光晕"对话框，设置参数如图 8-107 所示。

图 8-106 设置参数　　　　图 8-107 设置参数

单击"确定"按钮,图像效果如图8-108所示。执行"滤镜>扭曲>水波"命令,弹出"水波"对话框,设置参数如图8-109所示。

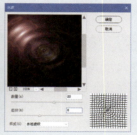

图 8-108 图像效果　　　　图 8-109 设置参数

单击"确定"按钮,图像效果如图8-110所示。执行"滤镜>素描>铬黄"命令,弹出"铬黄渐变"对话框,设置参数如图8-111所示。

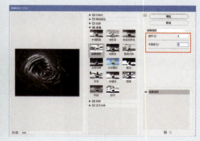

图 8-110 效果图像　　　　图 8-111 设置参数

单击"确定"按钮,图像效果如图8-112所示。设置前景色为RGB(20、120、136),打开"图层"面板,单击面板底部的"创建新图层"按钮,得到"图层1"图层,如图8-113所示。

图 8-112 图像效果　　　　图 8-113 创建新图层

按【Alt+Delete】组合键填充前景色，设置图层的混合模式为"柔光"，"图层"面板如图8-114所示。制作完成后的水波图像效果如图8-115所示。

图8-114 设置图层的混合模式　　图8-115 水波图像效果

疑难解答："扭曲"滤镜组中的其他滤镜

"扭曲"滤镜组中共包含12种滤镜，利用它们可以创建各种样式的扭曲变形效果，还可以改变图像的分布（如非正常拉伸、扭曲等），产生模拟水波和镜面反射等自然效果。

使用"波浪"滤镜可以在图像上创建波澜起伏的图案，生成波浪效果。执行"滤镜>扭曲>波浪"命令，弹出"波浪"对话框，如图8-116所示。

使用"波纹"滤镜可以使图像产生波纹效果。执行"滤镜>扭曲>波纹"命令，弹出"波纹"对话框，如图8-117所示。

"扭曲"滤镜库中的"玻璃"滤镜与"滤镜库"中的"玻璃"滤镜为同一个滤镜。

"扭曲"滤镜库中的"海洋波纹"滤镜与"滤镜库"中的"海洋波纹"滤镜为同一个滤镜。

使用"极坐标"滤镜可以将图像从平面坐标转换为极坐标，或者从极坐标转换为平面坐标。执行"滤镜>扭曲>极坐标"命令，弹出"极坐标"对话框，如图8-118所示。

图8-116 "波浪"对话框　　图8-117 "波纹"对话框　　图8-118 "极坐标"对话框

使用"挤压"滤镜可以将整个图像或选区内的图像向内或向外挤压。执行"滤镜>扭曲>挤压"命令，弹出"挤压"对话框，如图8-119所示。

"扭曲"滤镜库中的"扩散亮光"滤镜与"滤镜库"中的"扩散亮光"滤镜为同一个滤镜。

"切变"滤镜允许用户按照自己设定的曲线来扭曲图像。执行"滤镜>扭曲>切变"命令，弹出"切变"对话框，如图8-120所示。用户可以在曲线上添加控制点，通过拖动控制点改变曲线的开关即可扭曲图像。

使用"球面化"滤镜可以产生将图像包裹在球面上的效果。执行"滤镜>扭曲>球面化"命令，弹出"球面化"对话框，如图8-121所示。

使用"水波"滤镜可以使图像产生模拟水池中的波纹,类似水池中的涟漪效果。

使用"旋转扭曲"滤镜可以使图像产生旋转的风轮效果,旋转会围绕图像中心进行。执行"滤镜>扭曲>旋转扭曲"命令,弹出"旋转扭曲"对话框,如图8-122所示。

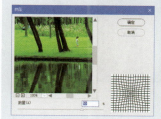   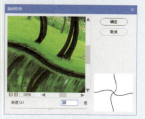

图 8-119 "挤压"对话框　　图 8-120 "切变"对话框　　图 8-121 "球面化"对话框　　图 8-122 "旋转扭曲"对话框

技术看板:外挂滤镜

打开Portraiture滤镜所在的文件夹,选择"Portraiture.8fb"文件,按【Ctrl+C】组合键,复制滤镜文件,如图8-123所示。将Photoshop安装目录"\Plug-ins"文件夹打开,按【Ctrl+V】组合键进行粘贴,如图8-124所示。

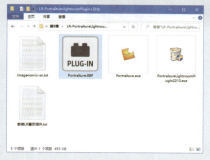 

图 8-123 复制滤镜文件　　　　　　　图 8-124 粘贴文件

关闭Photoshop软件,再重新打开Photoshop软件,执行"文件>打开"命令,打开素材图像,如图8-125所示。复制图层,"图层"面板如图8-126所示。

图 8-125 打开图像　　　　图 8-126 "图层"面板

执行"滤镜>Imagenomic>Portraiture"命令,弹出"关于Portraiture"对话框,单击对话框中的"安装许可证"按钮,如图8-127所示。

弹出对话框,输入用户名和序列号等内容,单击"确定"按钮。继续弹出Portraiture对话框,设置"羽化"值为100,各项参数如图8-128所示。

图 8-127 "关于 Portraiture"对话框

图 8-128 设置各项参数

单击"确定"按钮,"图层"面板和图像效果如图8-129所示。

图 8-129 "图层"面板和图像效果

疑难解答：安装外挂滤镜的方法

在使用Photoshop时，除了可以使用它本身自带的滤镜，Photoshop还允许安装使用其他厂商提供的滤镜，这些从外部装入的滤镜称为"第三方滤镜"。用户通常可以使用以下两种方法安装第三方滤镜。

如果第三方滤镜本身带有安装程序，可以双击安装程序文件，根据提示一步步进行安装。如果第三方滤镜本身不带有安装程序，只是一些滤镜文件，则需要手动将其复制到Photoshop安装目录下的"Plug-ins"文件夹中；也可以执行"编辑>首选项>增效工具"命令，在弹出的"首选项"对话框中选择"附加的增效工具文件夹"复选框，然后在弹出的对话框中选择安装外挂滤镜的文件夹即可。

第 9 章 通道和蒙版的应用

在 Photoshop 中，使用蒙版的目的是能够自由控制选区，蒙版可以随时读取和更改事先存入的通道，还可对不同的通道执行合并、相减等操作。

通道除了用于保存选区，在颜色通道中还记录了图像的颜色信息。通道是 Photoshop 中极为强大的工具，可以使用各种绘画工具、选择工具和滤镜对通道进行处理和编辑，从而方便、快捷地实现各种操作。

9.1 制作光盘行动公益海报

蒙版是模仿传统印刷中的一种工艺，印刷时会用一种红色的胶状物来保护印版，所以在Photoshop中蒙版默认的颜色是红色。蒙版是将不同的灰度色值转化为不同的透明度，黑色为完全透明，白色为完全不透明。

接下来使用"矢量蒙版""剪贴蒙版""图层蒙版"制作光盘行动公益海报的图像部分，然后配合文字工具和形状工具完成光盘行动公益海报，效果如图9-1所示。

图 9-1 海报效果

9.1.1 认识蒙版

蒙版用于保护被遮蔽的区域，使该区域不受任何操作的影响，它是作为八位灰度通道存放的，可以使用所有绘画工具和编辑工具对其进行调整和编辑。

疑难解答：蒙版简介及分类

创建蒙版后，在"通道"面板中选择蒙版通道，前景色和背景色都以灰度显示，蒙版可以将需要重复使用的选区存储为Alpha通道，如图9-2所示。

图 9-2 将需要重复使用的选区存储为 Alpha 通道

对蒙版和图像进行预览时，蒙版的颜色是半透明的红色。被遮盖的区域是非选择部分，其余为选择部分，对图像做的任何改变都不会对蒙版区域产生影响。

Photoshop提供了三种蒙版，分别是图层蒙版、剪贴蒙版和矢量蒙版。图层蒙版通过蒙版中的灰度信息来控制图像的显示区域；剪贴蒙版通过对象的轮廓来控制其他图层的显示区域；矢量蒙版通过路径和矢量形状控制图像的显示区域。

STEP 01 执行"文件>新建"命令，弹出"新建文档"对话框，设置参数如图9-3所示，设置背景颜色为RGB（0、32、67），单击"创建"按钮。

STEP 02 打开一张素材图像，使用"移动工具"将其拖至设计文档中，在打开的"图层"面板中设置混合模式为"颜色减淡"，"图层"面板和图像效果如图9-4所示。

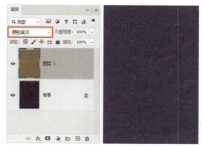

图 9-3 设置参数　　　　图 9-4 "图层"面板和图像效果

疑难解答：蒙版"属性"面板

利用蒙版"属性"面板可以调整选定的滤镜蒙版、图层蒙版或矢量蒙版的不透明度和羽化范围。创建一个滤镜蒙版，执行"窗口>属性"命令或双击蒙版，打开"属性"面板，如图9-5所示。

当前选择的蒙版：显示"图层"面板中选择的蒙版类型，此时可以在"蒙版"面板中对其进行编辑。

选择滤镜蒙版：表示当前所选择的是滤镜蒙版。如果当前选择的不是滤镜蒙版，单击该按钮可为智能滤镜添加滤镜蒙版。

添加图层蒙版：单击该按钮，可以为当前图层添加图层蒙版。

图 9-5 蒙版"属性"面板

添加矢量蒙版：单击该按钮，可以为当前图层添加矢量蒙版。

密度：拖动该滑块可以控制蒙版的不透明度。

羽化：拖动该滑块可以柔化蒙版的边缘。

选择并遮住：单击该按钮，打开"选择并遮住"工作区，使用工具箱中的"调整边缘画笔工具""快速选择工具"或"画笔工具"等，配合"属性"面板中的选项设置，修改蒙版的边缘，并针对不同的背景查看蒙版。这些操作与使用"选择并遮住"命令调整选区边缘的方法基本相同。该选项只在图层蒙版下才可以使用。

颜色范围：单击该按钮，弹出"色彩范围"对话框，通过在图像中取样并调整颜色容差可以修改蒙版范围。该选项在矢量蒙版下不可用。

反相：单击该按钮，可以反转蒙版的遮盖区域。该选项在矢量蒙版下不可用。

从蒙版中载入选区：单击该按钮，可以载入蒙版中所包含的选区。

应用蒙版：单击该按钮，可以将蒙版应用到图像中，同时删除蒙版遮盖的图像。该选项在滤镜蒙版下不可用。

停用/启用蒙版：单击该按钮，或按住【Shift】键并单击蒙版缩览图，可以停用或重新启用蒙版。停用蒙版时，蒙版缩览图上会出现一个红色的"×"符号。

删除蒙版：单击该按钮，可以删除当前选择的蒙版。在"图层"面板中，将蒙版缩览图拖至"删除图层"按钮上，也可以将其删除。

9.1.2　矢量蒙版

矢量蒙版与分辨率无关，可使用钢笔工具或形状工具创建。使用矢量蒙版时可以返回并重新编辑，而且不会丢失蒙版隐藏的像素。在"图层"面板中，矢量蒙版以图层缩览图右边的附加缩览图的形式显示，矢量蒙版缩览图代表从图层内容中剪切下来的路径。

STEP 03 打开一张素材图像，使用"移动工具"将其移入设计文档中并摆放在合适的位置，图像效果如图9-6所示。

STEP 04 单击工具箱中的"矩形工具"按钮，在选项栏中设置"工具模式"为"路径"，在画布中添加参考线并绘制矩形路径，如图9-7所示。

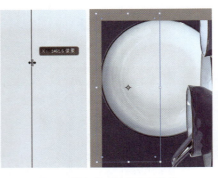

图 9-6 图像效果　　　　　　　　图 9-7 添加参考线并绘制路径

> **小技巧**：绘制路径后按住【Ctrl】键并单击"添加图层蒙版"按钮，可为该图层添加矢量蒙版。执行"图层>矢量蒙版>显示全部"命令，可创建显示全部图像内容的矢量蒙版；执行"图层>矢量蒙版>隐藏全部"命令，可创建隐藏全部图像内容的矢量蒙版。

STEP 05 执行"图层>矢量蒙版>当前路径"命令，完成矢量蒙版的添加，图像效果和"图层"面板如图9-8所示。打开一张素材图像并将其移入设计文档中，在打开的"图层"面板中双击当前图层，弹出"图层样式"对话框，设置参数如图9-9所示。

图 9-8 图像效果和"图层"面板　　　　　　图 9-9 设置参数

疑难解答：矢量蒙版

创建矢量蒙版：矢量蒙版可以在图层上创建锐边形状，当想要添加边缘清晰分明的图像时可以使用矢量蒙版。创建矢量蒙版后，可以对该图层应用一个或多个图层样式。在需要重新修改的图像的形状上添加矢量蒙版后，可以随时修改蒙版的路径，从而达到修改图像形状的目的。

编辑和变换矢量蒙版：创建矢量蒙版后，可以使用路径编辑工具移动或修改路径，从而改变蒙版的遮盖区域，它与编辑一般路径的方法完全相同。

将矢量蒙版转换为图层蒙版：如果用户在设计制作图像时，想将某个图层中的矢量蒙版转换为图层蒙版，可以对其进行栅格化操作。因为栅格化矢量蒙版后，将无法再将其更改回矢量对象，所以用户在转换时要谨慎对待。

STEP 06 单击"确定"按钮，设置图层不透明度为17%，调整图层顺序完成餐盘阴影的制作，如图9-10所示。使用相同的方法完成右侧餐盘的制作，"图层"面板和图像效果如图9-11所示。

图 9-10 调整图层顺序完成餐盘阴影的制作　　　　图 9-11 "图层"面板和图像效果

9.1.3 剪贴蒙版

剪贴蒙版是一种非常灵活的蒙版，它可以使用一个图像的形状限制另一个图像的显示范围，而矢量蒙版和图层蒙版都只能控制一个图层的显示区域。

STEP 07 打开两张素材图像并将其移入设计文档中，按【Ctrl+T】组合键调整第二张素材图像的大小，执行"图层>创建剪贴蒙版"命令，如图9-12所示。打开"图层"面板，设置图层的混合模式为"叠加"，不透明度为50%，"图层"面板如图9-13所示。

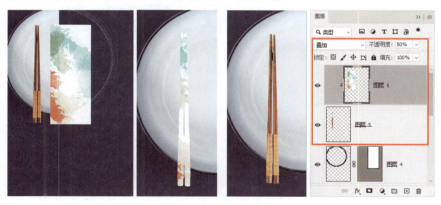

图 9-12 添加图像并创建剪贴蒙版　　　　图 9-13 "图层"面板

小技巧：将光标放在"图层"面板中需要创建剪贴蒙版的两个图层分隔线上，按住【Alt】键，光标会变为 ⤓□ 形状，单击即可创建剪贴蒙版。

STEP 08 复制"图层 5"并将其调整到"图层 5"下方，按【Ctrl+T】组合键等比例放大图像，如图9-14所示。为当前图层添加"颜色叠加"图层样式，设置不透明度为40%，"图层"面板和图像效果如图9-15所示。

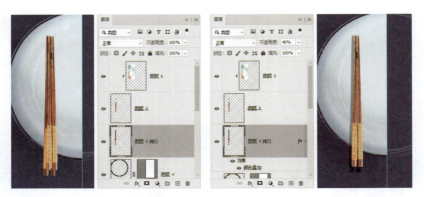

图 9-14 复制图层并调整大小　　　图 9-15 "图层"面板和图像效果

疑难解答：剪贴蒙版

剪贴蒙版可以使用某个图层的轮廓来遮盖其上方的图层，遮盖效果由底部图层或基底图层的范围决定。基底图层的非透明内容将在剪贴蒙版中显示它上方图层的内容，剪贴图层中的其他内容将被遮盖掉。

在剪贴蒙版组中，下面图层为基底图层，其图层名称带有下划线，上面图层为内容图层，内容图层的缩览图是缩进的，并显示图标，如图9-16所示。

图 9-16 剪贴蒙版效果及"图层"面板

还可以在剪贴蒙版中使用多个内容图层，但它们必须是连续的图层。由于基底图层控制内容图层的显示范围，因此，移动基底图层就可以改变内容图层中的显示区域。

选择剪贴蒙版组中最上方的内容图层，执行"图层>释放剪贴蒙版"命令，或按【Ctrl+Alt+G】组合键，即可释放该内容图层。选择剪贴蒙版组中基底图层上方的内容图层，执行"图层>释放剪贴蒙版"命令，或按【Ctrl+Alt+G】组合键，即可释放剪贴蒙版中的所有图层。

9.1.4 图层蒙版

在Photoshop中可以为图层添加蒙版，然后使用此蒙版隐藏部分图层并显示下面的图层。图层蒙版是一项重要的复合技术，利用它可以将多张照片组合成单个图像，也可以对局部的颜色和色调进行校正。

STEP 09 选择"图层 5 拷贝"图层，单击"图层"面板底部的"添加图层蒙版"按钮，打开"渐变编辑器"对话框，设置线性渐变如图9-17所示，单击"确定"按钮。

STEP 10 使用"渐变工具"在图层蒙版中依照筷子的垂直方向绘制线性渐变，如图9-18所示。

 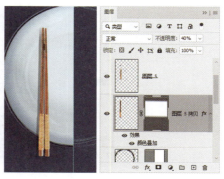

图 9-17 添加图层蒙版并设置线性渐变　　　　图 9-18 在图层蒙版上添加线性渐变

STEP 11 打开"字符"面板,设置参数如图9-19所示。使用"横排文字工具"在画布中添加文字内容,执行"图层>图层蒙版>显示全部"命令,文字效果和"图层"面板如图9-20所示。

图 9-19 设置参数　　　　　　图 9-20 文字效果和"图层"面板

疑难解答:认识图层蒙版

　　图层蒙版是与分辨率相关的位图图像,可使用绘画或选择工具进行编辑。图层蒙版是非破坏性的,可以返回并重新编辑蒙版,而不会丢失蒙版隐藏的像素。

　　在"图层"面板中,图层蒙版以图层缩览图右边的附加缩览图的形式显示,此缩览图代表添加图层蒙版时创建的灰度通道。

　　蒙版中的纯白色区域可以遮盖下方图层中的内容,只显示当前图层中的图像;蒙版中的纯黑色区域可以遮盖当前图层中的图像,显示下方图层中的内容;蒙版中的灰色区域会根据其灰度值使当前图层中的图像呈现出不同层次的透明效果。

　　了解了图层蒙版的工作原理后,可以根据需要创建不同的图层蒙版。如果要完全隐藏上方图层的内容,可以将整个蒙版填充为黑色;如果要完全显示上方图层的内容,可以将整个蒙版填充为白色。

　　如果要使上方图层的内容呈现半透明效果,可以为蒙版填充灰色;如果要使上方图层的内容呈现渐隐效果,可以为蒙版填充渐变。图层蒙版包括多种类型,如普通图层蒙版、调整图层蒙版和滤镜蒙版等。

STEP 12 使用"渐变工具"在图层面板上填充黑白渐变的颜色,"图层"面板和文字效果如图9-21所示。使用相同的方法完成其余三个标题文字的制作,文字效果如图9-22所示。

图9-21 "图层"面板和文字效果　　　图9-22 文字效果

> **提示**：蒙版是一种与常规选区不同的选区，它可以对所选区域进行保护，只对非掩盖的区域应用操作。

STEP 13 选中刚刚添加的所有文字图层并按【Ctrl+G】组合键编组图层，对图层组进行重命名操作，"图层"面板如图9-23所示。

STEP 14 使用相同的方法完成相似文字内容的制作，继续使用相同的方法为海报添加二维码，完成后的公益海报如图9-24所示。

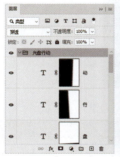

图9-23 "图层"面板　　　图9-24 完成后的公益海报

技术看板：使用快速蒙版

打开一张素材图像，在"图层"面板中按住【Alt】键并双击"背景"图层，将其转换为普通图层，如图9-25所示。

单击"以快速蒙版模式编辑"按钮，执行"滤镜>滤镜库"命令，在弹出的"滤镜库"对话框中选择要添加的滤镜并设置各项参数，如图9-26所示。

图9-25 将"背景"图层转换为普通图层　　　图9-26 设置各项参数

单击"确定"按钮,图像效果如图9-27所示。单击"以标准模式编辑"按钮创建选区,按住【Shift】键的同时单击"图层"面板底部的"添加图层蒙版"按钮,图像效果如图9-28所示。

图 9-27 图像效果

图 9-28 图像效果

疑难解答:快速蒙版

快速蒙版也称"临时蒙版",它并不是一个选区,当退出快速蒙版模式时,不被保护的区域则变为一个选区,将选区作为蒙版编辑时几乎可以使用Photoshop的所有工具或滤镜修改蒙版。

被蒙版区域是指非选择部分。在快速蒙版编辑状态下,单击工具箱中的"画笔工具"按钮,在图像上进行涂抹,涂抹的区域即为被蒙版区域。退出快速蒙版编辑状态后,涂抹区域将被选区包围。

单击"图层"面板中的"创建新图层"按钮,新建"图层1",设置前景色或背景色为RGB(0、32、67),为该图层填充前景色或背景色,如图9-29所示。将其移至"图层"面板底部,"图层"面板和图像效果如图9-30所示。

图 9-29 新建图层并为其填充前景色或背景色　　图 9-30 "图层"面板和图像效果

疑难解答:通道与快速蒙版的关系

选区和快速蒙版之间具有相互转换的关系。对图像的某个部分进行色彩调整,必须有一个制定过程,这个制定过程称为"选取",选取后便会形成选区。选区主要包含以下两个概念。

选区是封闭的区域,可以是任何形状,但一定是封闭的,不存在开放的选区。选区一旦被建立,大部分操作就只针对选区范围有效,如果要针对全图操作,必须先取消选区。

在具体操作时,可以通过创建并编辑快速蒙版得到选区,也可以通过将选区转换成快速蒙版,再对其进行编辑得到更为精确的选区。

选择"套索工具"在图像上创建图像的基本轮廓选区,如图9-31所示。此时,可以使用快速蒙版进行编辑,单击工具箱中的"以快速蒙版模式编辑"按钮,图像中没有被选取的部分会自动用半透明的红色填充,如图9-32所示。

使用黑色画笔在非选区部分进行涂抹,如图9-33所示。半透明红色区域是被蒙版区域,退出快速蒙版状态后,半透明红色区域之外的区域就是所创建的选区,使用快速蒙版编辑后将得到更为精确的选区,如图9-34所示。

图9-31 创建选区　　图9-32 进入快速蒙版模式编辑　　图9-33 在非选区部分涂抹　　图9-34 得到精确的选区

> 提示:创建选区后,也可以执行"图层>图层蒙版>显示选区"命令,选区外的图像将被遮盖;如果执行"图层>图层蒙版>隐藏选区"命令,则选区内的图像将被蒙版遮盖。

技术看板:创建调整图层蒙版

打开一张素材图像,单击工具箱中的"快速选择工具"按钮,单击选项栏中的"选择主体"按钮,选区效果如图9-35所示。

打开"图层"面板,单击面板底部的"创建新的填充或调整图层"按钮,在弹出的下拉列表中选择"色相/饱和度"选项,弹出"属性"面板,设置参数如图9-36所示。

图9-35 选区效果　　　　　　　　　　图9-36 设置参数

设置完成后回到"图层"面板,可以看到自动生成的"色相/饱和度"调整图层和调整图层蒙版,如图9-37所示。

按【Ctrl】键的同时单击调整图层蒙版,再按【Shift+Ctrl+I】组合键反向选区,继续单击面板底部的"创建新的填充或调整图层"按钮,在弹出的下拉列表中选择"曲线"选项,弹出"属性"面板并设置参数,如图9-38所示。

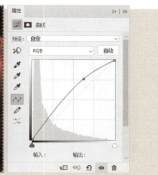

图 9-37 调整图层和调整图层蒙版　　　　图 9-38 调用选区并添加"曲线"调整图层

设置完成后，回到"图层"面板，可以看到自动生成的"曲线"调整图层和调整图层蒙版，如图9-39所示。图像效果如图9-40所示。

图 9-39 "曲线"调整图层和调整图层蒙版　　　　图 9-40 图像效果

> **技术看板：添加滤镜蒙版**

执行"文件>打开为智能对象"命令，打开一张素材图像，如图9-41所示，执行"滤镜>滤镜库"命令，在打开的"滤镜库"对话框中选择要添加的滤镜并设置各项参数，如图9-42所示。

图 9-41 打开智能对象　　　　图 9-42 选择要添加的滤镜并设置各项参数

单击"确定"按钮，图像效果如图9-43所示。单击"智能滤镜"蒙版，设置"前景色"为黑色，使用"画笔工具"在人物的胳膊、脚、脸进行涂抹，如图9-44所示。

图 9-43 图像效果　　　　　　　图 9-44 使用滤镜蒙版

> 提示：添加图层蒙版后，如果蒙版缩览图外侧有一个白色边框，表示蒙版处于编辑状态，此时进行的所有操作将应用于蒙版。如果要编辑图像，可以单击图像缩览图，白色边框将出现在图像外侧。

疑难解答：滤镜蒙版

将智能滤镜应用于某个智能对象时，"图层"面板中该智能对象下方的"智能滤镜"行上将显示一个白色蒙版缩览图。默认情况下，此蒙版将显示完整的滤镜效果，如果在应用智能滤镜前已建立选区，在"图层"面板中的"智能滤镜"行上将显示适当的蒙版而非一个空白蒙版。

使用滤镜蒙版可以有选择地遮盖智能滤镜，当遮盖智能滤镜时，蒙版将应用于所有智能滤镜，无法遮盖单个智能滤镜。

滤镜蒙版的工作方式与图层蒙版非常类似，可以对它们使用许多相同的技巧。既可以将其边界作为选区载入，也可以在滤镜蒙版上进行绘画。

9.2 打造图像的梦幻氛围

"通道"是Photoshop中非常重要的功能，它记录了图像大部分的信息。通过"通道"可以创建复杂的选区、进行高级图像合成，以及调整图像颜色等。接下来使用"通道"功能为一张素材图像打造梦幻氛围。图9-45所示为原始图像与梦幻氛围图像的效果对比。

图 9-45 原始图像与梦幻氛围图像的效果对比

9.2.1 "通道"面板

在Photoshop中可以通过"通道"面板来创建、保存和管理通道。在Photoshop中打开图像时，会在"通道"面板中会自动创建该图像的颜色信息通道。

STEP 01 打开一张素材图像，按【Ctrl+J】组合键复制图层，如图9-46所示。执行"窗口>通道"命令，打开"通道"面板，如图9-47所示。

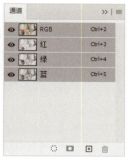

图 9-46 打开图像并复制图层　　图 9-47 "通道"面板

STEP 02 单击面板右上角的≡按钮，在弹出的面板菜单中选择"面板选项"，弹出"通道面板选项"对话框，设置参数如图9-48所示。"通道"面板如图9-49所示。

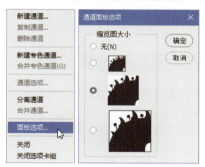
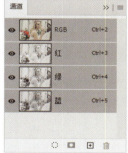

图 9-48 设置参数　　图 9-49 "通道"面板

疑难解答："通道"面板

在Photoshop中可以通过"通道"面板创建、保存和管理通道。在Photoshop中打开图像时，会在"通道"面板中自动创建该图像的颜色信息通道，如图9-50所示。单击"通道"面板右上角的面板菜单≡按钮，打开"通道"面板菜单，如图9-51所示。

图 9-50 "通道"面板　　图 9-51 面板菜单

"通道"分类包括,

复合通道:"通道"面板中最上层的就是复合通道,在复合通道下可以同时预览和编辑所有颜色通道。

颜色通道:用于记录图像颜色信息的通道。

专色通道:用于保存专色油墨的通道。

Alpha通道:用于保存选区的通道。

"通道"面板底部的按钮包括,

将通道作为选区载入:单击该按钮,可以载入所选通道的选区。

将选区存储为通道:单击该按钮,可以将图像中的选区保存在通道中。

创建新通道:单击该按钮,可以创建Alpha通道。

删除当前通道:单击该按钮,可以将当前选中的通道删除,但是不能删除复合通道。

复制通道:执行该命令将弹出"复制通道"对话框,复制指定通道,如图9-52所示。

分离通道:分离通道是将原素材图像关闭,将通道中的图像以三个灰度图像在窗口显示。

合并通道:合并通道则与前者相反,将多个灰色图像合并为一个图像通道。

面板选项:用于设置"通道"面板中每个通道的显示状态。选择该命令将弹出"通道面板选项"对话框,在其中可设置通道缩览图的大小。

图9-52 "复制通道"对话框

9.2.2 "通道"分类

Photoshop中包含多种"通道"类型,主要有颜色通道、专色通道和Alpha通道。"通道"是Photoshop的高级功能,它与图像的内容、色彩和选区有着密切的联系。

颜色通道

颜色通道记录了图像的颜色信息。图像的颜色模式不同,颜色通道的数量也不相同。RGB图像包含"红""绿""蓝"三个颜色通道和一个复合通道,如图9-53所示;CMYK图像包含"青色""洋红""黄色""黑色"和一个复合通道,如图9-54所示;Lab图像包含"明度""a""b"和一个复合通道,如图9-55所示;位图、灰度、双色调和索引颜色模式的图像都只有一个通道。

图9-53 RGB图像通道　　图9-54 CMYK图像通道　　图9-55 Lab图像通道

> **疑难解答:专色通道和复合通道**
>
> 专色通道是一种特殊的通道,用于存储印刷用的专色。专色是用于替代或补充印刷色(CMYK)的特殊预混油墨,如金属质感的油墨、荧光油墨等。通常情况下,专色通道由专色的名称来命名。

复合通道不包含任何信息，实际上只是同时预览并编辑所有颜色通道的一个快捷方式，通常用来在单独编辑完一个或多个颜色通道后使"通道"面板返回到它的默认状态。

Alpha通道

Alpha通道与颜色通道不同，它不会直接影响图像的颜色。Alpha通道有三种用途：一是用于保存选区；二是将选区存储为灰度图像，存储为灰度图像后用户就可以使用画笔等工具及各种滤镜编辑Alpha通道，从而修改选区；三是从Alpha通道中载入选区。Alpha通道在Photoshop中的应用比较广泛，具有以下几个特点：

1. 所有通道都是8位灰度图像，能够显示256级灰阶；
2. 可以使用绘图工具在Alpha通道中编辑蒙版；
3. 将选区存放在Alpha通道中，以便在同一图像或不同的图像中重复使用。

在Alpha通道中，白色代表了被选择的区域；黑色代表了未被选择的区域；灰色代表了被部分选择的区域，即羽化的区域。用白色涂抹Alpha通道可以扩大选区范围；用黑色涂抹选区可以收缩选区范围；用灰色涂抹选区则可以增加羽化的范围。图9-56所示为不同灰度色阶值的图像选择范围对比。

图 9-56 实心选择范围与羽化选择范围对比

9.2.3 创建"通道"

通过"通道"面板和面板菜单中的各种命令，可以创建不同的通道及选区，并且还可以实现复制、删除、分离与合并通道等操作。

选择并查看通道内容

打开一幅素材图像，打开"通道"面板。在"通道"面板中单击即可选择通道，文档窗口中会显示所选通道的灰度图像，如图9-57所示。

按住【Shift】键单击可以选择多个不同的通道，文档窗口中会相应地显示所选颜色通道的复合信息，如图9-58所示。通道名称的左侧显示了通道内容的灰度图像缩览图，在编辑通道时缩览图会及时自动更新。

图 9-57 选择通道并显示相应的灰度图像　　　　图 9-58 所选颜色通道的复合信息

创建Alpha通道

创建通道的方法主要包括在"通道"面板中创建通道、使用选区创建通道和使用"贴入"命令创建通道三种。

在"通道"面板中创建通道的操作方法十分简单，就像在"图层"面板中创建新图层一样。单击"通道"面板中的"创建新通道"按钮，即可创建一个Alpha通道，如图9-59所示。按住【Alt】键并单击"创建新通道"按钮，可弹出"新建通道"对话框，如图9-60所示，在其中可以设置新通道的名称、色彩指示及蒙版颜色。

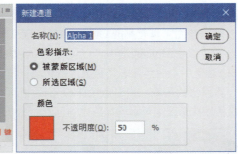

图9-59 新建"Alpha 1"通道　　　　图9-60 弹出"新建通道"对话框

如果在文档窗口中已创建了选区，单击"通道"面板中的"将选区存储为通道"按钮，即可创建Alpha通道，如图9-61所示。

除上述方法外，如果文档窗口中已有选区，还可以执行"选择>存储选区"命令，在弹出的"存储选区"对话框中设置通道的名称，如图9-62所示。单击"确定"按钮，即可创建一个已命名的Alpha通道，如图9-63所示。

图9-61 创建 Alpha 通道　　　图9-62 "存储选区"对话框　　　图9-63 创建一个已命名的 Alpha 通道

> **提示**：一个图像最多可以包含56个通道。只要以支持图像颜色模式的格式存储文件，便会保存颜色通道。但只有以PSD、PDF、PICT、PIXAR、TIFF 或RAW 格式存储文件时，才会保存Alpha 通道。DCS 2.0 格式只保留专色通道。以其他格式存储的文件可能会导致通道信息丢失。

9.2.4 复制、删除与重命名

若要重命名通道，双击相应的通道名称，在显示的文本框中输入通道的新名称即可。但是复合通道和颜色通道不能进行重命名操作。

STEP 03 在打开的"通道"面板中单击"绿"通道,将"绿"通道选中,按【Ctrl+A】组合键全选图像,如图9-64所示。再按组合键【Ctrl+C】复制"绿"通道,如图9-65所示。

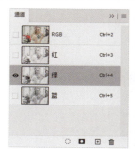

图 9-64 全选图像

图 9-65 复制"绿"通道

疑难解答:删除"通道"

若要删除"通道",将相应的"通道"拖至"删除当前通道"按钮上,释放鼠标即可将"通道"删除。也可以选择要删除的通道,单击"删除当前通道"按钮将其删除,如图9-66所示,在弹出的提示框中单击"是"按钮,即可删除"通道"。

删除颜色通道后,图像会自动转换为多通道模式,如图9-67所示。复合通道不能被复制,也不能被删除。

图 9-66 Adobe Photoshop 提示框　　　　　图 9-67 "通道"面板

STEP 04 选择"蓝"通道,按【Ctrl+V】组合键将"绿"通道粘贴到"蓝"通道中,如图9-68所示。返回到RGB通道,按【Ctrl+D】组合键取消选区,图像效果如图9-69所示。

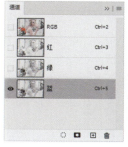

图 9-68 粘贴"绿"通道

图 9-69 图像效果

疑难解答:"通道"的其他操作

重命名操作:若要重命名"通道",双击相应的"通道"名称,在显示的文本框中输入通道的新名称即可,但是复合通道和颜色通道不能进行重命名操作。

将图层内容粘贴到通道：与将通道中的图像粘贴到图层的方法一样，打开一幅素材图像，按【Ctrl+A】组合键全选，再按【Ctrl+C】组合键复制图像，在"通道"面板中新建一个Alpha通道，按【Ctrl+V】组合键，即可将复制的图像粘贴到通道中。

STEP 05 使用"快速选择工具"在画布中创建选区，按【Shift+Ctrl+I】组合键反向选区，选区效果如图9-70所示。

STEP 06 打开"图层"面板，单击"图层"底部的"创建新的填充或调整图层"按钮，在弹出的下拉菜单中选择"色相/饱和度"选项，弹出"属性"面板，设置如图9-71所示的参数。

图 9-70 选区效果　　　　图 9-71 设置参数

STEP 07 完成后的图像效果如图9-72所示。"图层"面板如图9-73所示。

图 9-72 图像效果　　　　图 9-73 "图层"面板

> **技术看板**：将通道中的图像粘贴到图层

打开一张素材图像，如图9-74所示。打开"通道"面板，单击"蓝"通道将其选中，按【Ctrl+A】组合键全选，再按【Ctrl+C】组合键复制通道，如图9-75所示。

图 9-74 打开素材图像　　　　图 9-75 全选并复制通道

单击RGB通道将复合通道选中，按【Ctrl+V】组合键将"蓝"通道粘贴到RGB通道中，完成粘贴的通道位于新建图层上，如图9-76所示，"图层"面板如图9-77所示。

图9-76 粘贴通道　　　　　　　　图9-77 "图层"面板

> **技术看板**：将图层中的图像粘贴到通道

打开一张素材图像，按【Ctrl+A】组合键全选，如图9-78所示。再按【Ctrl+C】组合键复制图像，在"通道"面板中新建一个Alpha通道，如图9-79所示。

图9-78 打开并全选图像　　　　　图9-79 新建Alpha通道

按【Ctrl+V】组合键即可将复制的图像粘贴到通道中，如图9-80所示。按【Ctrl+D】组合键取消选区，图像效果如图9-81所示。

图9-80 粘贴通道　　　　　　　　图9-81 图像效果

9.3 制作日历页面内容

前面已经对通道的相关基础知识和创建通道的方法进行了详细介绍，接下来介绍通道在设计中的应用。

通过使用"应用图像""计算"命令并配合选区和蒙版的操作，完成日历页面内容的制作，完成后的图像效果如图9-82所示。制作该案例，能够帮助读者拓宽应用通道的思路。

图 9-82 完成后的图像效果

9.3.1 "应用图像"对话框

使用"应用图像"命令可以使用与图层关联的混合效果，将图像内部和图像之间的通道组合成新图像。它可以应用于全彩图像，或者图像的一个或多个通道。

使用"应用图像"命令时，当前图像总是目标图像，而且只能选择一幅源图像。Photoshop将获取源和目标，将它们混合在一起，并将结果输出至目标图像中。

STEP 01 打开一张素材图像，按【Ctrl+J】组合键复制图像，图像效果如图9-83所示。执行"图像>应用图像"命令，弹出"应用图像"对话框，设置各项参数如图9-84所示。

图 9-83 图像效果

图 9-84 设置各项参数

STEP 02 单击"确定"按钮，图像效果如图9-85所示。打开名为"日历.psd"的素材文件，打开"一月"图层组，使用"移动工具"将刚刚调整完的图像移入"日历"文档中，按【Ctrl+T】组合键调整图像的大小，如图9-86所示。

图 9-85 图像效果　　　　　　　图 9-86 将图像移入"日历"文档中并调整其大小

9.3.2 "计算"命令

"计算"命令用于混合两个来自一个或多个源图像的单个通道,将计算结果应用到新图像的新通道或现有图像的选区。但是,不能对复合通道应用此命令。

STEP 03 打开一张素材图像,图像效果如图9-87所示。执行"图像>计算"命令,弹出"计算"对话框,设置各项参数如图9-88所示。

图 9-87 图像效果　　　　　　　图 9-88 设置参数

> **提示:** 在使用"灰色"通道并选择"反相"复选框进行计算得到的结果中,高光部分为接近中性色的区域,而暗调部分为远离中性色的区域。由于在人物图像中,人物的皮肤颜色一般为中性色调,所以创建的"Alpha1"通道即为人物皮肤区域的选区。

STEP 04 单击"确定"按钮,"通道"面板中将添加一个新的通道"Alpha1","通道"面板如图9-89所示。再次执行"图像>计算"命令,弹出"计算"对话框,设置参数如图9-90所示。

图 9-89 "通道"面板　　　　　　图 9-90 设置参数

9.3.3 "选区""蒙版""通道"三者之间的关系

在Photoshop中,"通道""蒙版""选区"具有很重要的地位,它们三者之间存在很大的关联,而且选区、图层蒙版、快速蒙版及Alpha通道四者之间具有五种转换关系,如图9-91所示。

图 9-91 五种转换关系

STEP 05 设置完成后,单击"确定"按钮,"通道"面板中将添加一个新的通道"Alpha 2","通道"面板如图9-92所示。

STEP 06 按住【Ctrl】键并单击"Alpha 2"通道缩览图载入选区。执行"选择>反选"命令,选择"RGB"复合通道,选区效果如图9-93所示。

图 9-92 "通道"面板　　　　　图 9-93 选区效果

> **提示**:按住【Ctrl】键并单击不同的通道,可快速载入该通道的选区。在很多情况下,复杂的选区是由多个选区计算而成的,如果画布中已有选区,按住【Ctrl】键载入其他选区,已有选区将被替代。

疑难解答:选区与Alpha通道的关系

选区与Alpha通道之间具有相互依存的关系。Alpha通道具有存储选区的功能,以便用到时可以载入选区,在图像上创建需要处理的选区,如图9-94所示。

执行"选择>存储选区"命令,或单击"通道"面板中的"将选区存储为通道"按钮,都可以将选区转换为Alpha通道,如图9-95所示。

图 9-94 创建选区　　　　　图 9-95 将选区转换为 Alpha 通道

STEP 07 单击"图层"面板底部的"创建新的填充或调整图层"按钮,在弹出的下拉列表中选择"色相/饱和度"选项,弹出"属性"面板,设置参数如图9-96所示。完成后的图像效果如图9-97所示。

STEP 08 按【Shift+Ctrl+Alt+E】组合键盖印图层,使用"移动工具"将图像移入"日历.psd"文档中,按【Ctrl+T】组合键调整图像的大小,图像效果如图9-98所示。

图 9-96 设置参数　　　　图 9-97 完成后的图像效果　　　图 9-98 图像效果

STEP 09 打开一张素材图像,如图9-99所示。执行"图像>模式>Lab颜色"命令,将图像模式转换为Lab模式。打开"通道"面板,可以看到Lab模式下的通道信息,如图9-100所示。

STEP 10 按【Ctrl+J】组合键复制图层,得到"图层 1"图层,如图9-101所示。

图 9-99 素材图像　　　　　图 9-100 "通道"面板　　图 9-101 "图层"面板

STEP 11 执行"图像>应用图像"命令,弹出"应用图像"对话框,设置参数如图9-102所示。单击"确定"按钮,图像效果如图9-103所示。

图 9-102 设置参数　　　　　　　　　　　图 9-103 图像效果

> **小技巧**:对"a""b"通道执行"应用图像"操作后,如果颜色过艳,可以降低图层不透明度,还可以使用"曲线"命令适当调整图像效果。

STEP 12 再次执行"图像>应用图像"命令,弹出"应用图像"对话框,设置参数如图9-104所示。单击"确定"按钮,图像效果如图9-105所示。

图 9-104 设置参数　　　　　　　　　图 9-105 图像效果

STEP 13 设置"图层 1"图层的不透明度为60%,按【Shift+Ctrl+Alt+E】组合键盖印图层,如图9-106所示。使用"移动工具"将图像移入"日历.psd"文档中,按【Ctrl+T】组合键调整图像的大小,图像效果如图9-107所示。

图 9-106 设置图层的不透明度并盖印图层　　　图 9-107 图像效果

疑难解答:选区、通道与图层蒙版的关系

选区与图层蒙版的关系:选区与图层蒙版之间同样具有相互转换的关系。通过在"图层"面板中单击"添加图层蒙版"按钮,可以为当前图层添加一个图层蒙版。按住【Ctrl】键并在"图层"面板上单击图层蒙版缩览图,可以载入其存储的选区。

通道与图层蒙版的关系:图层蒙版可以转换为Alpha通道。在"图层"面板中单击"添加图层蒙版"按钮,为当前图层添加一个图层蒙版。打开"通道"面板,可以看到在"通道"面板中暂存有一个名为"图层*蒙版"的通道。将该通道拖至"创建新通道"按钮上,释放鼠标可以复制通道并将其存储为Alpha通道。

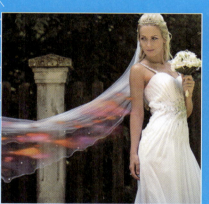
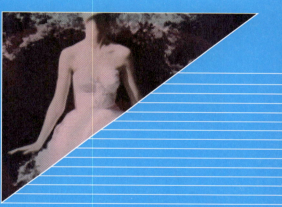

第 10 章　使用 3D 功能及视频、动画制作功能

Photoshop CC 2021 对 3D 功能进行了很多重大改进，不仅在渲染技术上有了很大提高，而且丰富了 3D 素材，使用户在操作时更加方便、快捷，使创意空间更为广阔。

随着信息技术的发展，人们对图像处理的要求越来越高，Photoshop 不仅仅是单一的图像处理软件，而且具备了制作简单动画和编辑视频的功能。

3D 功能简介

Photoshop不但可以打开和处理由Adobe Acrobat 3D Version 8、3D StudioMax、Alias、Maya及Google Earth等程序创建的3D文件，而且可以直接为这些3D文件绘制贴图、制作动画等。

用Photoshop打开一个3D文件时，可以保留该文件的纹理、渲染及光照等信息，该文件将被放在"3D"面板上，且在3D图层中显示其各种详细信息，如图10-1所示。

图 10-1 3D 文件、"3D" 面板和 3D 图层

> **提示**：OpenGL是一种软件和硬件标准，可在处理大型或复杂图像（如3D文件）时加速视频处理过程。OpenGL需要支持OpenGL标准的视频适配器。在安装了OpenGL系统后，打开、移动和编辑3D模型时其性能将大大提高。

疑难解答：从文件新建3D图层

创建3D图层后，通过3D工具可以对3D模型进行调整，实现对模型的移动、缩放，以及视图缩放等操作，还可以分别对3D模型的网格、材质和光源进行设置。

从文件新建3D图层：创建一个3D图层非常简单，执行"3D>从文件新建3D图层"命令，弹出"打开"对话框，选择一个Photoshop支持的3D文件格式（包括3DS、DAE、FL3、KMZ、U3D和OBJ），单击"打开"按钮，即可新建3D图层。

合并3D图层：执行"3D>合并3D图层"命令，可以合并一个Photoshop文档中的多个3D模型。合并后，可以单独处理每个3D模型，或者同时在所有模型上使用调整对象和视图的工具。

将3D图层转换为2D图层：执行"图层>栅格化>3D"命令或在3D图层上单击鼠标右键，在弹出的快捷菜单中选择"栅格化3D"选项，即可将3D图层转换为2D图层。

将3D图层转换为智能图层：执行"图层>智能对象>转换为智能对象"命令或在3D图层上单击鼠标右键，在弹出的快捷菜单中选择"转换为智能对象"选项，即可将3D图层转换为智能图层。

第 10 章 使用 3D 功能及视频、动画制作功能

> 技术看板：创建 3D 图层

新建空白文档，执行"3D>从文件新建3D图层"命令，弹出"打开"对话框，选择如图10-2所示的文件。单击"打开"按钮，弹出"新建"对话框，如图10-3所示。单击"确定"按钮，即可新建3D图层，如图10-4所示。

图 10-2 选择文件

图 10-3 "新建"对话框　　图 10-4 新建 3D 图层

10.2 制作 3D 冰激凌模型

在Photoshop中创建的3D模型，可以在"属性"面板中对其进行编辑与修改，并可以执行变形等操作。

10.2.1 从所选路径创建3D模型

在Photoshop中可以使用"新建3D模型"命令，将图层、路径、选区和文字等2D对象创建为3D图层，然后继续对其完成类似指定材质的一系列操作。

STEP 01 新建一个500像素×500像素的空白文档，使用"椭圆工具"在画布中绘制形状，如图10-5所示。设置选项栏中的"路径操作"为"减去顶层形状"，继续在画布中绘制形状，如图10-6所示。

图 10-5 新建文档并绘制形状　　图 10-6 在画布中绘制形状

STEP 02 使用"路径选择工具"选中小椭圆，按【Alt】键的同时拖动光标复制椭圆，效果如图10-7所示。执行"3D>从所选路径新建3D模型"命令，3D模型如图10-8所示。

271

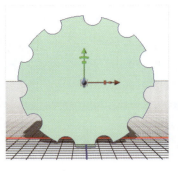

图 10-7 连续复制椭圆　　　　　　　　图 10-8 3D 模型

> **疑难解答：在文件中新建3D图层**
>
> 　　从所选图层新建3D模型：选择Photoshop文档中的任一图层，执行"3D>从所选图层新建3D模型"命令，即可将该图层的对象凸出为3D网格。
>
> 　　从所选路径新建3D模型：使用"钢笔工具"或"形状工具"在文档中创建路径或形状，执行"3D>从所选路径新建3D模型"命令，即可将该路径凸出为3D网格，如图10-9所示。
>
> 　　从当前选区新建3D模型：创建选区后，执行"3D>从当前选区新建3D模型"命令，即可将选区范围凸出为3D网格，如图10-10所示。
>
>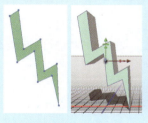
>
> 　　图 10-9 从所选路径新建 3D 模型　　　图 10-10 从当前选区新建 3D 模型

技术看板：创建 3D 文字并拆分凸出

　　新建一个空白文档，使用"横排文字工具"在画布中添加文字，如图10-11所示。选中文字图层，执行"文字>创建3D文字"命令，即可将文字图层凸出为3D网格，如图10-12所示。

图 10-11 添加文字　　　　　　图 10-12 创建 3D 文字

　　执行"3D>拆分凸出"命令，弹出"Adobe Photoshop"警告框，如图10-13所示，单击"确定"按钮，可以将选中的3D模型创建为单个网格，如图10-14所示。

第 10 章　使用 3D 功能及视频、动画制作功能

图 10-13 警告框　　　　　　　　　　　图 10-14 拆分 3D 模型

10.2.2 编辑3D模型

创建3D模型后，可以在"属性"面板中设置不同的参数从而获得更好的3D效果。

STEP 03 单击工具箱中的"移动工具"按钮，在选项栏中单击"旋转3D对象"按钮，旋转效果如图10-15所示。单击3D模型选中网格，打开"属性"面板，设置"凸出深度"为500像素，如图10-16所示，3D效果如图10-17所示。

  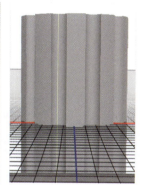

图 10-15 旋转效果　　　　　图 10-16 设置参数　　　　　图 10-17 3D 效果

> **疑难解答：编辑3D模型**
>
> 编辑3D模型：创建3D模型后，可以在"属性"面板中设置不同的参数以获得更好的3D效果。"属性"面板中"网格"选项下的参数如图10-18所示。
>
> 变形3D模型：选中凸出的3D模型，单击"属性"面板中的"变形"按钮，可以对3D模型进行变形操作，如图10-19所示。
>
> 编辑3D模型盖子："盖子"是指3D模型的前部或背部部分。通过"属性"面板可以对盖子的宽度和角度等参数进行设置，如图10-20所示。
>
> 坐标：为了能够在Photoshop中准确地完成移动、旋转和缩放操作。任意选择3D网格，在"属性"面板中单击"坐标"按钮，设置参数如图10-21所示。
>
> 3D绘画：可以使用任何Photoshop绘画工具直接在3D模型上绘画，就像在2D图层上绘画一样。单击3D绘画按钮，各项参数如图10-22所示。

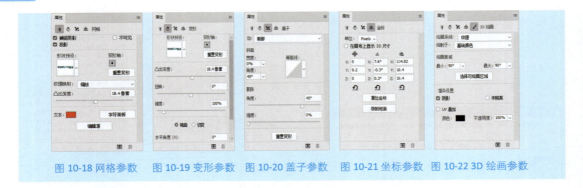

图 10-18 网格参数　　图 10-19 变形参数　　图 10-20 盖子参数　　图 10-21 坐标参数　　图 10-22 3D 绘画参数

10.2.3 "3D"面板

在Photoshop CC 2021中,使用"3D"面板可帮助用户轻松处理3D对象。"3D"面板与"图层"面板类似,被构建为具有根对象和子对象的场景图/树。

STEP 04 打开"3D"面板,选中"椭圆 1 前膨胀材质"选项,继续打开"属性"面板,设置各项参数如图10-23所示。

STEP 05 选中凸出的3D网格,在"属性"面板上单击"变形"按钮,可以对3D模型进行变形操作,设置参数如图10-24所示。

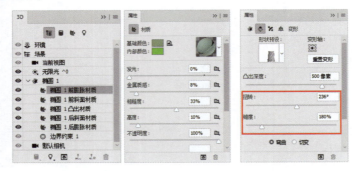

图 10-23 选中材质并设置参数　　　　图 10-24 设置变形参数

> **疑难解答: "3D"面板、"属性"面板**
>
> 在"3D"面板中选择"环境"选项,"属性"面板将显示环境参数,如图10-25所示。在"3D"面板中选择"当前视图"选项,"属性"面板将显示相关参数,如图10-26所示。单击3D面板中的"网格"按钮,"属性"面板将显示相关的参数,如图10-27所示。

图 10-25 设置 3D 环境参数　　图 10-26 设置 3D 相机参数　　图 10-27 设置 3D 材质参数

10.2.4 3D模型和视图的操作

在Photoshop CC 2021中，可以直接使用"移动工具"完成对3D对象和摄像机的旋转、滚动、拖动、滑动和缩放的操作。

STEP 06 设置完成后，3D模型效果如图10-28所示。在选项栏中单击"滑动3D对象"按钮，在画布中拖动光标完成滑动3D模型的操作，继续在选项栏中单击"拖动3D对象"按钮，在画布中拖动光标移动3D模型的位置，3D效果如图10-29所示。

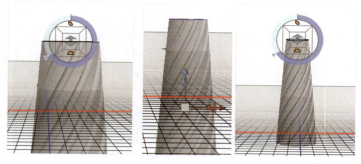

图 10-28 3D 模型效果　　　　　图 10-29 3D 效果

STEP 07 使用"移动工具"选中3D对象，3D轴出现在3D网格对象上。将光标放置在如图10-30所示的位置。沿Z轴缩放3D模型，缩放后的3D效果如图10-31所示。

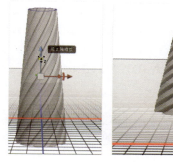
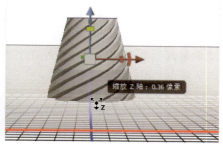

图 10-30 放置光标　　　　　　图 10-31 缩放后的 3D 效果

技术看板：创建 3D 明信片

打开一张素材图像，如图10-32所示。执行"3D>从图层新建网格>明信片"命令，如图10-33所示。

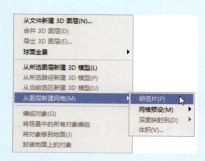

图 10-32 打开素材图像　　　图 10-33 执行"3D> 从图层新建网格 > 明信片"命令

明信片效果如图10-34所示。选择"移动工具",单击选项栏中的"环绕移动3D相机"按钮,在视图中单击并拖动鼠标旋转明信片,如图10-35所示。

图 10-34 明信片效果

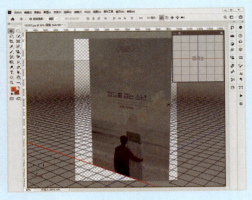
图 10-35 旋转明信片

疑难解答:从图层新建网格

Photoshop可以将2D图层作为起始点,生成各种基本的3D对象。创建3D对象后,可以执行在3D空间移动、更改渲染设置、添加光源或将其与其他3D图层合并等操作。

Photoshop CC 2021自带11种网格预设,包括"锥形""立体环绕""立方体""圆柱体""圆环""帽子""金字塔""环形""汽水""球体""酒瓶"。

执行"3D>从图层新建网格>深度映射到"命令,可以将灰度图像转换为深度映射,从而将图像明度值转换为深度不一的表面。较亮的值生成表面上凸起的区域,较暗的值生成凹下的区域。

通过执行"深度映射到"命令可以创建六种3D模型,包括"平面""双面平面""纯色凸出""双面纯色凸出""圆柱体""球体"。

STEP 08 单击"属性"面板中的"网格"按钮,继续单击"属性"面板下方的"编辑源"按钮,进入源编辑文档,如图10-36所示。执行"编辑>自由变换"命令,调整形状图形的大小,如图10-37所示,按【Enter】键确认。

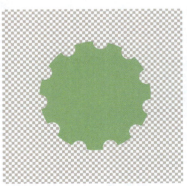

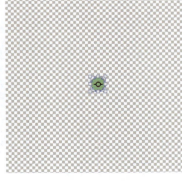

图 10-36 进入源编辑文档　　　　图 10-37 调整形状图形的大小

STEP 09 调整完成后,按【Ctrl+S】组合键存储文档,回到3D文档中,3D效果如图10-38所示。打开"属性"面板,单击面板顶部的"变形"按钮,设置参数如图10-39所示,3D效果如10-40所示。

第 10 章 使用 3D 功能及视频、动画制作功能

 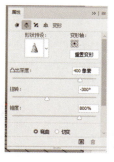 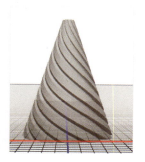

图 10-38 3D 效果　　图 10-39 设置参数　　　图 10-40 3D 效果

10.3 制作周年店庆海报

平时，在各种店庆或节日海报中，我们可以看到3D文字的使用。因为3D图像和文字更有立体感，同时也更容易抓住浏览者的眼球，所以才会被经常性的使用。

10.3.1 "属性"面板

在Photoshop中，使用"3D"面板可完成3D对象的创建，还能用来选择、编辑3D对象。

STEP 01 新建一个500像素×200像素的Photoshop文档，如图10-41所示。单击"横排文字工具"按钮，在画布中输入文本，如图10-42所示。

图 10-41 新建一个文档　　　　图 10-42 输入文本

STEP 02 执行"文字>创建3D文字"命令，文字效果如图10-43所示。打开"属性"面板，选择"形状预设"为"锥形收缩"，设置"凸出深度"为800像素，如图10-44所示。

图 10-43 文字效果　　　　图 10-44 设置参数

> **技术看板：为立方体添加纹理映射**

新建一个500像素×500像素的Photoshop文档，如图10-45所示。执行"3D>从图层新建网格>网格预设>立方环绕"命令，单击"移动工具"按钮，在选项栏中单击"环绕移动3D相机"按钮，调整视图后的3D模型效果如图10-46所示。

 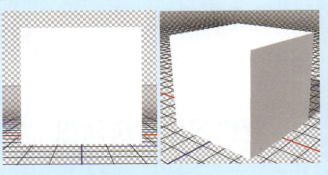

图 10-45 新建文档　　　　　　图 10-46 调整视图后的 3D 模型效果

在"3D"面板上选择"立方体材质"选项，打开"属性"面板，单击"基础颜色"选项后面的文件夹按钮，选择"移去纹理"选项，如图10-47所示。

再次单击文件夹图标，在弹出的快捷菜单中选择"载入纹理"选项，弹出"打开"对话框，选择如图10-48所示的图片。

单击"打开"按钮，3D立方体的纹理效果如图10-49所示。

图 10-47 移去纹理　　　图 10-48 选择图片　　　图 10-49 3D 立方体的纹理效果

10.3.2 编辑纹理

3D模型上多种材质所使用的漫射纹理文件可将应用于模型上不同表面的多个内容区域编组，这个过程称为"UV映射"，它将2D纹理映射中的坐标与3D模型上的特定坐标相匹配。UV映射使2D纹理可正确地绘制在3D模型上。

对于在Photoshop外创建的3D内容，UV映射发生在创建内容的程序中。然而，Photoshop可以将UV叠加创建为参考线，帮助用户直观地了解2D纹理映射如何与3D模型表面匹配。在编辑纹理时，这些叠加可作为参考线。

STEP 03 在"3D"面板中选择"前膨胀材质"选项，打开"属性"面板，设置参数如图10-50所示，3D效果如图10-51所示。

图 10-50 设置参数　　　　　图 10-51 3D 效果

STEP 04 单击"基础颜色"选项后面的文件夹，在弹出的快捷菜单中选择"编辑纹理"选项，打开待编辑纹理的文档，单击工具箱中的"画笔工具"按钮，打开"画笔设置"面板，设置参数如图10-52所示。

STEP 05 设置前景色为RGB（250、66、0），使用"画笔工具"在画布中绘制图形，图像效果如图10-53所示，完成后按【Ctrl+S】组合键存储纹理。

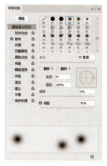

图 10-52 设置参数　　　　图 10-53 图像效果

疑难解答：设置纹理映射

　　运用纹理映射可以方便地制作出极具真实感的图像，而不必花过多时间来考虑物体的表面细节。

　　纹理加载过程会影响Photoshop编辑渲染图像的速度，当纹理图像非常大时，这种情况尤为明显。如何妥善管理纹理，提高制作效率，是使用纹理映射时必须考虑的一个问题。

　　在"3D"面板中选择需要添加纹理映射的3D网格，单击"属性"面板中各选项后的"文件夹"按钮，如图10-54所示。在打开的菜单中选择"载入纹理"选项。选择需要添加的纹理，即可完成纹理的添加。

　　为3D网格添加纹理后，再次单击选项后的"文件夹"按钮，打开如图10-55所示的菜单。选择不同的选项，可以实现对纹理的编辑。

图10-54 单击"文件夹"按钮　　图10-55 打开菜单

10.3.3 渲染

完成3D网格的创建后，通过设置渲染样式，可对3D对象进行渲染操作。读者可通过单击"3D"面板或"属性"面板底部的"渲染"按钮，完成对3D模型的渲染操作。

STEP 06 回到3D模型文档中，3D效果如图10-56所示。单击"属性"面板下部的"渲染"图标，开始渲染，如图10-57所示。

图 10-56 3D 效果　　　　　　　图 10-57 开始渲染

STEP 07 稍等片刻完成渲染，复制3D图层，调整3D效果并栅格化3D图层，"图层"面板如图10-58所示。打开一张素材图像，将栅格化的3D模型移至设计文档中，将其摆放到合适位置，海报效果如图10-59所示。

图 10-58 "图层"面板　　图 10-59 海报效果

> **提示**：除了单击"属性"面板上的"渲染"按钮可以完成渲染，还可以执行"3D>渲染3D图层"命令，或者用鼠标右键单击3D图像，在弹出的面板右下角单击"渲染"按钮实现对3D对象的渲染。

疑难解答：渲染

完成3D网格的创建后，通过设置渲染样式，可对3D对象进行渲染操作。单击3D面板上的"场景"按钮，"属性"面板如图10-60所示。

预设：渲染设置预设。在该下拉列表框中共有20种渲染预设供用户选择。

横截面：选择该复选框，将启用横截面。可以选择添加切片的轴，设定切片的位移和倾斜角度。

表面：选择该复选框，将启用表面渲染，共有11种样式供用户选择。

图 10-60 "属性"面板

线条：选择该复选框，将启用线渲染。可以选择四种线条样式进行渲染，还可以设置线条的颜色、宽度和角度阈值。
　　点：选择该复选框，将启用点渲染，共有四种点样式供选择。可以设置点的颜色和半径值。
　　线性化颜色：选择该复选框，将以线性化方式显示场景中的颜色。
　　背面：选择该复选框，将移去隐藏的背面。
　　线条：选择该复选框，将移去隐藏的线条。

10.3.4 导出3D图层

　　要保留文件中的3D内容，需要以Photoshop格式或其他支持的图像格式存储文件，还可以将3D图层导出为文件。

疑难解答：导出3D图层

　　导出3D文件：为了保存文档中的3D对象，可以将文档保存为PSD格式。也可以通过执行"3D>导出3D图层"命令，将3D图层导出为受支持的3D文件格式。设置文件名后单击"保存"按钮，弹出"3D导出选项"对话框，可在其中选择纹理的格式。

　　存储3D文件：要保留3D模型的位置、光源、渲染模式和横截面，可以将包含3D图层的文件保存为 PSD、PSB、TIFF或PDF格式。

　　3D打印：使用Photoshop可以打印任何兼容的3D模型，不用担心3D打印机的限制。在准备打印时，Photoshop会自动使3D模型防水。Photoshop还会生成必要的支撑结构（支架和底座），以确保3D打印能够成功完成。在Photoshop中打开3D模型，根据需要，在打开模型时可以自定义其大小。执行"3D>3D打印设置"命令，如果要将3D打印设置导出为STL文件，单击"导出"按钮，即可将STL文件保存到计算机上适当的位置。还可以将STL文件上传到在线服务，或将其存入SD卡中，以供本地打印使用。

10.4 制作唯美雪景动画

　　动画是在一段时间内显示一系列图像或帧，当每一帧较前一帧都有轻微的变化时，连续、快速地显示这些帧就会产生运动或其他变化的视频效果。本节将向读者介绍如何在Photoshop中创建动画。

10.4.1 "时间轴"面板

　　在Photoshop中制作动画，主要通过"时间轴"面板来实现。

STEP 01 执行"文件>脚本>将文件载入堆栈"命令，弹出"载入图层"对话框，单击"浏览"按钮，选择如图10-61所示的素材图像。选择完成后，单击"确定"按钮，可以看到如图10-62所示的"载入图层"对话框。

图 10-61 选择素材图像

图 10-62 "载入图层"对话框

STEP 02 执行"窗口>时间轴"命令,打开"时间轴"面板,单击"创建帧动画"选项,如图10-63所示。单击"帧延迟时间"按钮,在弹出的下拉菜单中选择"0.2"选项,如图10-64所示,设置"帧延迟时间"为0.2秒。

图 10-63 单击"创建帧动画"

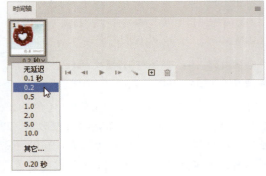

图 10-64 设置"帧延迟时间"

疑难解答:帧模式"时间轴"面板

执行"窗口>时间轴"命令,打开"时间轴"面板,在其下拉列表框中选择"创建帧动画"选项,"时间轴"面板如图10-65所示。"时间轴"面板会显示动画中帧的缩览图,使用面板底部的工具可浏览各个帧、设置循环选项、添加和删除帧,以及预览动画等。

图 10-65 "时间轴"面板

当前帧:当前选择的帧。

帧延迟时间:设置帧在播放过程中的持续时间。

循环选项:设置动画导出后的播放次数,可以选择一次、三次和永远,也可以自定义。

选择第一帧：单击该按钮，可选择第一帧。
选择上一帧：单击该按钮，可选择当前帧的前一帧。
播放动画：单击该按钮，可在窗口中播放动画，再次单击则停止播放。
选择下一帧：单击该按钮，可选择当前帧的下一帧。
过渡动画帧：如果要在两个现有帧之间添加一系列过渡帧，可单击该按钮，弹出"过渡"对话框，在其中指定要添加的帧数。
复制所选帧：单击该按钮，可向面板中添加帧。
删除所选帧：单击该按钮，可删除指定帧。
转换为视频时间轴：单击此按钮即可转换为视频"时间轴"面板。

STEP 03 打开"图层"面板，将除"10401.jpg"图层以外的其他图层隐藏，如图10-66所示。单击"复制所选帧"按钮，复制第1帧，如图10-67所示。

图 10-66 隐藏其他图层　　　　　　　　图 10-67 复制第 1 帧

10.4.2 更改动画中图层的属性

在制作"帧动画"时，"图层"面板上会增加几个与帧动画有关的按钮。

STEP 04 隐藏"10401.jpg"图层，显示"10402.jpg"图层，如图10-68所示。使用相同的方法复制帧并隐藏/显示图层，"时间轴"面板如图10-69所示。

图 10-68 显示图层　　　　　　　　图 10-69 "时间轴"面板

> **疑难解答：更改动画中的图层属性**
>
> 在制作"帧动画"时，打开"图层"面板，有几个与帧动画有关的按钮，包括"统一""传播帧1"，如图10-70所示。
>
> 统一：包括"统一图层位置""统一图层可见性""统一图层样式"三个按钮。用于决定如何对现用帧属性的更改应用于同一图层的其他帧。当选择某个按钮时，将在现用图层的所有帧中更改该属性；当取消选择该按钮时，更改将仅应用于现用帧。
>
> 传播帧1：决定是否将对第一帧的属性所做的更改应用于同一图层的其他帧。若选择该复选框，那么更改第一帧的属性，则正在使用的图层的所有后续帧都会发生与第一帧相关的更改。

图 10-70 "图层"面板

10.4.3 过渡动画和反向帧

除了制作简单的逐帧动画，使用Photoshop还可以制作类似Flash动画中的补间动画，实现对对象位置、大小、颜色及透明度进行变化的动画效果。

STEP 05 完成动画的制作，执行"文件>导出>存储为Web和设备所用格式（旧版）"命令，弹出"存储为Web所用格式"对话框，选择优化格式为"GIF"选项，如图10-71所示。

STEP 06 设置动画的循环选项为"一次"，如图10-72所示。单击"播放动画"按钮，测试动画效果。

图 10-71 选择优化格式　　　　　　图 10-72 设置动画循环选项

STEP 07 完成后单击"存储"按钮，弹出"将优化结果存储为"对话框，设置存储名称如图10-73所示。单击"保存"按钮，弹出提示框，单击"确定"按钮，将动画保存为"制作唯美雪景动画.gif"，动画效果如图10-74所示。

图 10-73 "将优化结果存储为"对话框　　　图 10-74 动画效果

> **技术看板：制作文字淡入淡出效果**

执行"文件>新建"命令，弹出"新建文档"对话框，设置参数如图10-75所示，单击"创建"按钮。使用"渐变工具"在画布中填充颜色为RGB（213、243、3）到RGB（91、190、1）的径向渐变，如图10-76所示。

打开"字符"面板，设置各项参数如图10-77所示。

图10-75 新建文档　　　图10-76 填充颜色　　　图10-77 设置各项参数

使用"横排文字工具"在画布中输入文字，选中相应文字并设置其为不同的大小，效果如图10-78所示。打开"图层"面板，单击"时间轴"面板上的"创建帧动画"按钮，创建帧动画，如图10-79所示。

图10-78 选中相应文字并设置其为不同的大小　　　图10-79 创建帧动画

单击"复制所选帧"按钮，复制一个帧，"时间轴"面板如图10-80所示。选择第1帧，隐藏"图层"面板中的文字图层，如图10-81所示。选择第2帧，显示"图层"面板中的文字图层，如图10-82所示。

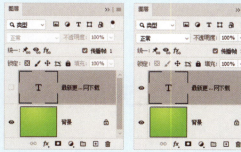
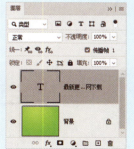

图10-80 "时间轴"面板　　　图10-81 隐藏文字图层　　　图10-82 显示图层

"时间轴"面板如下页图10-83所示。按下【Shift】键并选中第2帧，单击"过渡动画帧"按钮，弹出"过渡"对话框，设置参数如图10-84所示。

图 10-83 "时间轴"面板　　　　　图 10-84 设置参数

单击"确定"按钮,"时间轴"面板如图10-85所示。

按【Shift】键并将32帧全部选中,单击"复制所选帧"按钮,单击面板菜单,在弹出的快捷菜单中选择"反向帧"选项,"时间轴"面板如图10-86所示。

图 10-85 "时间轴"面板　　　　　图 10-85 "时间轴"面板

选中第1帧,单击"播放"按钮,观察文字的淡入淡出效果。执行"文件>导出>存储为Web所用格式(旧版)"命令,弹出如图10-87所示的对话框。单击"存储"按钮,将动画保存为"文字淡入淡出效果.gif",如图10-88所示。

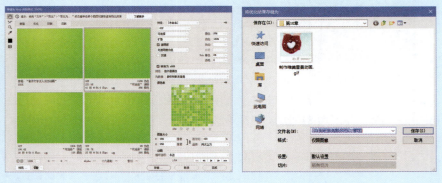

图 10-87 弹出对话框　　　　　图 10-88 保存动画

10.5　制作完整的视频

使用Photoshop可以编辑视频的各个帧和图像序列文件,包括在视频上进行编辑和绘制,应用滤镜、蒙版、变换、图层样式和混合模式。进行编辑之后,既可以将文档存储为PSD文件,也可以将文档作为QuickTime影片或图像序列进行渲染。

10.5.1 将视频帧导入图层

在Photoshop中打开视频文件或图像序列时，其会自动创建视频图层组，该图层组的视频图层带有图标，帧包含在视频图层中。

读者可以使用"画笔工具""图章工具"在视频文件的各个帧上进行绘制和仿制，或者创建选区或应用蒙版以限定对帧的特定区域进行编辑。也可以像编辑常规图层一样调整其混合模式、不透明度、位置和图层样式等。

执行"文件>导入>视频帧到图层"命令，弹出"打开"对话框，载入视频"105101.mov"，如图10-89所示。单击"打开"按钮，弹出"将视频导入图层"对话框，如图10-90所示。

图 10-89 载入视频

图 10-90 "将视频导入图层"对话框

选择"从开始到结束"选项，视频将会被完全导入；选择"仅限所选范围"选项，只导入视频的片段。读者可以通过使用裁切控件控制导入范围，如图10-91所示。勾选"制作帧动画"复选框，导入视频后会生成帧动画时间轴，如图10-92所示。

图 10-91 控制导入范围

图 10-92 "时间轴"面板

取消勾选"制作帧动画"复选框，单击"确定"按钮，视频文件各帧导入到单独的图层上，但在"时间轴"面板上只有1帧，"时间轴"面板和"图层"面板如图10-93所示。

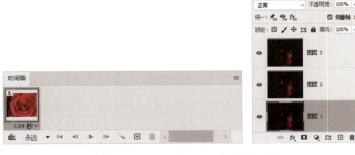

图 10-93 "时间轴"面板和"图层"面板

单击"时间轴"面板"视频组"层右侧的小三角按钮,在打开的下拉菜单选择"添加媒体"选项,或者单击视频图层后面的"+"号按钮,都可以弹出"打开"对话框,选择要导入的视频,单击"打开"按钮,可以快速打开视频文件。

> **提示**:如果想在Photoshop中打开视频并播放,需要在计算机系统中安装Quicktime软件,并且软件的版本要在7.1以上,否则将不能打开或导入视频。

➡ 技术看板:新建空白视频图层

执行"文件>新建"命令,弹出"新建文档"对话框,在对话框顶部单击"胶片和视频"选项卡,继续选择对应的选项,如图10-94所示。设置完成后单击"创建"按钮,即可创建一个空白的视频图像文件,如图10-95所示。

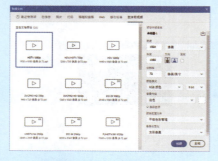

图 10-94 选择对应的选项　　　　　图 10-95 创建一个空白的视频图像文件

执行"图层>视频图层>新建空白视频图层"命令,即可新建一个空白的视频图层,"图层"面板如图10-96所示,"时间轴"面板如图10-97所示。

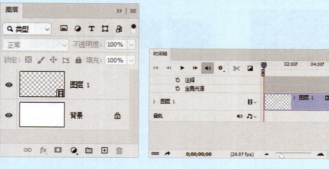

图 10-96 "图层"面板　　　　　图 10-97 "时间轴"面板

> **小技巧**:Photoshop可以打开多种QuickTime视频格式的文件,包括3GP、3G2、AVI、DV、FLV 和F4V、MPEG-1、MPEG-4、QuickTime MOV(在Windows中,全部支持这些文件格式需要单独安装QuickTime)。

10.5.2 视频图层

在Photoshop中,用户可以自己创建视频图层,还可以将视频文件打开,Photoshop会自动创建视频图层。通过在"时间轴"面板中设置不同的视频图层样式选项,可以制作出效果丰富的动画。

STEP 01 打开视频素材"105201.mov"文件,在"图层"面板中会自动创建视频图层,如图10-98所示,"时间轴"面板如图10-99所示。

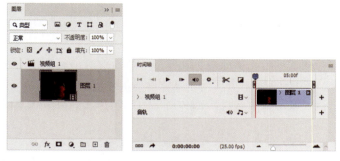

图 10-98 创建视频图层　　图 10-99 "时间轴"面板

STEP 02 打开素材图像"105202.jpg",使用"移动工具"将该图像拖至"105101.mov"文档中,在"图层"面板中调整图层的顺序,如图10-100所示。在"时间轴"面板中调整"图层 2"的位置,如图10-101所示。

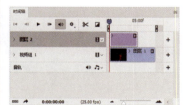

图 10-100 调整图层的顺序　　图 10-101 调整图层的位置

疑难解答:视频模式"时间轴"面板

在Photoshop中不仅可以制作帧动画,还可以利用"时间轴"面板制作复杂的视频动画,"时间轴"面板如图10-102所示。"时间轴"面板中显示了文档图层的帧持续时间和动画属性。使用面板底部的工具可浏览各个帧、放大或缩小时间显示、切换洋葱皮模式、删除关键帧和预览视频。可以使用"时间轴"面板中的控件调整图层的帧持续时间,设置图层属性的关键帧并将视频的某一部分指定为工作区域。

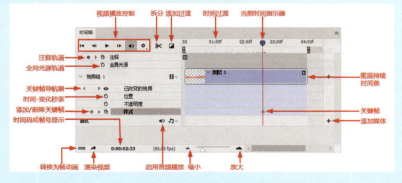

图 10-102 "时间轴"面板

注释轨道：从面板菜单中选择"显示>注释轨道"选项，可以显示注释轨道。单击"注释轨道"前面的"启用注释"按钮，即可在弹出的对话框中输入注释内容。

时间码或帧号显示：显示当前帧的时间码或帧号，该数值取决于面板选项。

全局光源轨道：显示在其中设置和更改图层的效果，如投影、内阴影及斜面和浮雕的主光照角度的关键帧。

关键帧导航器：轨道标签左侧的箭头按钮用于将当前时间指示器从当前位置移至上一个或下一个关键帧。单击中间的按钮可添加或删除当前时间的关键帧。

图层持续时间条：指定图层在视频或动画中的时间位置。拖动该条的任一端可调整图层的持续时间。

时间标尺：根据文档的持续时间和帧速率，水平测量持续时间或帧计数。可使用面板菜单中的"设置时间轴帧速率"命令更改帧速率，可使用"面板选项"命令设置显示方法。

时间-变化秒表：启用或停用图层属性的关键帧设置。单击可插入关键帧并启用图层的关键帧设置。

转换为帧动画：单击该按钮，可以切换为帧模式"时间轴"面板。

启用音频播放：单击该按钮可以实现视频中音频的播放或静音。

当前时间指示器：指示当前动画时间点。拖动滑块可以调整指示器的位置。

添加/删除关键帧：单击该按钮，即可在时间轴上添加一个关键帧，再次单击则会删除该关键帧。

关键帧：用来控制当前时间下的视频动画效果，如大小、位置和透明度等。

缩小/放大：单击该按钮，可以实现对"时间轴"面板的缩小和放大，以方便准确控制。

视频播放控制：此处提供了控制视频播放的操作按钮。

拆分：单击该按钮，将视频或图像序列从播放点处拆分为两段，并放置到不同的图层中。

添加过渡：单击该按钮，可以为视频添加过渡效果，并且可以设置过渡持续的时间。Photoshop中提供了五种过渡效果。

STEP 03 设置"图层 2"图层的混合模式为"柔光"，"图层"面板如图10-103所示。选择"图层 1"图层，打开"时间轴"面板，拖动调整图像图层的持续时间，与视频时间保持一致，如图10-104所示。

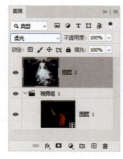

图 10-103 设置混合模式　　图 10-104 调整图像图层的持续时间

> 提示："时间轴"面板中显示了文档中的每个图层，即除"背景"图层外，只要在"图层"面板中添加、删除、重命名、分组、复制图层或为图层分配颜色，就会在"时间轴"面板中更新。

技术看板：导入图像序列制作光影效果

打开一张素材图像，如图10-105所示。执行"文件>打开"命令，选择"流光飞舞0001.png"文件，勾选对话框底部的"图片序列"选项，如图10-106所示。

图 10-105 打开素材图像

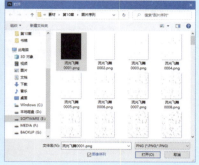

图 10-106 勾选"图片序列"对话框

单击"打开"按钮，在弹出的"帧速率"对话框中设置帧速率为25fps，如图10-107所示，单击"确定"按钮，继续在弹出的警告框中单击"确定"命令。

使用"移动工具"将视频图层移至设计文档中，在"时间轴"面板中单击"创建视频时间轴"按钮，按【Ctrl+T】组合键调整视频图层的大小和角度，如图10-108所示，按【Enter】键确认。

图 10-107 设置帧速率

图 10-108 调整图层的大小和角度

播放视频后，打开"图层"面板，选择"图层 1"图层，单击面板底部的"添加图层蒙版"按钮，使用"画笔工具"在图层蒙版中绘制，如图10-109所示。绘制完成后，图像效果如图10-110所示。

图 10-109 绘制图层蒙版

图 10-110 图像效果

小技巧：如果想要对导入的视频或图像序列进行变换，可以使用"打开"命令。一旦拖入序列图像，视频帧就会包含在智能对象中，可以使用"时间轴"面板浏览各个帧，也可以使用智能滤镜。

STEP 04 在"时间轴"面板中选择"视频组 1"图层，拖动播放头到时间轴的第3秒位置，添加关键帧，如图10-111所示，在属性面板上设置该图层的"不透明度"为80%，如图10-112所示。

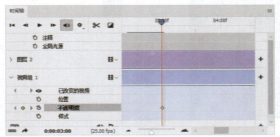
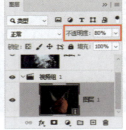

图 10-111 添加关键帧　　　　　图 10-112 设置图层的不透明度

STEP 05 继续移动播放头并逐步降低"视频组 1"的不透明度，"时间轴"面板和"图层"面板如图10-113所示。制作完成后，单击"转到第一帧"按钮，单击"播放"按钮，播放效果如图10-114所示。

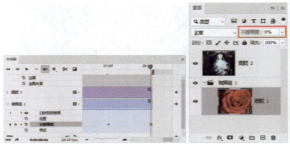

图 10-113 "时间轴"面板和"图层"面板　　　　　图 10-114 播放效果

疑难解答：添加转场效果

一般的视频编辑软件都提供了丰富的过渡效果，即当一段视频结束开始下一段视频时的效果。添加过渡效果可以使视频更加自然、丰富，同时也为剪辑视频提供了更多的变化手法。

在"时间轴"面板上，单击"选择过渡效果并拖动以应用"按钮，可以看到Photoshop中的五种过渡效果，如图10-115所示。直接按下鼠标左键将效果拖至视频图层上，松开鼠标即可完成过渡效果的添加，如图10-116所示。

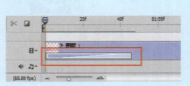

图 10-115 五种过渡效果　　　　　图 10-116 添加过渡效果

通过拖动指针可以调整过渡的时间，如图10-117所示。也可以在过渡效果上单击鼠标右键，弹出"过渡效果"对话框，在对话框中修改"过渡效果""持续时间"，如图10-118所示。

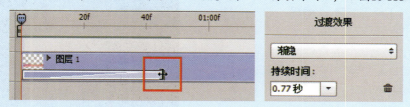

图 10-117 调整过渡时间　　　　　图 10-118 编辑"过渡效果""持续时间"

10.5.3 编辑视频图层

创建视频图层后，Photoshop提供了多种方法可以对视频图层或图层中的视频进行各种编辑操作，如为视频图层添加样式、为视频添加过渡效果等。

STEP 06 选中"视频组1"中的"图层 1"图层，移动播放头到第1秒的位置，在"样式"层单击添加关键帧，如图10-119所示。在"图层样式"面板中为其添加"内发光"样式，如图10-120所示。

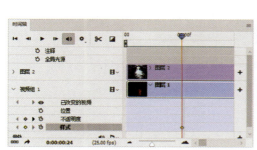

图 10-119 添加关键帧　　　　　图 10-120 添加"内发光"样式

疑难解答：设置视频动感

执行"文件>置入嵌入对象"命令，可以将外部视频或图像序列置入"时间轴"面板中。在"时间轴"面板中单击置入对象图层的尾部图标，如图10-121所示，打开"动感"面板，如图10-122所示，可以在此设置视频动感效果。

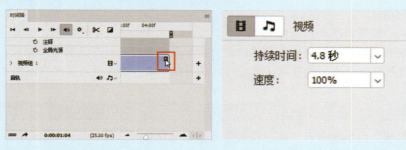

图 10-121 单击尾部图标　　　　　图 10-122 动感面板

STEP 07 移动播放头到第3秒，添加关键帧，为视频图层添加"外发光"图层样式，设置参数如图10-123所示。单击"播放"按钮，视频播放效果如图10-124所示。

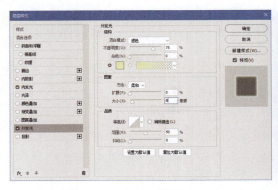

图 10-123 设置参数

图 10-124 播放效果

疑难解答：使用和编辑洋葱皮

在视频"时间轴"面板中可以选择使用洋葱皮辅助定位。在面板菜单中选择"启用洋葱皮"选项，洋葱皮模式将显示在当前帧及周围帧上绘制的内容中。此模式可提供描边位置和其他操作的参考点。

在面板菜单中选择"洋葱皮设置"选项，弹出"洋葱皮选项"对话框，如图10-125所示，设置参数可以获得适合的洋葱皮效果。

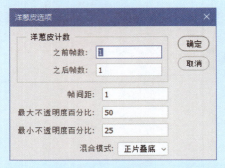

图 10-125 "洋葱皮选项"对话框

洋葱皮计数：指定前后显示的帧的数目。可分别在"之前帧数"（前面的帧）和"之后帧数"（后面的帧）文本框中设置数值。

帧间距：指定显示的帧之间的帧数。例如，值为1时将显示连续的帧，值为2时将显示相距两个帧的描边。

混合模式：设置帧叠加区域的外观。

最大不透明度百分比：设置当前时间最前面和最后面的帧的不透明度百分比。

最小不透明度百分比：设置在洋葱皮帧的前一组和后一组中最后帧的不透明度百分比。

疑难解答：添加转场效果

在"时间轴"面板中单击"选择过渡效果并拖动以应用"按钮，如图10-126所示，可以看到五种过渡效果，如图10-127所示。直接将效果拖曳到视频图层上，松开鼠标即可完成过渡效果的添加。

通过拖曳转场效果可以调整过渡的时间。也可以在过渡效果上单击鼠标右键，在打开的"过渡效果"面板中修改"过渡效果""持续时间"。

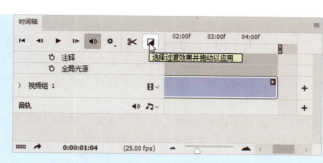

图 10-126 单击"选择过渡效果并拖动以应用"按钮　　　图 10-127 过渡效果

疑难解答：渲染视频

编辑视频图层后，可以将文档存储为PSD文件。在开始渲染输出视频文件前，首先要确认计算机系统中安装了QuickTime 7.1以上版本。执行"文件>导出>渲染视频"命令，弹出"渲染视频"对话框，如图10-128所示。Photoshop允许输出MP4、MOV和DPX视频格式，用户还可以将时间轴动画与普通图层一起导出生成视频文件。

图 10-128 "渲染视频"对话框

技术看板：添加音频

单击"时间轴"面板"音轨"层上的"添加音频"按钮，在打开的下拉列表框中选择"添加音频"选项，在弹出的对话框中选择要添加的音频文件。

单击"确定"按钮，即可将音频文件插入到"时间轴"面板中，如图**10-129**所示。

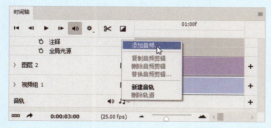

图 10-129 添加音频

疑难解答：添加音频

单击"时间轴"面板"音轨"层尾部的图标，同样也会弹出"添加音频"对话框，允许用户添加音频文件。Photoshop允许添加AAC、M2A、M4A、MP2、MP3、WMA和WM共七种格式的音频文件。

编辑音频：单击"时间轴"面板"音轨"层上的"添加音频"按钮，在打开的下拉列表框中可以选择"复制音频剪辑""删除音频剪辑""替换音频剪辑"选项，对音频执行复制、删除和替换操作。当一段视频中需要多段音频时，可以通过选择"新建音轨"选项创建多个音轨，并添加不同的音频，以丰富视频效果。选择"删除轨道"选项，可以将不需要的音轨图层删除。

单击"音轨"层尾部图标，或在音轨上单击鼠标右键，打开"音频"面板。在其中可以完成调整音频的音量、为音频设置淡入淡出效果、设置音频静音等操作。

第 11 章　自动化与批处理

在 Photoshop 中，"动作"是一种能够完成多个命令的功能，使用它可以将编辑图像的多个步骤制作成一个动作，使用时只需执行这个动作即可一次完成对所有图像的操作，可帮助用户提高工作效率。另外，本章还介绍了如何使用自动化命令处理图像，这样可以提高处理图像的技巧并节省工作时间，使用户方便、快捷地处理图像。

11.1 调整图像色调

动作功能类似于Word中的宏功能,可以将Photoshop中的某几个操作像录制宏一样记录下来,这样可以使烦琐的工作变得简单易行。接下来通过"动作"面板快速调整图像的色调,调整前后的效果对比如图11-1所示。

图 11-1 调整前后的效果对比

11.1.1 认识"动作"面板

首先,我们来了解一下"动作"面板,通过它可以执行记录、播放、编辑和删除等操作,此外,还可以存储、载入和替换动作文件。执行"窗口>动作"命令或按【Alt+F9】组合键,打开"动作"面板,如图11-2所示。

图 11-2 "动作"面板

技术看板:制作水中倒影文字

新建一个空白文档,使用"文字工具"在画布中输入文字,如图11-3所示。执行"窗口>动作"命令,打开"动作"面板,如图11-4所示。

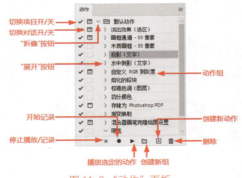

图 11-3 输入文字　　　　图 11-4 "动作"面板

在"动作"面板中单击"水中倒影（文字）"选项，单击面板底部的"播放选定的动作"按钮，如图11-5所示。播放该动作，完成后的图像效果如图11-6所示。

图 11-5 播放选定的动作　　　　　　图 11-6 图像效果

11.1.2 创建与播放动作

使用"动作"面板可以创建和播放动作，在记录动作前首先要新建一个动作组，以便将动作保存在该组中。如果没有创建新的动作组，则录制的动作会保存在当前选择的动作组中。

STEP 01 打开一张素材图像，如图11-7所示。

STEP 02 执行"窗口>动作"命令，打开"动作"面板，单击面板底部的"创建新动作"按钮，弹出"新建动作"对话框，输入新建动作的名称，如图11-8所示，设置完成后单击"记录"按钮。

图 11-7 打开素材图像　　　　　　图 11-8 输入新建动作的名称

STEP 03 此时"动作"面板底部的"开始记录"按钮呈按下状态，即显示红色，如图11-9所示。执行"图像>调整>亮度/光对比度"命令，弹出"亮度/对比度"对话框，设置参数如图11-10所示。

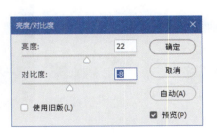

图 11-9 "开始记录"呈按下状态　　　　图 11-10 设置参数

STEP 04 单击"确定"按钮，图像效果如图11-11所示，执行"图像>调整>通道混合器"命令，弹出"通道混合器"对话框，设置参数如图11-12所示。

图 11-11 图像效果　　　　　　图 11-12 设置参数

STEP 05 单击"确定"按钮。单击"动作"面板中的"停止播放/记录"按钮，完成动作的录制，"动作"面板如图11-13所示，图像效果如图11-14所示。

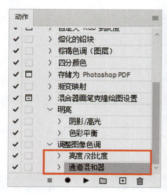

图 11-13 "动作"面板　　　　　　图 11-14 图像效果

> 提示：在记录动作之前，应先打开一幅图像，否则Photoshop会将打开图像的操作也一并记录下来。一般情况下，在录制动作前应新建一个动作组，以便将动作保存在该组中。

STEP 06 继续打开一张素材图像，图像效果如图11-15所示。选中刚刚录制的动作，单击面板底部的"播放选定的动作"按钮，图像效果如图11-16所示。

图 11-15 图像效果　　　　　　图 11-16 图像效果

> **疑难解答：可以记录动作的工具有哪些？**
>
> Photoshop中的大多数命令和工具操作都可以记录在动作中，可记录的动作大致包括用"选框""移动""多边形""套索""魔棒""裁剪""切片""魔术橡皮擦""渐变""油漆桶""文字""形状""注释""吸管"等工具执行的操作。另外，也可记录在"颜色""图层""色板""样式""路径""通道""历史记录""动作"面板中执行的操作。

11.1.3 编辑动作

在"动作"面板中，可以对动作进行复制、删除、移动或重命名操作。如果要更改动作的名称，首先在"动作"面板中双击该动作的名称，这时所选动作的名称的底纹会变成蓝色，如图11-17所示，接着删除原有的文字并输入新的名称即可。单击"动作"面板右上角的≡按钮，打开面板菜单，如图11-18所示。

图 11-17 所选动作的名称　　　　图 11-18 面板菜单

> **小技巧**：如果需要移动动作，选中需要移动的动作，拖动其至适当的位置后松开鼠标即可，与移动图像的操作相同。

11.1.4 存储和载入动作

记录动作之后，为了方便使用，可以将其保存起来。

STEP 07 打开"动作"面板，单击面板底部的"创建新组"按钮，得到"调整色调"组，将"调整图像色调"动作移至"调整色调"组中，如图11-19所示。

STEP 08 选择要保存的动作组，单击面板右上角的≡按钮，在弹出的下拉菜单中选择"存储动作"选项，弹出"另存为"对话框，设置文件名和保存的位置，单击"保存"按钮，保存后的文件扩展名为".atn"，如图11-20所示。

图 11-19 移入动作组　　　　图 11-20 保存动作组

STEP 09 单击"动作"面板菜单中的"载入动作",弹出"载入"对话框,在对话框中选择一个动作"调整图像.atn",如图11-21所示。单击"载入"按钮,载入后的"动作"面板如图11-22所示。

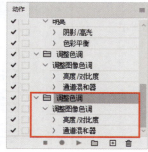

图 11-21 选择动作　　　　图 11-22 "动作"面板

疑难解答:九类动作

Photoshop共提供了九类动作供用户使用,单击"动作"面板右上角的 ≡ 按钮,在打开的菜单底部可以看到这些动作,如图11-23所示。选择一个选项,即可将该动作载入到"动作"面板中,如图11-24所示。

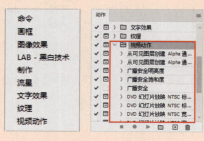

图 11-23 九类动作　　图 11-24 载入动作

11.2 制作暴风雪图片

Photoshop中不仅提供了自带的动作,还允许用户自定义动作。这些动作都是固定的操作,可以通过对已有动作的再次编辑修改来满足不同的需求。

接下来将使用"插入菜单项目""插入停止"语句编辑动作为图片制作暴风雪效果,完成后的图像效果如图11-25所示。

图 11-25 完成后的图像效果

11.2.1 插入菜单项目

在"动作"面板菜单中选择"插入菜单项目"选项,可以在动作中插入菜单中的命令,将许多不能记录的命令插入到动作中,如工具选项、"视图"菜单、"窗口"菜单、绘画和色调工具中的命令等。

STEP 01 打开一张素材图像,如图11-26所示。单击"动作"面板右上角的 ≡ 按钮,在打开的下拉菜单中选择"图像效果"选项,"动作"面板如图11-27所示。

图 11-26 打开素材图像

图 11-27 "动作"面板

STEP 02 选中"暴风雪"动作,选择"建立:快照"选项,在"动作"面板菜单中选择"插入菜单项目"选项,弹出如图11-28所示的对话框。

STEP 03 执行"窗口>颜色"命令,此时"插入菜单项目"对话框中的"菜单项"为"窗口:颜色",如图11-29所示。

图 11-28 "插入菜单项目"对话框

图 11-29 插入"颜色"命令

STEP 04 单击"确定"按钮,单击"选择 切换颜色面板菜单项目"选项便可以插入到动作中,如图11-30所示。选中"暴风雪"动作,单击面板底部的"播放选定的动作"按钮,图像效果如图11-31所示。

图 11-30 添加命令

图 11-31 图像效果

11.2.2 插入停止语句

使用"插入停止"命令可以使动作在播放时停止在某一步,此时便可以手动执行无法记录的任务。单击"动作"面板中的"播放选定的动作"按钮,可继续播放后面的命令。

STEP 05 在"动作"面板菜单中选择"插入停止"选项,弹出"记录停止"对话框,在其中输入文字,如图11-32所示。单击"确定"按钮,"停止"命令插入到动作中,如图11-33所示。

图 11-32 "记录停止"对话框

图 11-33 插入"停止"命令

STEP 06 选中"暴风雪"动作,单击"播放选定的动作"按钮,执行"滤镜>模糊>动感模糊"命令,动作就会停止,并弹出提示对话框,如图11-34所示。

STEP 07 单击"继续"按钮,Photoshop的操作界面如图11-35所示。

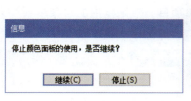
图 11-34 提示对话框

图 11-35 操作界面

提示:单击"继续"按钮,继续执行后续命令。单击"停止"按钮,则停止播放不执行后续命令。

11.2.3 设置播放动作的方式

播放动作时,首先选择要播放的动作,然后单击"动作"面板中的"播放选定的动作"按钮,如图11-36所示。也可在"按钮模式"下执行,单击动作按钮即可执行动作,如图11-37所示。

图 11-36 播放选定的动作

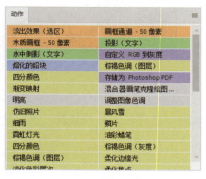

图 11-37 按钮模式

疑难解答:动作的播放方式

按顺序播放全部动作:选中要播放的动作,单击"播放选定的动作"按钮,即可按顺序播放该动作中的所有命令。

从指定命令开始播放动作:选中要播放的记录命令,单击"播放选定的动作"按钮,即可播放指定命令及后面的命令。

播放部分命令:当动作组、动作和记录命令前有显示"切换项目开/关"并且其为黑色时,则可以执行该命令,否则不可执行。若取消选择动作组,则该组中所有的动作和记录命令都不能被执行。若取消选择某一动作,则该动作中的所有命令都不能被执行。

播放单个命令:按住【Ctrl】键,双击"动作"面板中的一个记录命令,即可播放单个命令。

相关链接:当执行的动作中含有多个记录命令时,由于执行动作的速度较快,无法看清每一步的效果,可以通过选择"回放选项"改变执行动作时的速度。

在"动作"面板菜单中选择"回放选项",弹出"回放选项"对话框,如图11-38所示。这样在"动作"面板中记录的编辑操作就可以应用到图像中了。

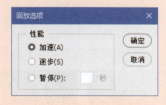

图 11-38 "回放选项"对话框

技术看板:再次记录动作

打开一张素材图像,如图11-39所示。在"动作"面板中添加面板菜单中的"图像效果"动作,选择"动作"面板中的"仿旧照片"选项,选中动作如图11-40所示。

图 11-39 打开素材图像　　　　　图 11-40 选中动作

> 提示：Photoshop中提供了很多系统默认的动作，有时默认动作不能满足用户的需求，用户可以对动作进行添加和修改，使它达到预设的标准。下面将通过案例对其进行详细介绍。

单击"播放选定的动作"按钮，如图11-41所示。单击"开始记录"按钮，按【Ctrl+E】组合键将图层向下合并，如图11-42所示，单击"停止播放/记录"按钮。

图 11-41 播放动作　　　　　图 11-42 为动作添加合并图层命令

> 小技巧：按住【Shift】键并单击"动作"面板中的动作名称，可以在同一动作组中选择多个连续的动作；按住【Ctrl】键并单击"动作"面板中的动作名称，可以在同一动作组中选择多个不连续的动作。单击"播放选定的动作"按钮，Photoshop会依次执行"动作"面板中选中的动作。

> 小技巧：在菜单中的"按钮模式"下按住【Shift】键或【Ctrl】键不能选择多个连续动作或不连续动作。

再打开一张素材图像，如图11-43所示。在"动作"面板中选中"仿旧照片"动作，单击"播放选定的动作"按钮，如图11-44所示。执行完的动作会将图层合并。

图 11-43 打开素材图像　　　　　图 11-44 播放动作

> **疑难解答：插入路径/条件**
>
> 使用"插入路径"命令可以将复杂的路径（用"钢笔工具"创建的或从 Adobe Illustrator 粘贴过来的路径）作为动作的一部分包含在内。播放动作时，工作路径被设置为所记录的路径。在记录动作时或动作记录完毕后可以插入路径。
>
> 单击"动作"面板右上角的 ≡ 按钮，在打开的下拉菜单中选择"插入条件"选项，弹出"条件动作"对话框，如图11-45所示。用户可以在其中设置当前文档或图层的模式和播放动作，如图11-46所示。

图 11-45 "条件动作"对话框

图 11-46 设置参数

11.2.4 在动作中排除

若要排除单个命令，单击"动作"面板中的动作名称左侧的三角形按钮，展开动作组的命令列表。单击要清除的命令名称左边的"切换项目开/关"标记，可以排除单个命令，再次单击可包括该命令。

单击动作名称或动作组名称左侧的选中标记，可以排除或包括一个动作或动作组中的所有命令或动作。

若要排除或包括除所选命令之外的所有命令，请按住【Alt】键并单击该命令的选中标记。为了表示动作中的一些命令已被排除，在Photoshop中，父动作的选中标记将变为红色。

 11.3 批处理图像

使用动作可以处理相同的、重复性的操作，这一过程被称为"批处理"。使用动作功能批处理图像，既省时又省力。接下来通过案例讲解如何对大量图像进行批处理操作，图像进行批处理前后的对比效果如图11-47所示。

图 11-47 图像进行批处理前后的对比效果

11.3.1 "批处理"命令

"批处理"命令是将指定的动作应用于所选的目标文件,从而实现图像处理的批量化。执行"文件>自动>批处理"命令,弹出"批处理"对话框,如图11-48所示。读者可以在该对话框中设置各项参数,完成批处理操作。

图 11-48 "批处理"对话框

11.3.2 快捷批处理

使用快捷批处理程序可以快速完成批处理操作,其简化了批处理操作的过程。将图像或文件夹拖曳到快捷批处理图标上,即可完成批处理操作。

执行"文件>自动>创建快捷批处理"命令,弹出"创建快捷批处理"对话框,如图11-49所示。单击"选择"按钮,弹出"另存为"对话框,设置创建批处理名称并指定保存的位置,如图11-50所示。单击"保存"按钮,关闭"存储"对话框。

图 11-49 "创建快捷批处理"对话框   图 11-50 设置创建批处理名称和位置

此时,"选择"按钮的右侧会显示快捷批处理程序的保存位置,如图11-51所示。单击"确定"按钮,打开创建快捷批处理程序保存的位置,如图11-52所示。

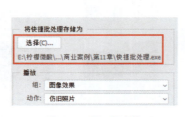 

图 11-51 显示保存位置   图 11-52 快捷批处理程序

第 11 章 自动化与批处理

> **提示**：动作是快捷批处理的基础，在执行"创建快捷批处理"命令之前，需要在"动作"面板中创建所需要的动作，并选中该动作。在执行"创建快捷批处理"时，选中的"动作""动作组"就会自动出现在"动作""组"选项中。快捷批处理程序显示为图标，只要将图像或文件夹拖至该图标上，便可以直接对图像进行批处理，即使没有运行Photoshop，也可以完成批处理操作。

11.3.3 使用"批处理"命令

使用"批处理"命令，可以快速地对大量图像进行相同的操作，如调整图像的亮度、对比度和大小等，能够提高工作效率，减少重复的操作。下面通过实例讲解如何使用"批处理"命令对图像进行批量处理操作。

STEP 01 在进行批处理前，将需要批处理的文件保存到一个文件夹中，如图11-53所示。打开"动作"面板，在该面板菜单中选择"图像效果"选项，将"图像效果"动作组载入"动作"面板中，如图11-54所示。

图 11-53 保存文件　　　　　　图 11-54 添加动作

STEP 02 执行"文件>自动>批处理"命令，弹出"批处理"对话框，设置参数如图11-55所示。
STEP 03 在"源"下拉列表中选择"文件夹"选项，单击"选择"按钮，弹出"选取批处理文件夹"对话框，选择如图11-56所示的文件夹。

图 11-55 设置参数　　　　　　图 11-56 选择文件夹

STEP 04 单击"选择文件夹"按钮，回到"批处理"对话框。在"目标"下拉列表中选择"文件夹"选项。
STEP 05 单击"选择"按钮，弹出"选取目标文件夹"对话框，选择如图11-57所示的文件夹。
STEP 06 单击"选择文件夹"按钮，继续单击"确定"按钮，即可对指定的文件进行批处理操作，每张图批处理后都会弹出"另存为"对话框，设置参数如图11-58所示。

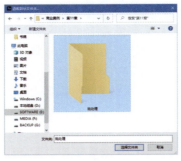 

图 11-57 选择文件夹　　　　图 11-58 "另存为"对话框

STEP 07 单击"保存"按钮，继续弹出"JPEG选项"对话框，如图11-59所示，单击"确定"按钮，将批处理后的图像保存。处理后的文件会保存在指定的目标文件夹中，图像效果如图11-60所示。

图 11-59 "JPEG 选项"对话框　　　　图 11-60 图像效果

> **小技巧**：使用"批处理"命令进行批处理时，如果需要中止它，可以按【Esc】键。用户可以将"批处理"命令记录到动作中，这样就能将多个序列合并到一个动作中，从而一次性执行多个动作。

> **相关链接**："自动"命令
>
> 执行"合并到 HDR Pro"命令可以将同一场景中具有不同曝光度的多个图像合并起来，从而捕获单个 HDR 图像中的全部动态范围。可以将合并后的图像输出为 32 位/通道、16 位/通道或 8 位/通道的文件。但是，只有 32 位/通道的文件可以储存全部 HDR 图像数据。
>
> 专业的摄影师拍摄一张全景照片靠的是功能全面的相机来完成，然而对于一般的摄影爱好者来说，其相机可能不具备拍摄全景的功能，不能够一次性完成拍摄。
>
> 可以使用"Photomerge"命令将一系列数码照片自动拼成一幅全景图，执行该命令可对照片进行叠加和对齐操作。执行"文件>自动>Photomerge"命令，弹出Photomerge对话框，在该对话框中进行相应的设置。

➡ 技术看板：限制图像的尺寸

打开一张素材图像，如图11-61所示。执行"文件>自动>限制图像"命令，弹出"限制图像"对话框，如图11-62所示。

第 11 章 自动化与批处理

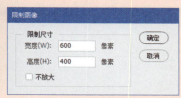

图 11-61 打开素材图像　　　　　图 11-62 "限制图像"对话框

在对话框中设置"宽度""高度"值，如图11-63所示。单击"确定"按钮，图像效果如图11-64所示。

图 11-63 设置"宽度""高度"值　　　　　图 11-64 图像效果

疑难解答：更改条件模式

使用"限制图像"命令可以将当前图像限制为用户指定的宽度和高度，但不会改变图像的分辨率。此命令的功能与"图像大小"命令的功能是不同的。

宽度：在文本框中输入宽度值可以改变图像的宽度。

高度：在文本框中输入高度值可以改变图像的高度。

不放大：选择该复选框，在画布中的图像将不被放大。

➡ **技术看板：制作 PDF 演示文稿**

执行"文件>自动>PDF演示文稿"，弹出"PDF演示文稿"对话框，单击"添加打开的文件"，系统将自动添加所打开的文件，设置参数如图11-65所示。

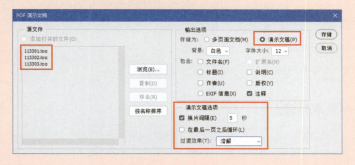

图 11-65 设置参数

单击"存储"按钮,弹出"另存为"对话框,设置演示文稿的名称和路径,如图11-66所示。单击"保存"按钮,弹出"存储Adobe PDF"对话框,如图11-67所示,单击"存储PDF"按钮。

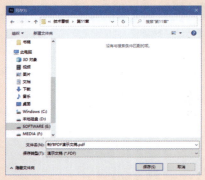
图 11-66 设置演示文稿的名称和路径

图 11-67 "存储 Acobe PDF"对话框

预览存储好的文件会弹出"全屏"提示框,如图11-68所示。单击"是"按钮,进入全屏模式,如图11-69所示。

图 11-68 提示框　　　　　　　　图 11-69 进入全屏模式

疑难解答:PDF演示文稿

PDF格式是一种通用的文件格式,具有良好的跨媒体性。在不同类型的计算机和操作系统上都能够正常访问,而且具有较好的电子文档搜索和导航功能。

执行"文件>自动>PDF演示文稿"命令,在弹出的对话框中可以将图片文档自动转换成PDF文稿。也可以将用Photoshop制作的PDF文件和图片合并生成PDF文件。

源文件:用于打开制作PDF演示文稿的素材。

输出选项:设置输出文件形式、包含内容等。

演示文稿选项:用于设置演示文稿的播放效果。

技术看板:制作联系表

执行"文件>自动>联系表II"命令,弹出"联系表II"对话框,设置参数如图11-70所示。单击"确定"按钮,即可完成联系表的制作,图像效果如图11-71所示。

第 11 章 自动化与批处理

图 11-70 设置参数　　　　　　　　图 11-71 图像效果

> **提示**：使用联系表功能可以轻松地将批量图片制作成联系表。执行"文件>自动>联系表Ⅱ"命令，弹出"联系表Ⅱ"对话框，在该对话框中设置各项参数，单击"确定"按钮即可制作联系表。

▶ 技术看板：自动拼接全景照片

执行"文件>打开"命令，弹出"打开"对话框，选择多张素材图像，图像效果如图11-72所示。

图 11-72 图像效果

执行"文件>自动>Photomerge"命令，弹出"Photomerge"对话框，单击"添加打开的文件"按钮，如图11-73所示。将打开的四张图像载入，如图11-74所示。

图 11-73 单击"添加打开的文件"　　　图 11-74 载入图像

单击"确定"按钮，系统会自动进行图像处理，完成后自动生成一个文件，"图层"面板如图11-75所示。合成后的图像效果如图11-76所示，可以看到有透底的地方。

313

图 11-75 "图层"面板

图 11-76 图像效果

疑难解答:"Photomerge"对话框

版面:用于设置拼接照片后的版面效果。Photoshop提供了六种版面,选择不同的选项,将会得到不同的版面效果。

源文件:用于选择存放照片的文件和文件夹。在"使用"下拉列表框中可选择"文件"或"文件夹"选项,然后单击"浏览"按钮,在弹出的"打开"对话框中选择照片。如果照片在Photoshop中已经打开,可直接单击"添加打开的文件"按钮,即可添加照片。

混合图像:选择该复选框,可定义拼接照片边缘的最佳边界并根据这些边界创建接缝,以使照片的颜色相匹配。

晕影去除:选择该复选框,可将由于镜头瑕疵或镜头遮光处理不当而导致边缘较暗的图像去除晕影,并执行曝光度补偿。

几何扭曲校正:选择该复选框,可补偿桶形、枕形或鱼眼扭曲后导致的数码照片失真。

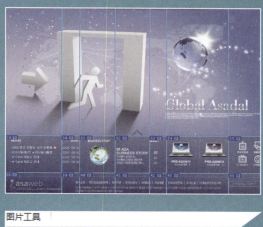

第 12 章　切片、打印与输出

当制作或编辑完图像后，就可以将其保存、打印与输出了。目前可以输出的方式比较多，如用打印机打印输出、用网络进行快速传送和用图像合成软件输出发布等。本章主要对打印输出方式进行详细讲解，即如何在 Photoshop 中打印与输出图像。

Photoshop 2021中文版
入门、精通与实战

12.1 切片

在制作网页时，通常要将设计稿切割，然后作为网页文件导出。在Photoshop中使用"切片工具"可以很容易地完成切割操作，这个过程也称为"制作切片"。通过优化切片可以对分割的图像进行不同程度的压缩，以便减少图像的下载时间。另外，还可以为切片制作动画，链接到URL地址，或者使用切片制作翻转按钮。

12.1.1 切片的类型

自动切片可填充图像中用户切片或基于图层的切片未定义的空间，每次添加或编辑用户切片或基于图层的切片时，都会重新生成自动切片。

用户切片和基于图层的切片由实线定义，而自动切片则由虚线定义。基于图层的切片包括图层中所有的像素数据。如果移动图层或编辑图层内容，切片区域将自动调整，切片也会随着像素的大小而变化，切片效果如图12-1所示。

图 12-1 切片效果

疑难解答：切片的类型

Photoshop中的切片类型根据其创建方法的不同而不同，常见的切片有三种："用户切片""自动切片""基于图层的切片"。

用户切片：使用"切片工具"创建的切片称为"用户切片"。

基于图层的切片：通过图层创建的切片称为"基于图层的切片"。

自动切片：创建新的用户切片或基于图层的切片时，会生成附加的自动切片来占据图像其余区域的切片，称为"自动切片"。

简单来说，自动切片是自动生成的；用户切片是用"切片工具"创建的；基于图层的切片是通过"图层"面板创建的。

12.1.2 创建切片

了解了切片的类型后，我们还要进一步学习如何创建切片。

第 12 章 切片、打印与输出

STEP 01 打开一个PSD素材文件，图像效果如图12-2所示。单击工具箱中的"切片工具"按钮，在画布中要创建切片的位置单击并拖动鼠标创建矩形切片，如图12-3所示。

图 12-2 图像效果　　　　　　　图 12-3 创建矩形切片

STEP 02 将鼠标光标放在切片的任意边缘线上，当光标变为↔状态时，拖动鼠标可调整切片的大小，如图12-4所示。

STEP 03 如果按住【Shift】键并拖曳，可以创建正方形切片，如图12-5所示。如果按住【Alt】键并拖曳，可以从中心向外创建切片。

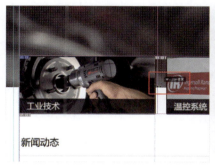

图 12-4 调整切片的大小　　　　　　图 12-5 创建正方形切片

> **技术看板：基于参考线创建切片**
>
> 打开素材图像，执行"视图>标尺"命令，在画布的左侧和顶部显示标尺，如图12-6所示。使用"移动工具"在操作界面顶部和左侧单击并拖曳创建参考线，如图12-7所示。

图 12-6 打开素材图像并显示标尺　　　图 12-7 创建参考线

单击工具箱中的"切片工具"按钮，单击选项栏中的"基于参考线的切片"按钮，如图12-8所示，即可以参考线划分的方式创建切片，如图12-9所示。

317

图 12-8 单击"基于参考线的切片"按钮　　　　图 12-9 完成切片的创建

> 提示：通过"基于参考线的切片"功能，可以为所创建的参考线创建切片，这种方法可以方便、快捷地定位到指定参考线的边缘，从而提高工作效率。

➡ 技术看板：基于图层创建参考线

打开素材图像，在"图层"面板中选择"中部"图层，执行"图层>新建基于图层的切片"命令，创建如图12-10所示的切片。选中"中部"图层，使用"移动工具"移动图层内容，切片区域会随之自动调整，如图12-11所示。

图 12-10 创建切片　　　　图 12-11 移动图层内容和切片区域的位置

编辑图层内容，如缩放时，切片也会随之自动调整，如图12-12所示。使用相同的方法为其他图层创建贴片，切片效果如图12-13所示。

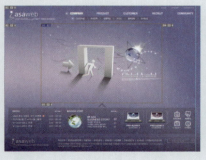

图 12-12 缩放图层内容和切片的大小　　　　图 12-13 切片效果

> 提示：在实际的网页设计工作中，不同的网页元素通常要单独放在一个独立的图层中。执行"图层>新建基于图层的切片"命令，可以轻松地为单独的图层创建切片。

12.1.3 编辑切片

在Photoshop中，创建切片后可以根据要求对其进行修改。在"切片选择工具"选项栏中共有六种修改工具，使用这些工具可以对切片进行选择、移动和调整等多种操作。

> **疑难解答："切片选择工具"选项栏**
>
> 创建切片后，有时会有误差，此时就要对切片进行操作，如选择、移动或调整切片大小等。在工具箱中单击"切片选择工具"按钮，在选项栏中可以设置该工具的选项，如图12-14所示。
>
>
>
> 图12-14 "切片选择工具"选项栏
>
> 调整切片堆叠顺序：当切片重叠时，可以使用这些按钮改变堆叠顺序，以便能选择底层的切片。
>
> 提升：单击该按钮，可以将所选择的自动切片或图层切片转换为用户切片。
>
> 划分：单击该按钮，将会弹出"划分切片"对话框，可在其中对所选择的切片进行划分。
>
> 对齐与分布：选择多个切片后，可使用这些按钮对齐或分布切片。
>
> 隐藏自动切片：单击该按钮，可隐藏自动切片。再次单击此按钮，可显示自动切片。
>
> 为当前切片设置选项：单击该按钮，可在弹出的"切片选项"对话框中设置切片名称、目标、信息文本和类型等属性。

STEP 04 单击工具箱中的"切片选择工具"按钮，单击画布中的任意切片，即可将该切片选中，选择的切片边线会以桔黄色显示，如图12-15所示。

STEP 05 按【Delete】键即可删除选中的切片，执行"视图>清除切片"命令，可以删除图像中的所有切片，如图12-16所示。

图12-15 选中切片　　　　　图12-16 删除切片

STEP 06 使用任意方法在网页中创建多个切片，如图12-17所示。如果要同时选择多个切片，可以按住【Shift】键，再单击需要选择的切片，即可选择多个切片，如图12-18所示。

图 12-17 创建多个切片　　　　　图 12-18 选择多个切片

STEP 07 选择切片后，如果要调整切片的位置，用鼠标拖动所选择的切片即可移动该切片，拖曳时切片会以虚线框显示，松开鼠标左键即可将切片移至虚线框所在的位置，效果如图12-19所示。

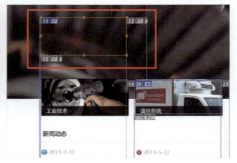

图 12-19 移动切片效果

STEP 08 如果需要修改，使用"切片选择工具"选择切片后，将光标移至定界框的控制点上，当鼠标指针变为↔或↕状态时，拖动鼠标即可调整切片的宽度或高度，如图12-20所示。

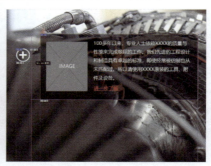

图 12-20 调整切片的宽度或高度

> **疑难解答：转换为用户切片**
>
> 　　基于图层的切片与图层的像素内容相关，因此，移动切片、组合切片、划分切片、调整切片大小和对齐切片的唯一方法是编辑相应的图层，除非将该切片转换为用户切片。
>
> 　　图像中的所有自动切片都链接在一起并共享相同的优化设置。如果要为自动切片进行不同的优化设置，则必须将其提升为用户切片。
>
> 　　单击"切片选择工具"按钮，选择要转换的切片，单击选项栏中的"提升"按钮，即可将其转换为用户切片。

技术看板：划分切片

打开一张素材图像，如图12-21所示。单击工具栏中的"切片工具"按钮，在图像中创建一个矩形切片，如图12-22所示。

图12-21 打开素材图像　　　　图12-22 创建矩形切片

小技巧：创建切片后，为防止使用"切片工具""切片选择工具"误操作而修改切片，可以执行"视图>锁定切片"命令，将所有切片进行锁定。再次执行该命令可取消锁定。

单击工具箱中的"切片选择工具"按钮，单击选项栏中的"划分"按钮，弹出"划分切片"对话框，设置参数如图12-23所示，单击"确定"按钮，将切片拖至合适的位置，切片效果如图12-24所示。

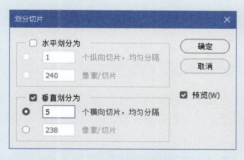

图12-23 设置参数　　　　图12-24 切片效果

疑难解答：组合切片

用户可以通过组合命令将多个同类切片组合在一起，也可以通过删除操作将切片删除。

若要组合切片，按住【Shift】键，并使用"切片选择工具"选择多个切片，单击鼠标右键，在弹出的快捷菜单中选择"组合切片"选项，如图12-25所示，即可将所选切片组合成一个切片。

图12-25 选择"组合切片"选项

疑难解答：设置"切片选项"

使用"切片选择工具"双击切片，或者选择切片，然后单击选项栏中的"为当前切片设置选项"按钮，弹出"切片选项"对话框，如图12-26所示。

图 12-26 "切片选项"对话框

切片类型：选择要输出的切片类型。
名称：用来输入切片的名称。
目标：指定载入URL的帧。
URL：输入切片链接的Web地址，在浏览器中单击切片图像，即可链接到此选项设置的网址和目标框架。
信息文本：指定哪些信息出现在浏览器状态栏中，这些选项只能用于"图像"切片。
Alt标记：指定选定切片的Alt标记。Alt文本在图像下载过程中取代图像，并在一些浏览器中作为工具提示出现。
尺寸："X""Y"文本框用于设置切片的位置，"W""H"文本框用于设置切片的大小。
切片背景类型：可以选择一种背景色来填充透明区域或整个区域。

12.1.4 优化Web图像

互联网行业对图像的大小要求非常严格，一些效果很好但体积过大的图不能被使用。所以，在输出图像前，要对其进行优化处理。优化的目的是，在尽可能保持较好效果的前提下，减小文件的体积。

疑难解答：Web安全色

颜色是网页的重要信息，然而在计算机屏幕上看到的颜色却不一定都能够在其他系统的Web浏览器中以同样的效果显示。为了使Web图形的颜色能够在所有显示器上都显示相同的效果，在制作网页时，可以使用网页安全色进行设计制作。

在"颜色"面板或"拾色器"对话框中调整颜色时，如果出现警告图标，则表示该颜色已经超出CMYK的颜色范围，不能被正确印刷。在"拾色器"对话框底部选择"只有Web颜色"复选框，如图12-27所示，则此时选择的颜色即为网页安全色，几乎能够被所有浏览器正确显示。

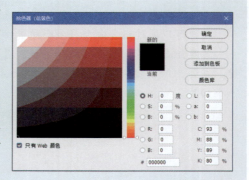

图 12-27 "拾色器"对话框

创建切片后，需要对图像进行优化处理，以减小文件的体积。在Web上发布图像时，较小的文件可以使Web服务器更加高效地存储和传输图像，用户也能够更快地下载图像。

STEP 09 完成调整切片操作后，执行"文件>导出>存储为Web所用格式（旧版）"命令，弹出"存储为Web所用格式（100%）"对话框，设置"预设"为PNG-8，如图12-28所示。

STEP 10 单击"存储"按钮后弹出"将优化结果存储为"对话框，设置参数如图12-29所示，单击"保存"按钮即可将图像中的用户切片输出至指定位置。

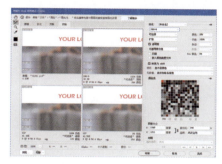
图 12-28 设置"预设"

图 12-29 设置参数

疑难解答："存储为Web所用格式（100%）"对话框

显示选项：选择"原稿"选项卡，窗口中显示原始图像；选择"优化"选项卡，窗口中显示当前优化的图像；选择"双联"选项卡，窗口中显示优化前和优化后的图像；选择"四联"选项卡，窗口中并排显示图像的四个版本。

优化菜单▼≡：在打开的菜单中包含"存储设置""链接切片""编辑输出设置"等选项。

颜色调板菜单▼≡：可用来执行新建颜色、删除颜色，以及对颜色进行排序等操作。

颜色表：将图像优化为GIF、PNG-8和WBMP格式时，可在"颜色表"对话框中对图像颜色进行优化设置。

图像大小：将图像大小调整为指定的像素尺寸或原稿大小的百分比。

状态栏：显示光标所在位置的图像的颜色值等信息。

预览：单击该按钮，可在系统默认的Web浏览器中预览优化后的图像。

STEP 11 输出过程中会弹出"'Adobe存储为Web所用格式'警告"对话框，如图12-30所示，单击"确定"按钮完成输出操作。完成输出后，输出路径将自动生成一个名为"images"的文件夹，打开此文件夹可看到如图12-31所示的切片。

图 12-30 警告对话框

图 12-31 文件夹中的切片

优化Web图像后，可以在"存储为Web所用格式（100%）"对话框的"优化"菜单中选择"编辑输出设置"选项，如图12-32所示，弹出"输出设置"对话框，如图12-33所示。

在该对话框中可以设置HTML文件的格式、命名文件和切片，以及在存储优化图像时如何处理背景图像等。

图 12-32 选择"编辑输出设置"选项

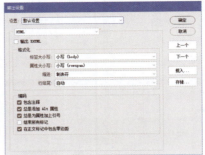
图 12-33 "输出设置"对话框

12.1.5 导出命令

使用Photoshop，用户可以将画板、图层、图层组或文件导出为PNG、JPEG、GIF或SVG格式的图像资源。执行"文件>导出"命令，在打开的子菜单中选择一项合适的导出命令，用户就可以对导出图像进行相关设置了。

执行"文件>导出>快速导出为PNG"命令，可以导出一个文件或文件中的所有画板。执行该命令后弹出"存储为"对话框，如图12-34所示，用户可以在其中选择目标文件夹。

在默认情况下，快速导出会将资源生成为透明的PNG文件，并且每次都会提醒用户选择导出位置。如果用户想要更改这些设置，可以执行"文件>导出>导出首选项"命令，在弹出的"首选项"对话框中进行设置，如图12-35所示。

图 12-34 "存储为"对话框

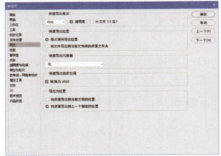
图 12-35 "首选项"对话框

> **提示：** 执行"快速导出为[图像格式]"命令，可将当前文档以快速导出设置中指定的格式导出图像资源。如果用户的文档中包含画板，执行此命令则会单独导出其中的所有画板。

执行"文件>导出>导出为"命令，在弹出的"导出为"对话框中可以对图层、图层组、画板或文件的每一次导出进行微调设置，如图12-36所示。

在对话框左侧窗格中"大小"选项下的输入框中可以选择相对资源的大小；"后缀"选项下的输入框显示与相对资源对应的扩展名名称，扩展名可帮助用户轻松管理导出的相对资源；单击"+"按钮，可以为导出的资源指定大小和后缀。

执行"文件>导出>将图层导出到文件"命令，用户可以将图层作为单个文件导出和存储。选择想要导出的图层，弹出"将图层导出到文件"对话框，如图12-37所示。用户可以在其中设置导出图层的目标地址、文件名称和文件类型等。

图 12-36 "导出为"对话框　　　　图 12-37 "将图层导出到文件"对话框

> **疑难解答：为什么要导出不同大小的资源？**
>
> 当下，计算机因为不能随身携带而不再受大众青睐，而手机因其小巧、便携的特点，几乎占据了人们的生活。由于手机种类繁多，设计界面时不能一概而论，为了适配不同型号的手机屏幕，所以需要导出不同大小的资源。

12.2　打印图像

当完成图像的编辑与制作，或是完成其他设计作品之后，为了方便查看作品的最终效果或查看作品中是否有误，可以直接在Photoshop中完成最终效果的打印与输出。此时，用户需要将打印机与计算机相连，并安装打印机驱动程序，使打印机能够正常运行。

12.2.1　设置页面

为了能够精确地在打印机上输出图像，除了要确认打印机能正常工作，用户还要根据需要在Photoshop中进行相应的页面设置。

执行"文件>打印"命令，弹出"Photoshop打印设置"对话框，如图12-38所示。单击"打印设置"按钮，弹出"打印机文档属性"对话框，选择"布局"选项卡，在其中可以设置打印方向、页面格式和打印质量等，如图12-39所示。

图 12-38 "Photoshop 打印设置"对话框　　　　图 12-39 设置文档属性

12.2.2 设置打印选项

完成页面设置以后，用户还可以根据需要对打印的内容进行设置，如是否打印裁切线、图像标题和套准标记等内容。

执行"文件>打印"命令，或按【Ctrl+P】组合键，弹出"Photoshop打印设置"对话框，如图12-40所示。在其中可以预览打印作业，并可以对打印机、打印份数、输出选项和色彩管理等进行相应的设置。

图 12-40 "Photoshop 打印设置"对话框

疑难解答："Photoshop打印设置"对话框

打印机设置：用来对打印机进行基本设置。
位置：用来设置图像在打印纸张中的位置。
缩放后的打印尺寸：用来设置图像缩放打印尺寸。
打印选定区域：选择该复选框，在预览框中的图像将显示定界框，调整定界框可控制打印范围。
打印标记：可在图像周围添加各种打印标记。只有当纸张大小比打印图像尺寸大时，才可以打印出对齐标志、裁切标志和标签等内容。
函数：用来控制打印图像外观的其他选项。
颜色处理：确定是否使用色彩管理。若使用，需要确定将其用在应用程序中还是打印设备中。
打印机配置文件：可选择适用于打印机和将要使用的纸张类型的配置文件。
打印方式：包括两个选项，用户可以根据需要选择不同的打印方式。

 ## 输出

输出图像一般有三种方式，即印刷输出、网络输出和多媒体输出。在输出图像时注意以下几个问题，即图像分辨率、图像文件尺寸、图像格式和色彩模式。本节将详细介绍在不同形式下输出图像时对图像的基本要求。

12.3.1 印刷输出

在印刷输出一些设计作品时，有较高的专业需求，即要保证文件的尺寸、颜色模式和分辨率等符合印刷的标准。一般来说，在印刷输出图像前要注意以下几个问题。

  1. 分辨率：分辨率对保证输出文件的质量非常重要。但是要注意的是图像分辨率越大，图像文件越大，所需要的内存和磁盘空间也就越多，所以工作速度越慢。下面将列出一些输出格式的标准分辨率。

- 封面的分辨率至少要达到300DPI（像素/英寸）。
- 报纸采用扫描分辨率为125DPI~170DPI。针对印刷品图像，设置分辨率为网线的1.5~2倍，报纸印刷时网线数为85LPI。
- 网页的分辨率一般为72DPI。
- 杂志/宣传品采用扫描分辨率为300DPI，因为杂志印刷时网线数为133LPI或150LPI。
- 高品质书籍采用扫描分辨率为350DPI~400DPI，因为大多数印刷精美的书籍在印刷时网线数采用175LPI~190LPI。
- 宽幅面打印采用的扫描分辨率为75DPI~150DPI，对于大的海报来说，可使用低分辨率，尺寸主要取决于观看的距离。

  2. 文件尺寸：印刷前的作品尺寸和印刷后作品的实际尺寸是不一样的。因为印刷后的作品的四周会被裁去大约3mm的宽度，这个宽度就是所谓的"出血"。

  3. 颜色模式：印刷输出的过程通常为——将制作好的图像输出成胶片，然后用胶片印刷出产品。为了能够使印刷的作品有一个好的效果，在出胶片之前需要先设定图像格式和颜色模式。CMYK模式是针对印刷设计的模式，所以不管是什么模式的图像都需要先将其转换成CMYK模式。

  4. 文件格式：在印刷输出时，还要考虑文件的格式。一般使用最多的就是TIFF格式，这种格式在保存时，可以选择保存成苹果机格式的图像，并且带压缩保存。如果将其转换为JPEG格式，印刷出的作品将暗淡无光，因为JPEG格式的图像会丢失许多肉眼看不到的数据，在屏幕上的效果与印刷出来的效果是截然不同的。

> 提示：印刷中的lpi是指印刷品在每一英寸内印刷线条的数量。印刷中的dpi是指图像中每英寸长度内有多少个像素点。

12.3.2 网络输出

  相对于打印输出来说，网络输出主要是受带宽和网速的影响，一般来说要求不是很高。下面列举几个网络输出时需要注意的问题。

  1. 分辨率：采用屏幕分辨率即可（一般为72dpi）。

  2. 图像格式：主要采用GIF、JPEG和PNG格式。目前使用最多的是JPEG格式，GIF格式文件最小，PNG格式稍大些，而JPEG格式介于两者之间。

  3. 颜色模式：一般建议图像模式为RGB，由于网络图像是在屏幕上显示的，本质上没有太大要求。

  4. 颜色数目：选择一种网络图像格式后，可以根据需要对图像的颜色数目进行限制。

  如果想要进行网络输出，执行"文件>导出>存储为Web所用格式（旧版）"命令，弹出"存储为Web所用格式（100%）"对话框，在其中可以根据需要对图像进行相应的优化设置。设置完成后，单击"完成"按钮，即可完成网络输出。

12.3.3 多媒体输出

多媒体输出与印刷输出和网络输出相比，它的输出要求主要受显示终端和制作软件的影响。多媒体输出多指将图像用于制作短视频、动态Logo或图片广告。

如果用户选择使用专业的视频编辑软件输出多媒体，如会声会影或After Effects等，表示用户对多媒体的展示效果具有较高要求，这时输出的多媒体文件应使用TGA格式。

> **提示**：TGA格式是由美国Truevision 公司为其显卡开发的一种图像文件格式，它拥有BMP 图片格式的图像质量，同时还兼顾了JPEG 图片格式的体积优势。因为兼具体积小和效果清晰的特点，现在常被作为影视动画和广告图像或视频的输出格式。

当用户选择使用移动端的App或图像制作软件（如Photoshop和Illustrator等）输出多媒体文件时，可以选择JPEG、PNG或GIF等输出格式。

12.4 陷印

陷印是指一个色块与另一色块的衔接处要有一定的交错叠加，以避免印刷时露出白边，因此也称"补露白"。

在设置陷印时，图像的模式必须是CMYK模式的图像。所以在执行"陷印"命令之前要把图像模式转换为CMYK模式。如果当前图像是CMYK模式，则直接执行"图像>陷印"命令即可。

执行"图像>模式>CMYK颜色"命令，弹出提示对话框，如图12-41所示，单击"确定"按钮。执行"图像>陷印"命令，弹出"陷印"对话框，如图12-42所示，在其中可以设置陷印的宽度等选项。

图 12-41 提示对话框

图 12-42 "陷印"对话框

> **提示**：陷印是一种叠印技术，它能够避免在印刷时由于没有对齐而使图像出现小的缝隙。图像是否需要陷印一般由印刷商确定，如需陷印，印刷商可告知用户要在"陷印"对话框中输入的数值。

第 13 章　综合应用

通过前面 12 章内容的学习，相信大家已经对 Photoshop CC 2021 有了初步了解，并且可以熟练掌握大部分工具的使用方法。本章将通过几个比较复杂的综合案例，帮助用户巩固前面学习过的知识。

Photoshop 2021中文版
入门、精通与实战

13.1 网页设计

网页设计(Web Design，又称"Web UI Design")是根据企业希望向浏览者传递的信息(包括产品、服务、理念、文化)，进行网站功能策划，然后进行页面设计美化工作。作为企业对外宣传物料的一种，精美的网页设计，对于提升企业的品牌形象至关重要。

13.1.1 设计制作休闲网页

网页设计的最终目标，是通过使用合理的颜色、字体、图片和样式进行页面设计美化，在功能限定的情况下，尽可能给予用户完美的视觉体验。高级的网页设计甚至会考虑通过声光、交互等来实现更好的视听感受。

➡ **案例分析**

因为该网页的布局版式为上下分割型，所以设计师将网页Logo和导航、网页Banner放在网页的顶部栏和中部栏，网页效果如图13-1所示。

图 13-1 网页效果

该网页有大图充当背景，并作为宣传图片，可以在图片上设置宣传语和按钮入口，方便浏览者在观看网页广告时，可以随时进入当前广告的链接页面，效果如图13-2所示。

图 13-2 网页效果

源文件地址	资源包\源文件\第13章\设计制作休闲网页.psd
视频地址	资源包\视频\第13章\设计制作休闲网页.mp4
设计详情	此案例的目的是设计制作一款上下分割型网页，读者需要在新建的文档中添加几条横向参考线，将网页在横向上分为上、下、中三部分。

第13章 综合应用

网页完成效果图

色彩分析

本案例使用代表深邃、神秘和梦幻的蓝色作为主色,与休闲、放松的旅行网页意境不谋而合。

网页辅色采用了灰色和黑色,在冷色调中加入一些中性色,减少网页的冷淡感,使网页的视觉效果更加丰富、和谐,而且不会过分抢夺主色的视觉表现。表13-1所示为休闲网页案例的颜色信息。

表13-1 休闲网页案例的颜色信息

颜色信息	色块	颜色RGB值
主色		RGB(10、131、208)
辅色		RGB(128、129、129)
		RGB(37、37、37)

制作步骤

STEP 01 执行"文件>新建"命令,新建一个空白文档,文档大小如图13-3所示。使用【Ctrl+R】组合键将标尺显示出来,如图13-4所示。

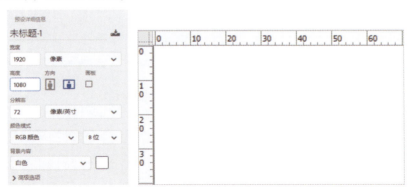

图 13-3 新建文档的大小　　　　图 13-4 调出标尺

STEP 02 使用"移动工具"从标尺处向下拖出一条参考线,如图13-5所示。此部分网页空间将放置网页的Logo和导航内容。

STEP 03 继续使用"移动工具"从标尺处向下拖出一条参考线,如图13-6所示。参考线上方将放置网页的Banner,参考线下方将放置网页的其他模块。两条横向参考线将网页分割成了上下部分。

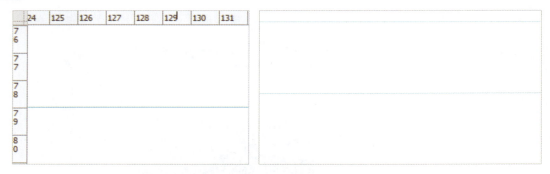

图 13-5 添加参考线　　　　　　　　　　图 13-6 继续添加参考线

STEP 04 执行"文件>打开"命令,添加一张素材图像,将其拖至设计文档中,调整其大小,效果如图13-7所示。

STEP 05 使用"矩形工具"创建一个细长条的形状,使用"横排文字工具"添加文字内容,完成的网页Logo如图13-8所示。

图 13-7 图像效果　　　　　　　　　　图 13-8 完成的网页 Logo

STEP 06 使用"横排文字工具"在画布中连续添加文字内容,如图13-9所示。连续打开六张素材图像,分别将其拖至设计文档中,并放置到相应的位置,如图13-10所示。

STEP 07 使用"矩形工具"创建一个矩形形状,如图13-11所示。

图 13-9 添加文字内容

图 13-10 打开素材图像并放置到相应的位置

图 13-11 创建矩形形状

STEP 08 使用"横排文字工具"选中"首页"文字,打开"字符"面板,设置字符颜色为白色,文字效果如图13-12所示。打开"图层"面板,选中首页图标图层,为图标添加"颜色叠加"图层样式,图标效果如图13-13所示。

图 13-12 文字效果

图 13-13 图标效果

STEP 09 使用"矩形工具"创建一个任意颜色的矩形形状，如图13-14所示。执行"文件>打开"命令，打开一张素材图像，将其拖至设计文档中，为素材图像添加剪贴蒙版的效果，如图13-15所示。

图 13-14 创建矩形形状

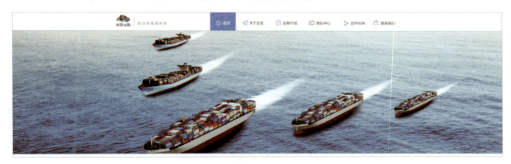

图 13-15 添加素材图像并添加剪贴蒙版的效果

STEP 10 打开"字符"面板，设置字符参数如图13-16所示。使用"横排文字工具"在画布中添加文字内容，使用"矩形工具"在画布中创建一个细长的形状，如图13-17所示。

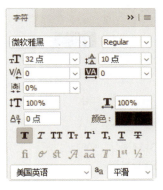

图 13-16 设置字符参数　　　　　　　图 13-17 添加文字内容并创建形状

STEP 11 使用"自定形状工具"在画布中创建形状，使用"直接选择工具"选择相应的锚点进行调整，如图13-18所示。

STEP 12 按住【Alt】键，使用"移动工具"向左拖曳复制形状，使用【Ctrl+T】组合键对形状进行水平翻转，如图13-19所示。

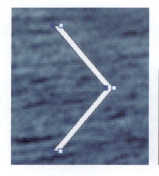

图 13-18 创建形状　　　　　　　　　　图 13-19 复制形状

STEP 13 使用"椭圆工具"在画布中连续创建三个正圆形,如图13-20所示。完成创建后,网页的Logo、导航和Banner效果如图13-21所示。

图 13-20 创建正圆形　　　　　　　　　图 13-21 网页的 Logo、导航和 Banner 效果

STEP 14 执行"图像>画布大小"命令,在弹出的"画布大小"对话框中设置参数,适当增加画布高度,图像效果如图13-22所示。打开"字符"面板,设置参数如图13-23所示。

图 13-22 图像效果　　　　　　　　　　图 13-23 设置参数

STEP 15 使用"横排文字工具"在画布中添加文字内容,如图13-24所示。使用"矩形工具"在画布中创建形状,形状的填充颜色为RGB(229、229、229),如图13-25所示。

图 13-24 添加文字内容　　　　　　　　图 13-25 创建形状并填充颜色

STEP 16 使用"矩形工具"在画布中创建形状,形状的填充颜色为RGB(10、131、208),如图13-26所示。使用相同的方法,创建一个大小为220像素×316像素的形状,形状的填充颜色为白色,描边颜色为灰色,如图13-27所示。

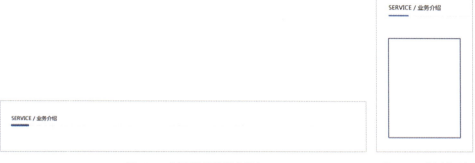

图 13-26 创建形状并填充颜色　　　　　　图 13-27 创建矩形

STEP 17 双击形状图层的缩览图,打开"图层样式"对话框,选择"投影"选项,设置参数如图13-28所示。设置完成后,形状图层的图像效果如图13-29所示。打来一张素材图像,将其拖至设计文档中,如图13-30所示。

图 13-28 设置参数　　　　图 13-29 图像效果　　　图 13-30 添加图像

STEP 18 打开"字符"面板,设置字符参数如图13-31所示。使用"横排文字工具"在画布中添加文字内容,如图13-32所示。

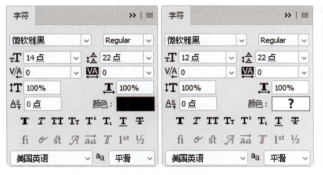 

图 13-31 设置字符参数　　　　　　　图 13-32 添加文字内容

STEP 19 使用"矩形工具"在画布中创建一个大小为62像素×4像素的矩形,形状的填充颜色为RGB(10、131、208),如图13-33所示。使用相同的方法完成相似模块的制作,如图13-34所示。

图 13-33 创建矩形　　　　　　　图 13-34 完成相似模块的制作

STEP 20 使用"矩形工具"在画布中创建一个矩形,形状的填充颜色为任意色,如图13-35所示。打开一张素材图像,将其拖至设计文档中,为素材图像添加剪贴蒙版的效果,如图13-36所示。

图 13-35 创建矩形　　　　　　　图 13-36 为素材图像添加剪贴蒙版的效果

STEP 21 使用"矩形工具"在画布中创建一个黑色的矩形,填充形状图层的不透明度为55%,如图13-37所示。打开"字符"面板,设置字符参数如图13-38所示。

图 13-37 创建矩形并填充不透明度　　　　图 13-38 设置字符参数

STEP 22 打开"字符"面板,设置字符参数如图13-39所示。使用"横排文字工具"在画布中添加文字内容,如图13-40所示。

图 13-39 设置字符参数　　　　　　图 13-40 添加文字内容

STEP 23 使用相同的方法完成相似模块的制作，如图13-41所示。使用相同的方法完成版底信息模块的制作，如图13-42所示。

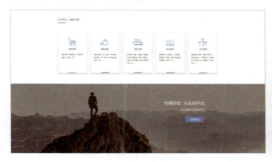

图 13-41 完成相似模块的制作

图 13-42 完成版底信息模块的制作

13.1.2 设计制作汽车网页

网页设计是一个不断更新换代、推陈出新的行业，它要求设计师必须随时把握新的设计趋势，从而确保自己不被这个行业淘汰。近些年，网页设计主要流行响应式设计、扁平化设计，无限滚动、单页、固定标头、大胆的颜色、更少的按钮和更大的网页宽度。

案例分析

此案例是设计制作一款综合型布局的网页，综合型布局是将左右框架型与上下框架型相结合的网页结构布局方式，是一种相对复杂的布局方式。

同时，该网页采用了自由分割的艺术表现，此艺术表现方法是不规则的，即将画面进行自由分割。运用规则分割布局方式的网页可以产生整齐的效果，而运用自由分割布局方式的网页，给浏览者带来活泼、不受约束的感觉。

源文件地址	资源包\源文件\第13章\设计制作汽车网页.psd
视频地址	资源包\视频\第13章\设计制作汽车网页.mp4
设计详情	该网页由背景大图和不规则栏目构成。选择一张恢宏大气的高清汽车图像，根据前面章节所学内容，对图像的色调进行适当的调整，完成后将其作为汽车网页的背景大图。 同时，页面被不规则形状进行分割，最终构成了分割型的网页布局形式。
网页完成效果图	

337

色彩分析

　　汽车网页的主色采用Logo的背景色（低明度的红色），辅色采用分割网页的暗红色和墨蓝色。低明度的红色和暗红色为同一色系，由此可以判断汽车网页采用了同色系的配色方法。

　　整个网页的颜色稳重、大气，让浏览者在查看商品的过程中产生信赖感，同时搭配高明度的白色标题文本，使汽车网页拥有沉稳气质的同时还具有理性和果敢的效果。表13-2所示为汽车网页的颜色信息。

表13-2 汽车网页的颜色信息

颜色信息	色块	颜色RGB值
主色		RGB（36、20、30）
辅色		RGB（126、9、17）
		RGB（38、45、54）

制作步骤

STEP 01 执行"文件>新建"命令，新建一个空白文档，文档大小如图13-43所示。执行"文件>打开"命令，打开一张素材图像，将其拖至设计文档中，如图13-44所示。

图 13-43 文档大小

图 13-44 打开素材图像

STEP 02 使用"矩形工具"创建一个形状，填充颜色为RGB（49、57、64），如图13-45所示。打开"图层"面板，修改不透明度为18%，为其添加剪贴蒙版，"图层"面板如图13-46所示。

图 13-45 创建形状并填充颜色

图 13-46 "图层"面板

STEP 03 设置完成后，图像效果如图13-47所示。单击"图层"面板底部的"创建新的填充或调整图层"按钮，在弹出的下拉列表中选择"曲线"选项，在打开的"曲线"面板中设置参数如图13-48所示。

图 13-47 图像效果

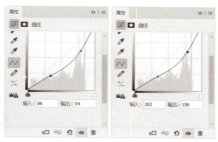
图 13-48 设置曲线参数

STEP 04 设置完成后，图像效果如图13-49所示。在打开的"图层"面板中，将相关图层编组，如图13-50所示。

图 13-49 图像效果

图 13-50 将相关图层编组

STEP 05 执行"文件>打开"命令，打开名为"3-2-6.psd"的文件。使用"移动工具"从标尺处向下或者向右拖曳连续创建参考线，如图13-51所示。

STEP 06 单击工具箱中的"矩形工具"按钮，在画布中使用"矩形工具"创建一个形状，填充颜色为RGB（21、31、40），图像效果如图13-52所示。

图 13-51 创建参考线

图 13-52 图像效果

STEP 07 按住【Shift】键，使用"直接选择工具"选择矩形形状的左下角和右下角锚点，使用方向键调整锚点的距离，如图13-53所示。调整完成后，修改图层的不透明度为88%，图像效果如图13-54所示。

图 13-53 调整锚点的距离

图 13-54 图像效果

STEP 08 使用相同的方法完成相似形状的创建,如图13-55所示。添加一张素材图像,将其拖至设计文档中,如图13-56所示。

图 13-55 创建形状

图 13-56 添加素材图像

STEP 09 使用相同的方法完成网页中的导航部分,如图13-57所示。打开"字符"面板,设置参数如图13-58所示。

图 13-57 完成网页中的导航部分

图 13-58 设置参数

STEP 10 使用"横排文字工具"添加文字内容,如图13-59所示。使用相同的方法完成相似文字内容的输入和图形的绘制,最终效果如图13-60所示。

图 13-59 文字内容

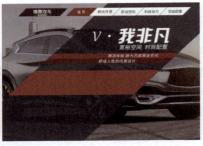
图 13-60 完成相似模块的制作

STEP 11 打开一张素材图像,将其拖至设计文档中,为素材图像添加剪贴蒙版,如图13-61所示。单击"创建新的填充或调整图层"按钮,在弹出的下拉列表中选择"曲线"选项,设置参数如图13-62所示。

图 13-61 为素材图像添加剪贴蒙版

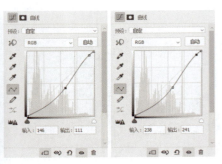
图 13-62 设置"曲线"选项的参数

第 13 章 综合应用

STEP 12 单击"创建新的填充或调整图层"按钮,在弹出的下拉列表中选择"色彩平衡"选项,设置参数如图13-63所示。设置完成后,图像效果如图13-64所示。

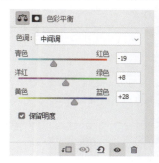 

图 13-63 设置参数　　　　　　图 13-64 图像效果

STEP 13 使用相同的方法完成模块中其余内容的制作,继续完成"切换""版底信息"等模块的制作,完整的网页效果如图13-65所示。

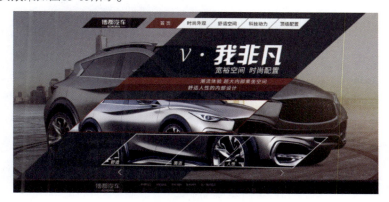

图 13-65 完整的网页效果

13.2 纹理质感的应用

　　质感设计故名思议就是设计的作品具有质感。不同的材质具有不同的触感和视觉体现。质感设计的形式美法则是美学中的一个重要概念,是从美的形式发展而来的,是一种具有独立审美价值的美。

　　广义地讲,形式美就是生活中接触的自然中的各种形式因素(几何要素、色彩、材质、光泽、形态等) 的有机组合。形式美法则是经过长期实践的结果,整体造型完美统一是形式美法则的具体运用。

13.2.1 设计制作质感围棋图标

　　质感的应用虽然不会改变产品的形态,但由于丰富了产品的外观形式,具有较强的感染力,使用户感到鲜明、生动、醒目、振奋、活跃,从而产生丰富的心理感受,例如,早期的智能手机图标大多采用质感图标。

Photoshop 2021中文版
入门、精通与实战

案例分析

本案例使用Photoshop中的图层样式和矢量工具，制作出效果逼真的立体围棋图标。质感的应用使图标效果非常逼真，而且用户通过对图标的第一印象就知道这款软件的功能及特点。

源文件地址	资源包\源文件\第13章\设计制作质感围棋图标.psd
视频地址	资源包\视频\第13章\设计制作质感围棋图标.mp4
设计详情	充分利用图层样式，制作出各种质感的图形。通过"渐变叠加""投影""内发光"样式可以实现逼真的立体感。再通过利用各种绘图工具，将棋子的质感完全表现出来。
质感图标效果图	

色彩分析

本案例是模拟围棋棋盘和棋子的一幅设计作品，黑色和白色对比强烈，体现图标的主题内容，使得两色棋子在棋盘中形成了好的观感，辅色采用树木质地的黄色，体现中国传统风格和古典美。表13-3所示为质感围棋图标的颜色信息。

表13-3 质感围棋图标的颜色信息

颜色信息	色块	颜色RGB值
主色		RGB（25、25、25）
辅色		RGB（201、170、112）
		RGB（123、70、30）

制作步骤

STEP 01 执行"文件>新建"命令，弹出"新建文档"对话框，设置参数如图13-66所示，单击"创建"按钮。

STEP 02 使用"圆角矩形工具"在画布中绘制圆角矩形形状，如图13-67所示。

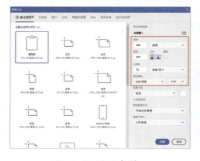

图 13-66 设置参数

图 13-67 绘制圆角矩形形状

STEP 03 单击"图层"面板下方的"添加图层样式"按钮，为图像添加"内发光"图层样式，设置参数如图13-68所示。

STEP 04 继续为图像添加"渐变叠加"图层样式，设置渐变颜色从RGB（188、190、165）到RGB（99、99、87），设置各项参数如图13-69所示。

图 13-68 设置参数　　　　　　　　图 13-69 设置各项参数

STEP 05 再为图像添加"投影"图层样式，设置参数如图13-70所示。单击"确定"按钮，图像效果如图13-71所示。

图 13-70 设置参数　　　　　　　　图 13-71 图像效果

> **提示**：主从法则实际上就是强调设计师在产品的质感设计上要有重点，产品各部件质感在组合时要突出中心，主从分明，不能没有侧重点。心理学试验证明，人的视觉在一段时间内只能抓住一个重点，不可能同时注意几个重点，这就是所谓的"注意力中心化"。

STEP 06 打开素材文件，使用"移动工具"将其移入设计文档中，调用圆角矩形选区，单击面板底部的"添加图层蒙版"按钮，图像效果如图13-72所示。设置图层混合模式为"柔光"，图像效果如图13-73所示。

图 13-72 图像效果　　　　　　　　图 13-73 图像效果

STEP 07 设置完成后，"图层"面板如图13-74所示。设置前景色为黑色，使用"直线工具"在画布中连续绘制线条形状，图像效果如图13-75所示。

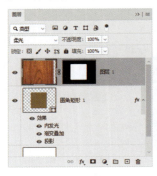 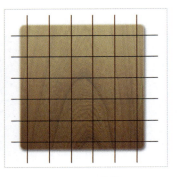

图 13-74 "图层"面板　　　　图 13-75 图像效果

STEP 08 选中所有线条形状图层，按【Ctrl+E】组合键合并图层。再次调出圆角矩形选区，为线条图层添加蒙版，设置图层的不透明度为30%，图像效果如图13-76所示。使用"椭圆工具"创建正圆形状，如图13-77所示。

图 13-76 图像效果　　　　图 13-77 创建正圆形状

STEP 09 调用正圆形状选区，新建图层，使用"渐变工具"为选区填充从白色到透明的径向渐变，图像效果如图13-78所示。

STEP 10 再次调用正圆形状选区，使用"画笔工具""渐变工具""铅笔工具"为棋子添加高光效果，如图13-79所示。

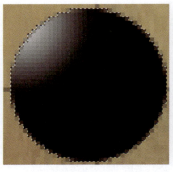 

图 13-78 图像效果　　　　图 13-79 添加高光效果

STEP 11 选中正圆形状图层，为图层添加"投影"图层样式，设置参数如图13-80所示。设置完成后，图像效果如图13-81所示。

344

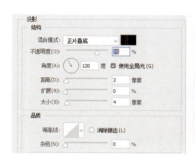
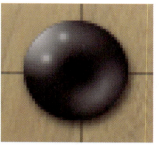

图 13-80 设置参数　　　　图 13-81 图像效果

STEP 12 选中所有的棋子图层并按【Ctrl+J】组合键复制图层，移动图像到如图 13-82 所示的位置。选中"椭圆 1 拷贝"图层，为图层添加"渐变叠加"图层样式，设置参数如图 13-83 所示。

图 13-82 移动图像　　　　图 13-83 设置参数

STEP 13 调整后的图像效果如图 13-84 所示。再次选择棋子图像，按住【Alt】键并拖曳图像，复制多个棋子图像，完成后的图标效果如图 13-85 所示。

图 13-84 图像效果　　　　图 13-85 图标效果

> **提示：** 质感设计在产品造型设计中具有重要的地位和作用，良好的质感设计可以提升产品的真实性，使人充分体会到产品的整体美学价值。在产品设计中，良好的触觉质感设计，可以提高产品的适用性。例如，各种工具的手柄表面有凹凸细纹或覆盖橡胶材料，具有明显的触觉刺激，易于操作使用，有良好的适用性；良好的视觉质感设计，可以提高工业产品整体的装饰性。

13.2.2 设计制作质感文字

材料的质感是指材料给人的感觉和印象，是人对材料刺激的主观感受，即人的感觉系统因生理刺激对材料作出的反映或由人的知觉系统从材料的表面特征得出的信息，是人们通过感觉器官对材料作出的一种综合的印象。

案例分析

本案例将使用Photoshop中的一些滤镜命令和图层样式，制作逼真的砂土特效文字，文字整体图像化，与文字本身的含义相辅相成。

源文件地址	资源包\源文件\第13章\设计制作质感文字.psd
视频地址	资源包\视频\第13章\设计制作质感文字.mp4
设计详情	使用"云彩"滤镜创建画布的底图，使用"浮雕效果"制作层次分明的质感。使用"其他"滤镜使纹理线条更加清晰。使用"色相/饱和度"为纹理着色，实现逼真的砂石效果。
效果图	

色彩分析

该特效文字使用了土黄色作为其主色，背景色为简单明亮的白色，使用少量的黑色作为阴影效果，使整体具有立体感。表13-4所示为质感文字的颜色信息。

表13-4 质感文字的颜色信息

颜色信息	色块	颜色RGB值
主色		RGB（182、122、57）
辅色		RGB（255、255、255）

制作步骤

STEP 01 执行"文件>新建"命令，弹出"新建文档"对话框，设置参数如图13-86所示，单击"创建"按钮。

STEP 02 按【D】键恢复前景色与背景色为默认值。执行"滤镜>渲染>云彩"命令，图像效果如图13-87所示。

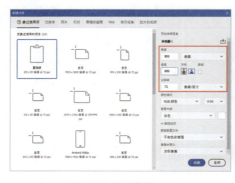

图13-86 设置参数

图13-87 图像效果

> 提示：调和与对比法则中的调和与对比是指材质整体与局部、局部与局部之间的配比关系。调和法则就是使产品的表面质感统一和谐，其特点是在差异中趋于"同"，趋于"一致"，使人感到融合、协调。

STEP 03 执行"滤镜>渲染>云彩"命令，图像效果如图13-88所示。执行"滤镜>风格化>浮雕效果"命令，弹出"浮雕效果"对话框，设置参数如图13-89所示。

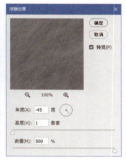

图 13-88 图像效果　　　　　　　图 13-89 设置参数

STEP 04 单击"确定"按钮，图像效果如图13-90所示。执行"滤镜>其他>自定"命令，弹出"自定"对话框，设置参数如图13-91所示。

图 13-90 图像效果　　　　　　　图 13-91 设置参数

STEP 05 单击"确定"按钮，图像效果如图13-92所示。单击"图层"面板底部的"创建新图层"按钮，新建"图层 1"图层，"图层"面板如图13-93所示。

图 13-92 图像效果　　　　　　　图 13-93 "图层"面板

STEP 06 设置前景色为RGB（225、190、148），按【Alt+Delete】组合键为画布填充前景色，在"图层"面板中设置混合模式为"颜色"，"图层"面板如图13-94所示。图像效果如图13-95所示。

347

图 13-94 "图层"面板　　　　　图 13-95 图像效果

STEP 07 单击"图层"面板底部的"创建新的填充或调整图层"按钮,在弹出的下拉列表中选择"色相/饱和度"选项,弹出"属性"面板,设置参数如图13-96所示。

STEP 08 设置完成后,图像效果如图13-97所示。

图 13-96 设置参数　　　　　图 13-97 图像效果

STEP 09 单击"图层"面板底部的"创建新的填充或调整图层"按钮,在弹出的下拉列表中选择"曲线"选项,弹出"属性"面板,设置参数如图13-98所示,按【Shift+Ctrl+Alt+E】组合键盖印图像,"图层"面板如图13-99所示。

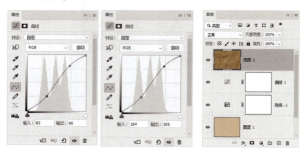

图 13-98 设置参数　　　　　图 13-99 "图层"面板

STEP 10 盖印完成后,图像效果如图13-100所示。隐藏"图层 2"图层,选中"曲线 1"调整图层,新建一个图层,按【Ctrl+Delete】组合键为画布填充白色的背景色,如图13-101所示。

图 13-100 图像效果　　　　　图 13-101 新建图层并填充颜色

STEP 11 打开"字符"面板，设置参数如图13-102所示。使用"横排文字工具"在画布中输入文字，再为文字图层添加"斜面和浮雕""投影"图层样式，如图13-103所示。

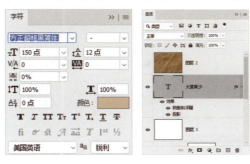

图 13-102 设置参数　　　图 13-103 输入文字并添加图层样式

STEP 12 在"图层"面板中显示并选择"图层 2"图层，执行"文字>创建剪贴蒙版"命令，制作出充满质感的文字效果，如图13-104所示。

图 13-104 文字效果

13.3 UI 设计

　　UI的本意是用户界面（User Interface），从字面上看包括用户与界面两个组成部分，但实际上还包括用户与界面之间的交互关系。

　　UI设计是指对软件的人机交互、操作逻辑和界面美观的整体设计。优秀的UI设计不仅可以让软件变得有个性和有品味，还可以使用户的操作变得更加舒服、简单和自由，并充分体现产品的定位和特点。

　　UI设计包含的范畴比较广，包括软件UI设计、网站UI设计、游戏UI设计和移动端UI设计等。

13.3.1 制作移动端图标组

　　最新的Material Design规则显示：启动图标可以是512像素×512像素或256像素×256像素；移动端的启动图标是128像素×128像素或64像素×64像素；移动端的操作栏图标为32像素×32像素；通知图标为24像素×24像素；小图标为16像素×16像素。

案例分析

本案例是设计制作一组移动端图标,此组图标采用了相同的配色方案、造型规则、线条粗细和圆角大小,使得图标风格一致。如果将此组图标运用到某款以紫色和黄色为主色的移动端App界面中,图标的存在会使App的界面效果更加灵动、统一。

源文件地址	资源包\源文件\第13章\制作移动端图标组.psd
视频地址	资源包\视频\第13章\制作移动端图标组.mp4
设计详情	在该实例的绘制过程中,主要应用各种形状工具来绘制图标组的主体,通过为图标添加不同的颜色细节使图标变得更加简单和易用。
产品外观效果图	

色彩分析

移动端图标组的主色采用紫色,辅色采用黄色。图标主体由多个紫色形状组成,给用户一种神秘和高冷的感觉。此时,为图标添加一些黄色的细节内容,使图标同时具备明亮和温暖的视觉效果。表13-5所示为移动端图标组的颜色信息。

表13-5 移动端图标组的颜色信息

颜色信息	色块	颜色RGB值
主色		RGB(88、99、239)
辅色		RGB(255、188、44)

制作步骤

STEP 01 打开Photoshop CC 2021,单击"欢迎界面"中的"新建"按钮,弹出"新建文档"对话框,设置各项参数如图13-105所示,单击"创建"按钮进入工作区。

STEP 02 单击工具箱中的"矩形工具"按钮,创建一个150像素×150像素的矩形,填充颜色为RGB(36、196、186),使用"移动工具"从标尺处向下连续拖曳添加参考线,图像效果如图13-106所示。

图 13-105 设置各项参数

图 13-106 图像效果

350

第 13 章 综合应用

> 提示：在设计网页图标时，设计师会在图标内容的底部添加一个底衬，这个底衬的作用是规范图标的尺寸大小，让设计师在设计时根据底衬控制图标的尺寸，同时也限定在界面中运用图标时它的可点击范围。

STEP 03 单击工具箱中的"椭圆工具"按钮，创建一个132像素×132像素的椭圆形状，设置"属性"面板中的各项参数如图13-107所示。设置完成后，图像效果如图13-108所示。

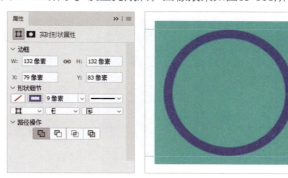

图 13-107 设置各项参数　　　图 13-108 图像效果

STEP 04 单击工具箱中的"椭圆工具"按钮，再创建一个20像素×20像素的椭圆形状，其属性参数如图13-109所示。设置完成后，椭圆形状的图像效果如图13-110所示。

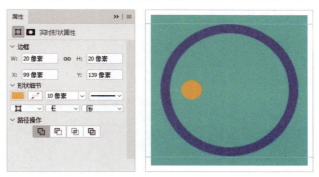

图 13-109 椭圆形状的属性参数　　　图 13-110 图像效果

STEP 05 使用"移动工具"向右拖曳形状，连续复制两次椭圆形状，如图13-111所示。打开"图层"面板，选中相应的图层，单击图层面板底部的"创建新组"按钮，将其编组并重命名为"更多"，如图13-112所示。

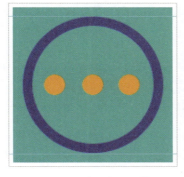 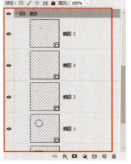

图 13-111 复制椭圆形状　　　图 13-112 编组图层

STEP 06 打开"图层"面板,选择"矩形 1"图层,单击鼠标右键,在弹出的下拉列表中选择"复制图层"选项。创建一个120像素×120像素的圆角矩形,图像效果如图13-113所示。

STEP 07 将路径操作更改为"减去顶层形状"选项,继续创建一个102像素×102像素的圆角矩形,如图13-114所示。

图 13-113 图像效果

图 13-114 减去形状

> **提示:** 在读者使用形状工具和路径操作绘制图像时,如果没有办法一次性绘制好形状,可以使用"直接选择工具""路径选择工具"调整形状的大小。使用"直接选择工具"可以选择形状的一个或多个锚点,将其移动改变形状大小。使用"路径选择工具"可以选择整个形状,并移动形状位置。

STEP 08 保持路径操作为"减去顶层形状"选项,继续创建一个56像素×9像素的矩形形状,如图13-115所示。使用"路径选择工具"并按住【Alt】键向右拖曳形状将其复制,连续复制该形状并适当调整其角度和位置,如图13-116所示。

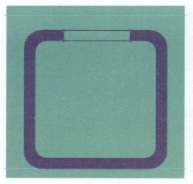
图 13-115 创建矩形

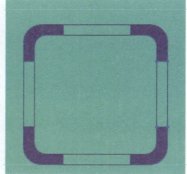
图 13-116 复制形状

> **提示:** 在使用"路径选择工具"制作本案例的第8个步骤中,连续复制的形状有两个需要转换角度。这时需要读者单击右键,在弹出的下拉列表中选择"自由变换路径"选项,或者使用【Ctrl+T】组合键为形状调出自由变换框,继续单击右键,在弹出的下拉列表中选择"顺时针旋转90°"选项。

STEP 09 选择"路径操作"为"合并形状"选项,创建一个9像素×9像素的椭圆形状,使用"路径选择工具"并按住【Alt】键连续复制椭圆,如图13-117所示。

STEP 10 使用"圆角矩形工具"创建一个134像素×14像素的形状,效果如图13-118所示。

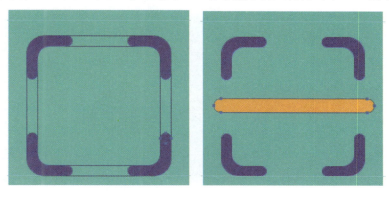

图 13-117 添加椭圆形状　　　　图 13-118 图像效果

STEP 11 使用相同的方法,完成其余两个图标的绘制,图像效果如图13-119所示。隐藏底层图像和参考线,最终的图像效果如图13-120所示。

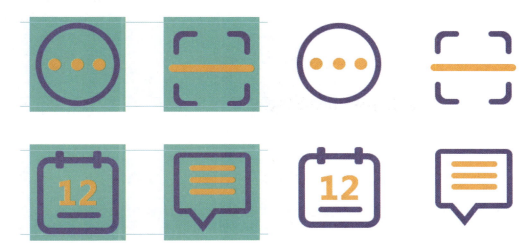

图 13-119 图像效果　　　　　　图 13-120 最终的图像效果

13.3.2 制作App启动界面

软件启动界面是用户接触软件看到的第一个界面,在设计软件启动界面时有许多细节问题需要注意,细节问题的处理直接关系到软件启动界面设计成功与否。

案例分析

本案例是设计制作一款移动端App的启动界面,此款软件的主要功能是查询天气,所以其启动界面会随着天气变化或者重要节气变化而变化。

源文件地址	资源包\源文件\第13章\制作App启动界面.psd
视频地址	资源包\视频\第13章\制作App启动界面.mp4
设计详情	此款启动界面的设计主题是"芒种"节气,所以采用了金色作为界面的主色,再配上金色的麦子图片,此款启动界面给浏览者一种温暖、丰收的感觉。

色彩分析

App启动界面采用金色作为主色、棕色和浅金色作为文本色、饱和度较低的蓝色和金色作为辅色。文本色和图片采用同色系搭配，使浏览者看到App启动界面的瞬间，知晓其意义，同时带给浏览者一种整体感。表13-6所示为App启动界面的颜色信息。

表13-6 App启动界面的颜色信息

颜色信息	色块	颜色RGB值
主色		RGB（246、186、82）
辅色		RGB（106、73、2）
		RGB（122、139、151）

制作步骤

STEP 01 打开Photoshop CC 2021，单击欢迎面板中的"新建"按钮，在弹出的"新建文档"对话框中设置参数如图13-121所示。

STEP 02 新建图层，使用"油漆桶工具"在画布中单击填充白色，双击新建图层，在弹出的"图层样式"对话框中选择"斜面和浮雕"选项，设置参数如图13-122所示。单击"确定"按钮，图像效果如图13-123所示。

 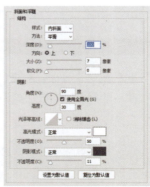 

图 13-121 新建文档　　图 13-122 设置参数　　图 13-123 图像效果

STEP 03 执行"文件>打开"命令，打开一张素材图像，使用"移动工具"将其拖入设计文档中，图像效果如图13-124所示。单击工具箱中的"矩形工具"按钮，在画布中拖曳创建一个986像素×1668像素的矩形形状，如图13-125所示。

图 13-124 添加素材图像　　　　　图 13-125 创建矩形形状

STEP 04 使用"移动工具"在按住【Alt】键的同时向下拖曳，复制形状并调整其大小，单击选项栏中的"设置形状描边类型"按钮，在弹出的面板中选择"更多选项"按钮，继续在弹出的"描边"对话框中设置参数，如图13-126所示。设置完成后，单击"确定"按钮，图像效果如图13-127所示。

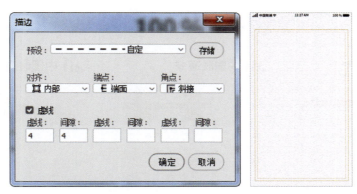

图 13-126 设置"描边"参数　　　　　图 13-127 图像效果

STEP 05 选中"矩形 1""矩形 1 拷贝"图层并将其编组，单击图层面板底部的"添加矢量蒙版"按钮，如图13-128所示。单击工具箱中的"矩形选框工具"按钮，在画布中单击拖曳创建矩形选区，如图13-129所示。

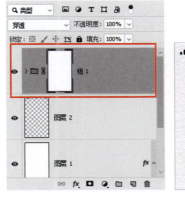 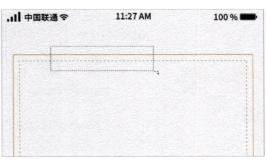

图 13-128 添加图层蒙版　　　　　图 13-129 创建矩形选区

STEP 06 单击工具箱中的"油漆桶工具"按钮,在画布中单击选区,如图13-130所示。使用【Ctrl+D】组合键取消选区,单击工具箱中的"矩形工具"按钮,在画布中拖曳创建矩形形状,填充渐变颜色从RGB(247、186、78)到RGB(247、187、83),如图13-131所示。

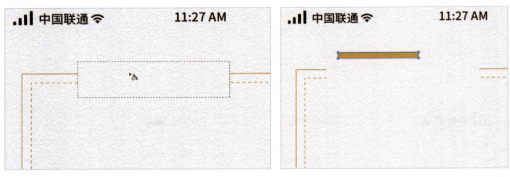

图 13-130 填充颜色　　　　　图 13-131 创建矩形并填充颜色

STEP 07 在选项栏中修改"路径操作"为"合并形状",使用"矩形工具"在画布中拖曳创建形状,如图13-132所示。单击工具箱中的"路径选择工具"按钮,按住【Alt】的同时向右拖曳形状,复制形状如图13-133所示。

STEP 08 在选项栏中保持"路径操作"为"合并形状",再次使用"矩形工具"在画布中拖曳创建矩形形状,如图13-134所示。

 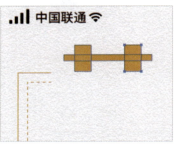 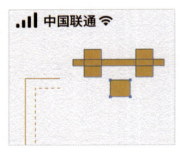

图 13-132 创建形状　　　　图 13-133 复制形状　　　　图 13-134 创建形状

STEP 09 在工具栏中保持"路径操作"为"合并形状",再次使用"矩形工具"在画布中拖曳创建形状,如图13-135所示。

STEP 10 单击工具箱中的"直接选择工具"按钮,选中形状右侧的两个锚点,向右移动。使用前面讲解过的方法,完成文字"芒"的绘制,如图13-136所示。

STEP 11 使用"矩形工具""圆角矩形工具"配合"路径操作"中的"合并形状"选项和"减去顶层形状"选项,完成文字"种"的绘制,如图13-137所示。

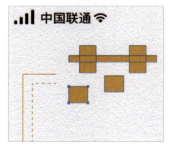  

图 13-135 创建形状　　　图 13-136 完成文字"芒"的绘制　　　图 13-137 完成文字"种"的绘制

> 提示：使用"圆角矩形工具"创建一个170像素×136像素的形状，设置圆角值分别为0像素、20像素、0像素、0像素，修改"路径操作"为"减去顶层形状"选项，继续创建一个136像素×102像素的形状，设置圆角值分别为0像素、15像素、0像素、0像素。

STEP 12 单击工具箱中的"矩形工具"按钮，在画布中拖曳创建一个4像素×237像素的矩形形状，填充颜色为RGB（223、164、36），如图13-138所示。

STEP 13 打开"字符"面板，设置参数，单击工具箱中的"直排文字工具"按钮，在画布中单击添加直排文字，如图13-139所示。

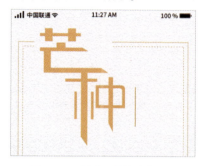

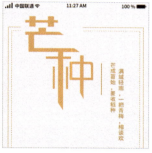

图 13-138 创建形状并填充颜色　　　　　图 13-139 添加直排文字

STEP 14 单击工具箱中的"矩形工具"按钮，在画布中拖曳创建一个68像素×367像素的矩形形状，填充颜色为RGB（255、227、166），如图13-140所示。

STEP 15 打开"字符"面板，设置参数，单击工具箱中的"直排文字工具"按钮，在画布中单击添加直排文字，如图13-141所示。

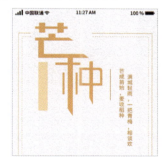

图 13-140 创建形状并填充颜色　　　　　图 13-141 添加直排文字

> **小技巧**："芒种"启动界面的色彩选用
>
> 芒种是中国二十四节气之一，它的字面意思是"有芒的麦子快收，有芒的稻子可种"。通俗地讲，芒种前后农事活动非常频繁，既要播种，又要收割。由此，设计师在设计芒种节气的启动界面时，选用了代表丰收的金色作为界面的主色。

STEP 16 执行"文件>打开"命令，在弹出的"打开"对话框中选择两张素材图像，将其打开，使用"移动工具"将素材图像逐一拖至设计文档中，如图13-142所示。

STEP 17 单击工具箱中的"椭圆工具"按钮，在画布中拖曳创建一个781像素×781像素的圆形，如图13-143所示。

图 13-142 添加素材图像　　图 13-143 创建圆形

STEP 18 按照步骤6~步骤10完成相似内容的制作，如图13-144所示。执行"文件>打开"命令，在弹出的"打开"对话框选择一张素材图像，将其打开，使用"移动工具"将素材图像拖至设计文档中，如图13-145所示。

STEP 19 打开"图层"面板，选中"图层 3"图层，在图层上方单击鼠标右键，在弹出的快捷菜单中选择"创建剪贴蒙版"选项，如图13-146所示。

图 13-144 创建形状　　图 13-145 添加图像　　图 13-146 创建剪贴蒙版